마음로 쓴

터널 이야기

손끝으로 쓴

터널

이야기

하홍순 지음

SIA 시아

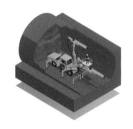

머리말 ————

마침내 긴 터널 하나를 겨우 빠져나와 숨을 돌리는 기분이다.

국민권익위원회와 국무조정실 부패척결추진단을 오가며, 계절이 몇 번 바뀌도록 계속되었던 터널 점검이 끝난 지도 벌써 2년이 지났다. 혼자서 혹은 두세 명의 직원과 함께 도심부터 산골 오지에 위치한 현장까지 반부패의 깃발 아래 또는 국책사업 점검이라는 이름으로 터널 건설 현장을 돌아다녔다. 때로는 현장의 잘잘못을 엄하게 꾸짖었고, 때로는 정말 모범적인 현장관리자를 만나 칭찬을 아끼지도 않았던 기억이 생생하다. 아직도 모든 열정을 태우며 일에 매진했던 기억만이 내 머릿속에 남아 있다.

사실, 현장을 다닐 당시부터 최근까지 많은 사람들이 그간의 현장 경험을 책으로 정리해 기록으로 남겨 줄 것을 요청해 왔다. 30년 넘도록 현장을 지켜 왔지만 점검을 통해 창피를 당해 보기는 처음이라는 어느 현장 감독자부터 책이 나오면 퇴직금을 털어서라도 구입해 아끼는 후배들에게 나눠 주고 싶다는 공단의 어느 간부까지, 정말 숱한 사람들의 부탁이 있었음을 밝혀 둔다.

현장 사람들의 집요한 부탁 또한 무거운 짐이었지만, 그동안 직접 발로 뛰어 현장을 찾아가 조사하고 탐구하며 공부했던 현장 사례들을 그대로 썩히기에는 내 스스로도 너무 아까웠다. 그러던 중 2018년 2월, 그동안 활약하던 국무조정실 부패예방감시단에서 국민권익위원회 감사담당관으로 돌아왔으며, 바쁜 업무의 연속이었지만 그동안 모아 둔 관련 자료들을 파일로 만들어 정리하고 한 편씩 글로 써 내려갈 결심을 하게 됐다.

각 현장에서 수집한 자료들을 분류하는 데에만 두 달이 넘게 걸렸다. 쉽게 생각했던 글쓰기였는데 그것 역시 그리 쉬운 일은 아니었다. 집필 시작 후 두 차례나 중단하고 다시 새로 시작하기를 거듭했다. 그렇게 끈질기게 작업을 이어 간 결과, 그래도 내 스스로 평가했을 때 낙제점을 겨우 넘긴 글들이 하나씩 하나씩 모였다. 그리고 글을 쓰면서 마지막까지 잊지 않았던 것은 오로지 내가 현장에 있는 분들에게 힘과 용기를 주는 방법은 그간의 점검에서 보고 느낀 일들을 책으로 정리해서 보여드리는 것뿐이라는 생각이었으며, 오로지 이러한 마음 한 가지로 글을 써 내려갔다.

책 쓰는 작업이 처음이라 시작을 어떻게 해야 할지, 출판은 어떻게 하는 것인지, 아는 것이 없어 고생이 심했다. 게다가 내용조차 워낙 전문적인데다가 현장 사례 위주라 조언을 구할 곳조차 제대로 없어 어려움이 많았다. 이에 더해 감사담당관이라는 현 직책이 있어 사무실에서 글쓰기가 불가능했던 점 등, 고충이 있었음을 독자들은 조금 감안하고 읽어 주셨으면 한다.

이러한 상황에서 주위 많은 분들이 이 어려운 작업에 힘을 보태 주셔서 어렵고 힘든 과정을 헤쳐 나올 수 있었다. 그동안 여러 현장을 거치면서 내가 모르고 있던 각 분야에 대해 궁금증이 생길 때마다 설명과 자료 그리고 용기까지 동봉해 보내 주셨던 많은 분들께 우선 감사를 드린다.

소음·진동 분야와 계측기의 센서 설치 등과 관련해 바쁜 시간에도 불구하고 생면부지의 저에게 번역 자료 수정과 함께 소상한 의견까지 제시해 주신 한국지질자원연구원 류창하 박사님께 특별히 감사를 전하고 싶다. 그리고 현장에서 많은 시험 발파와 계측 등 경험을 바탕으로 시도 때도 없이 계속되는 나의 질문에 항상 친절하게 설명해 주신 연합지오텍엔지니어링의 정동호 박사께도 감사를 드린다.

마지막으로 독자 여러분들께 한 가지 당부를 드리고자 한다.

이 책은 토목에는 비전문가이나 조사에는 전문가인 특이한 경력을 가진 사람이 직접 130여 터널 현장을 발로 뛰어 조사하면서 머리에 새기고 혹은 서너 권의 공책에 깨알같이 메모해 나간 기억과 기록들을 근거로 정리한, 일종의 현장 조사 체험담이다. 그리고 아직까지 시중에 이와 유사한 종류의 책이 나온 적이 없었음을 먼저 알고 읽어 주시길 바란다. 또한 현장에서 근무하는 많은 분들이 이 책에서 나름의 발전 방향과 교훈을 스스로 얻고 터득해 토목업계 발전 방향에 대한 논의가 좀더 진전되길 기원한다.

그리고 내가 발로 쓴 첫 번째 작품인 이 책이 앞으로 현장 실무진에게도 좋은 지침서가 되길 기대한다. 나아가 혹여 이 책이 용어나 설명에서 다소 부정확하고 일부 사실과 다른 내용이 있거나, 또 여러분들의 기대나 수준에 다소 못 미친다 하더라도 책 자체를 폄훼하지 말아 주셨으면 한다.

부족한 부분은 앞으로 계속 내용을 추가 또는 수정, 보완할 예정이니 부디 이 책이 서가의 한 구석에서 먼지가 쌓여 가거나 길거리에서 붕어빵 봉지로 뜯겨져 사용되는 일은 없기를 감히 기대한다.

하홍순

목차

머리말   5

제1부 들어가는 글   11

제2부 관련된 공법 등 대강 알기   21
- 터널굴착의 계획   23
- 터널굴착공법   35
- 발파굴착   42
- 공사용 폭약과 뇌관   48

제3부 락볼트 이야기   65
- **1편** 락볼트가 어찌 생긴지도 모르고 시작한 조사   66
- **2편** 불법 현장이 내 최고의 스승   81
- **3편** 돈이 된다면 위·변조는 물론 페이퍼컴퍼니까지   95
- **4편** 맨손으로 락볼트를 뽑아냈던 날   107
- **5편** 시공 흔적이 오리무중인 강관다단 두 막장   121

제4부 슈퍼웨지 이야기   133
- **1편** 배포 큰 감리단장과의 맞짱   134
- **2편** 억세게 운 좋은 얼치기들   155
- **3편** 실력 부족으로 놔둔 현장이 대어가 되어 돌아와   167
- **4편** 락볼트 찾으러 갔다가 슈퍼웨지까지   181

제5부 **전자발파 이야기** _____ 191

    1편 치밀한 사전 준비로 이뤄 낸 값진 성과   192

    2편 점검하기 무안했던 모범적인 현장   216

제6부 **소음·진동 이야기** _____ 225

    1편 발파진동 때문에 송아지가 죽었어요   226

    2편 폭음 소리에 일하던 소가 도망갔어요   237

    3편 처음부터 여기서 쟀는데요   250

    4편 지금 생각해도 아찔한 민간투자 현장   256

제7부 **소음·진동 계측과 폭약 사용의 문제** _____ 271

    ● 한숨 나오는 현장의 소음 · 진동 계측   272

    ● 계측기와 센서에 대한 현장의 사례들   278

    ● '눈 가리고 아웅' 식의 현장의 폭약 사용   293

제8부 **진동계측기 센서 설치 방법** _____ 301

    ● 연구논문과 규정에 나오는 센서 설치 방법   302

    ● 계측기 사용자 지침서에 나타난 센서 설치 방법   307

    ● ISEE의 「발파진동 계측 현장 실무지침」 소개   316

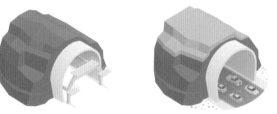

제9부 하고 싶은 말, 남기고 싶은 이야기 _____ 323

부록 _____ 345

- 발파진동 측정에 대한 고찰 346
- 도로공사 노천발파 설계 · 시공 지침 348
- 발파진동 및 발파소음의 측정 및 자료 처리 350
- 표준시방서(터널공사 편) 352
- NOMIS사의 NS5400 사용자 지침서 354
- White industrial seismology사의 MINI-SEIS III 사용자 지침서 357
- Instantel사의 Micromate 사용자 지침서 359
- 국제발파기술자협회(ISEE)의 「발파진동 계측 현장 실무지침」 362

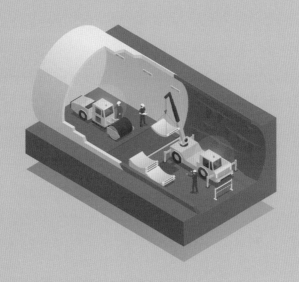

제1부

들어가는 글

‖ 터널과의 묘한 인연

 대학 시절 전공은 물론이고, 그동안 단 1%의 인연도 없었던 토목분야, 특히 터널과의 인연이 시작된 것이 2014년 1월의 일이니 벌써 햇수로 만 5년이 넘었다.

 2014년 새해 벽두부터 시작된, 경부고속도로 영동-옥천 구간 확장공사 현장의 락볼트 및 사토 부족시공 사건을 시작으로 당진국가산업단지 체육시설 부지 부족 성토 사건과 지역 도시철도 건설 현장을 조사하면서 토목분야 현실에 대한 이해를 조금씩 넓혀 갔다.

 이런 경험을 바탕으로 2015년에는 국민권익위원회(이하 '권익위')의 터널 분야 기획점검과 부패 신고사건 조사까지 합해 한 해 동안 60여 곳의 고속도로와 철도, 국도 등 현장을 점검 또는 조사하였다.

2015년도 권익위에서 전국의 64개 터널을 대상으로 점검하고 그 결과를 발표하였다.
사진은 당시의 신문기사(2015. 12. 11., 서울신문 14면)

 이 과정에서 락볼트 미시공 현장 두 곳을 포함하여 무진동 암파쇄(슈퍼웨지, Super

Wedge) 공법을 값싼 발파로 시공하거나 전자발파로 시공하면서 전자뇌관을 적게 사용하고도 공사비는 설계대로 받아 간 사실 등을 적발하기도 했다. 이 중에서 비교적 공사비 편취 규모가 큰 12개 현장에서 155억 원 가량의 공사비 부정을 적발하여 관련자를 형사 처벌함은 물론, 공공예산인 공사비를 환수하거나 삭감하여 건설현장에 경각심을 심어 주기도 했다.

2016년 5월부터는 국무조정실 부패척결추진단(이하 '부패척결단')에 파견을 나가 국책사업2과장직을 맡아 국책사업점검단의 한 부분을 이끌어 철도 및 고속도로 건설 등의 국책사업 현장을 돌며 점검하였다. 이 부패척결단은 2017년 7월부터 부패예방감시단(약칭 '부감단')으로 명칭이 변경되었다.

부패척결추진단의 주요 국책사업 점검 결과 발표 내용을 보도한 2017년 1월 11일
KBS 뉴스 화면.   출처: KBS 뉴스 화면 캡처

이 과정에서 수도권고속철도 수서 - 평택 구간의 율현터널 굴착과 관련, 2개 공구가 값비싼 무진동 암파쇄 공법 설계구간을 값싼 발파로 시공하는 등의 비리 사실을 적발하였다. 적발된 현장은 공구당 182억 원과 254억 원을 각각 편취한 문제로,

이들을 검찰에 수사의뢰하는 한편 발주처에 공사비를 환수하도록 하였다. 또 동해선 포항–삼척 간 철도 건설공사 현장에서도 한 공구가 60억 원이 넘는 공사비를 부당하게 편취한 사실을 적발, 발주처에 관련 공사비 환수와 함께 검찰에 수사의뢰하여 형사처벌을 요구하기도 했다.

잠시 쉬면서 헤아려 보니 그동안 점검 또는 조사한 현장만도 130곳이 훌쩍 넘었고, 비리를 적발해 환수하거나 차감한 관련 공사비만도 800억 원이 넘어간다. 그 시간들은 정말 천금같이 귀중했고 내게 좋은 경험과 함께 일하는 보람도 제공했다.

한편, 이러한 각 현장의 문제에 대한 대책으로 현장마다 부실감리 현황을 파악해 부실감리의 책임이 있는 감리원들에 대해서는 '건설기술진흥법'을 개정, 제88조에 벌칙조항을 신설하여 2019년 7월부터는 이들을 형사처벌할 수 있는 근거를 만들기도 했다. 그리고 철도구간에 대해서는 한국철도시설공단 자체에서 점검을 실시하고 대책을 마련할 수 있게끔 반성의 기회를 만들어 제공하기도 했다.

덕분에 현장 근무자들이 자기가 수행하는 업무에 좀 더 적극적으로 매진하도록 강제하는 효과도 있었고, 자기 분야의 업무를 위해서는 어떤 공부를 해야 하는지 등에 대한 비교적 자세한 방법도 제시할 수 있었다. 관리 방법을 바꾸지 않는 한 기존의 관리 시스템으로는 더 이상 이러한 '부패'라는 신종 범죄에 대해서는 대응이 불가능하다는 점을 분명히 인식시키는 부수적인 효과도 물론 있었다.

▌오직 사명감 하나로 이뤄 낸 터널점검

혼자서 또는 직원 두어 명을 데리고 그동안 참으로 많은 건설현장을 돌아다니며 점검했고, 토목 쪽의 많은 현장을 그야말로 '간섭'해 왔다. 그런데 지나고 난 후에 생각해 보니 우리나라 토목현장들이 너무 엉터리라는 생각을 지울 수가 없었다. 현장 상황만 엉터리인 게 아니라 관리 방법도 주먹구구식에다 엉망이었다.

대규모 국책사업으로 진행되는 공사 현장의 엄청난 공사비에 비하면 현장을 지키는 인력들의 관리 수준은 너무나도 뒤떨어져 있었다. 또한 근무여건도 열악한데다 발주처 등의 소위 갑질 속에서 도대체 무엇을 어떻게 해야 하는지도 모르고 허둥대며 하루하루를 보내고 있는 현장 사람들의 현실을 직접 체험할 수도 있었다.

또 국책사업이란 명목하에 공사장 인근 주민들이 겪어야 하는 고통도 엄청난 것으로 파악되었다. 흙과 먼지를 일상으로 뒤집어쓰고 살아야 한다는 것이나, 대형 트럭들이 마을길을 모두 부수어 놓아 교통사고의 위험에 그대로 노출돼 있는 경우도 다반사이다. 하지만 이런 문제는 약과에 불과했다. 대대로 그냥 떠 마셔 왔던 계곡수가 흙탕물로 변하거나 잘 나오던 지하수가 끊어지고, 들판에서 일하던 소가 발파 소리에 놀라 도망가는 정도의 불편은 그나마 나은 편이었다.

더 심한 문제는 그동안 멀쩡하던 집과 축대가 엇박자를 내면서 갈라져 비가 새거나 축사에서 기르던 가축이 발파소음과 진동으로 추정되는 스트레스를 받아 말라 죽는 일, 심지어 절간의 목불까지 금이 갈 정도로 발파충격이 가해지는 등 정신적, 육체적 고통은 물론, 큰 재산적 피해를 안기고 있었다는 사실이다. 그러나 정작 현장을 관리하는 시공사와 감리단 그리고 발주기관에서는 이들의 성체를 전혀 파악하지 못하고 있었고, 민원인이 불만 민원을 제기하거나 항의하러 찾아가면 그저 '돈 뜯으러 온 거지'로 치부하고 있었다.

그동안 현장에서 직접 적발한 공사비 차액만도 650억 원이 훌쩍 넘어섰다. 공사비 환수나 현장 관련자를 처벌해 달라고 수사를 요구한 곳이 불과 15곳에 불과한데도 말이다. 그사이 감옥에 보낸 사람만도 수십 명에 이를 정도이다. 그만큼 토목공사장은 말 그대로 엉망진창, 아니 아수라장이었다고 감히 말할 수 있을 정도였다.

국민일보   2014년 11월 11일
21면 (인물)

"구조물 안전 위협하는 '자재 빼돌리기' 막으려면

현장 감독직원이 회계지식 갖춰야"

고속道 터널 '록볼트 빼먹기' 적발해 낸 권익委 하홍순 조사관

"공사현장을 제대로 관리하는 일도 중요하지만 회계 전문가가 감독 부서에 감사 기법에 대한 컨설팅을 해준다면 비리가 발생할 개연성이 큰 폭으로 줄어들요. 구조물 분야에 이런 부정이 횡행하는 건 해당 감사부서가 제 역할을 다하지 못한 책임도 큽니다."

최근 고속도로 터널공사 현장에서 '록볼트 (Rock Bolt) 빼먹기'라는 조직적이고 구조적인 비리를 적발해 낸 국민권익위원회 부패방지국 하홍순(52·사진) 조사관은 10일 국민일보 기자와 만나 큰 성과를 이뤘다는 자부심보다는 국민안전과 직결되는 비리를 저지른 건설업자 등의 행태에 씁쓸한 표정을 감추지 못했다.

하 조사관은 수십년간 주요 자재를 빼돌리는데도 적발이 안 된 가장 큰 이유는 감독직에 있는 토목전문가가 회계에 대한 지식이 부족했기 때문이라고 진단했다. 이를 예방하기 위해서는 감사권한과 전문지식을 갖춘 전문가가 나서서 컨설팅과 교육을 통해 전문성을 키워줘야 한다는 것이다.

그는 "주요 자재 수불부 장부에 록볼트, 강관 같은 주요 자재의 잔고가 제로(0)라고 기록돼 있기에 더욱 강한 의심을 갖고 조사를

세금계산서 등 '섞어치기'하면
감독·감리로는 비리 적발 난망

진행했다"며 "영동~옥천 구간 공사현장의 경우도 발주처인 한국도로공사에서 회계지식에 있는 감사부서 직원이 나서 거래명세표와 세금계산서 등을 제대로 점검했더라면 이 지경까지는 오지 않았을 것"이라고 강조했다.

아울러 전문성을 갖추지 못한 감사가 낙하산을 타고 공공기관이나 공기업에 취업하는 것도 큰 문제라고 지적했다.

통상 터널 공사현장에서 암반 속에 록볼트를 넣고 동시에 그 위에 숏크리트를 타설하면 그 구조물 벽면 내부에 들어 있는 록볼트가 설계대로 시공됐는지는 콘크리트를 모두 뜯어내지 않고서는 알 길이 없다.

건설회사가 록볼트를 빼먹는 방식은 철저하고 교묘하게 이뤄진다고 했다. 가장 흔한

감사기법에 대한 컨설팅이 필요
전문성 없는 낙하산 감사도 문제

방식은 록볼트 구매단가를 낮추고 그 비율만큼 자재 수량을 뻥튀기해 반입수량을 부풀리고 차액을 빼돌리는 경우다.

또 한 업체가 여러 공구에서 터널공사를 동시에 진행하는 일이 많은데, 이때 세금계산서를 조개서 배분하는, 일명 '섞어 치기' 방식을 통해 자재를 빼돌리기도 한다. 이 중 한 가지 방식만 고집하는 사례도 있지만 두 방식을 혼용하는 경우도 많아 단순한 감독·감

리만으로는 비리를 들춰 낼 가능성은 낮다.

그는 "컨설팅을 통해 감사기법을 공유하고 시뮬레이션을 거친 뒤 정기적으로 현장조사를 나서야 한다"며 "감리가 없는 시간에는 공사를 못하게 하겠다는 식의 발상은 대책이 될 수 없다"고 말했다.

하 조사관은 한국도로공사가 발주하는 터널 공사현장의 '자재 빼돌리기' 부패신고를 받고 조사를 벌였으며 사건을 넘겨받은 검찰은 추가 조사를 거쳐 지난달 수사결과를 발표했다.

글·사진=유명철 기자 mryoo@kmib.co.kr

(24.6*15.3)cm

MBC 「PD수첩」의 "대한민국 '안전' 붕괴 왜 비극은 계속되는가?" 편(2014.10.21. 방영)과
국민일보 "현장 감독직원이 회계지식 갖춰야" 제목의 인터뷰 기사(2014.11.11.).
출처: MBC PD수첩 방송화면 캡처

락볼트 같은 기초 자재는 물론이고 강관다단 그라우팅 시공 같은 값비싼 시공도 이리저리 빼먹기 예사였다. 어디 이뿐이던가? 값비싼 슈퍼웨지 공법으로 설계된 구간을 전자발파 등으로 시공한다면서 단가를 부풀리거나, 심지어 이런 공사구간을 발파로 시공하고도 검측자료 한 장 없이 설계대로 시공됐다고 거짓말을 했다가 걸린 현장도 부지기수였다. 이뿐 아니라 소음·진동을 저감시키기 위해 필요하다고 설계에 반영되어 있던 선대구경은 왜 대부분을 빼먹고 시공하다 걸렸는지. 물론 필요가 없었으니 선대구경을 시공하지 않았겠지만, 그러면 공사비라도 정산했어야 하지 않은가.

뿐만 아니라 아파트 인근을 지나는 바람에 소음·진동을 줄이기 위해 값비싼 슈퍼웨지 공법으로 설계되었는데도 폭약, 그것도 고폭속의 폭약을 사용하여 발파하고도 시치미 떼다 걸린 곳도 한두 곳이 아니었다. '경제성'과 '공기 단축'이라는 미명 하에 위험한 고폭속 폭약을 저폭속의 폭약으로 위장하여 마구 사용하다가 걸린 현장 역시 상당수가 있었다. 원칙과 규정이 있다고는 하나 실제 현장에서 이를 제대로 지킨 곳이 과연 얼마나 있었던지 나는 감히 현장에 되묻지 않을 수 없다.

현장에서의 소음·진동 계측은 또 어떠한가? 계측기 진동센서를 설치할 줄 아는 현장이 그동안 점검 과정에서 어디 단 한 군데, 단 한 사람이라도 있었던가? 시공사라는 이름으로 실제 시공할 줄 모르는 현장에서, 감독하라고 비싼 돈을 주면서 별도로 맡긴 감리도, 현장관리가 도대체 무엇인지를 모르는 현장들을 대상으로, 부패 조사의 관점에서 현장에 주는 충격 위주로 점검했다고 자부한다.

어쨌든 지난 수년간의 지속적인 점검을 통해 이 아수라장 같은 토목현장을 정상화시켜야 한다는 나의 당초 목표는 어느 정도 완수한 듯하다. 그리고 현장에서는 무엇을 어떻게 바꿔야 하는지의 결론도 어느 정도 도출시켰고, 토목분야 정상화를 위해 국토교통부와 한국철도시설공단, 한국도로공사 등의 초청으로 진행된 7차례의 강의를 통해 현장소장, 감독 공직자, 감리단장, 공사 및 감사 관련자를 교육시켜 이러한 개혁을 가속화시키기도 했다. 건설현장 관리에서 부족한 부분이 무엇이고, 앞으로 어떻게 관리해야 하는지 그리고 공사비를 크게 빼먹다 걸린 현장과 공종은 어떤 것인지를 낱낱이 정리하여 이들에게 소상하게 알려 주었다.

몇 년 동안 권익위와 부패척결단을 오가면서 계속되었던, 토목현장에 대한 점검은 1차로 끝이 났다. 토목업계가 참으로 많이 변했다는 이야기가 여기저기서 들려온다. 철도시설공단과 한국도로공사 그리고 국토교통부 쪽에 근무하는 지인으로부터 그동안의 활약에 대해 감사드린다는 인사치레도 종종 받는 상황이 되었다.

▌ 그동안의 점검 관련 보도들

마지막으로 그동안의 성과에 대한 언론보도 등을 정리하여 소개하고자 한다.

사실, 그동안 이러한 활약상이 수차례 언론에 보도되기도 했다. 2014년도 10월경, 경부고속도로 영동옥천 확장구간에서 적발한 락볼트와 사토 등 공사비 편취 사건의 수사결과 발표와 뒤를 이은 MBC PD수첩의 인터뷰가 방송을 탔고, 이어 국민일보와의 인터뷰 기사가 지면을 장식하기도 했다.

2015년에는 혼자서 배낭을 메고 전국 60여 현장을 돌면서 시행했던 터널 기획조사 결과가 서울신문에 보도됐고, 2017년도에는 부패척결단의 국책사업 점검 결과가 언론에 크게 보도되었다. 뒤이어 울산MBC '돌직구 40'이란 탐사기획 보도프로그램에서 울산-포항고속도로의 부실시공 부분과 관련해 수차례의 인터뷰가 방송되기도 했다.

수년간에 걸쳐 이어진 이 국책사업 점검이 개인적으로는 잔뜩 고생만 하고 아무런 소득도 없었던 일로만 기억으로 남지만, 어찌 보면 이것이 내가 이 나라에 해 줄 수 있는 작지만 정성이 깃든 선물이 될 수는 있을 듯하다.

이제 점검을 끝내고 잠시 쉬면서 그간의 긴 여정을 한번 돌아보고, 뒷사람들을 위하여 기억을 반추, 정리하여 기록으로 남겨 보려 한다. 그리고 이와 함께 관련 업계와 현장 관련자에게 새로운 길을 제시해 보고자 한다.

朝鮮日報

2014년 10월 10일
12면 (사회)

일부 터널 '락볼트' 70%까지 빼먹고 시공

(Rock Bolt·붕괴 방지 자재)

대기업, 검찰 수사망 좁혀오자
세월호 사고 이후 7월까지
거래명세표·세금계산서 조작

道公·감리용역업체는
반입물량조차 확인 안해

道公 "정밀 안전진단 실시
문제 있으면 재시공 할 것"

락볼트(Rock Bolt)는 지름 2.5cm에 길이 3~5m의 건축 자재다. 흔히 공사 현장에서 볼 수 있는 철근과 유사한 모습이다. 4m짜리는 개당 1만7000원, 5m짜리는 개당 2만1000원가량에 거래된다고 한다. 전문가들은 이 자재가 터널 안전성과 직결된다고 말한다. 서울시 건설환경공학부 안건혁 교수는 "락볼트는 장식을 위한 자재가 아니라 구조재(構造材)이기 때문에 건축물의 안전을 위해 무엇보다 중요한 자재"라며 "락볼트를 설계보다 적게 시공하면 자칫 대형 참사가 빚어질 수 있다"고 경고했다.

이번 수사는 지난 2월 국민권익위원회가 제보를 받아 검찰에 수사를 의뢰하며 시작됐다. 검찰 조사 결과 업자들은 '락볼트 빼먹기'에 바빴다. 지난 2009년 10월부터 2011년 1월까지 고속도로 주문진~속초 5공구 현장소장을 맡은 구산토건 양모(47)씨는 설계상 락볼트 1만8350개를 시공하게 되어 있었으나, 전체의 32%에 해당되는 5930개의 락볼트만 넣었다. 1만2420개의 락볼트를 빼먹고도 양씨는 설계대로 락볼트를 모두 시공했다며 한국도로공사에 공사 대금을 청구했다. 결국 양씨는 국민의 세금으로 마련된 8억3681만원을 '공돈'으로 챙겼다.

검찰 수사와 한국도로공사의 자체 점검이 시작되고, 건설업자들은 자료를 위조하는 데 급급했다. 동부건설이 시공한 흥천~양양 11공구 현장소장 김모(48)씨는 지난 6월 락볼트 8390개를 시공하지 않은 사실이 탄로날 상황에 몰리자 공급업체가 작성한 거래명세표 10장과 세금계산서 10장을 위조해 도로공사에 제출했다. 흥천~양양 6공구를 시공한 대우건설 박모(50) 현장소장도 락볼트 1만4322개를 적게 시공한 사실을 숨기려고 지난 7월 '주요자재검사대장'을 위조했다. 세월호 사고로 온 사회의 관심이 안전에 집중되던 시기인데도 서류위조 범행이 계속된 것이다.

검찰이 도로공사와 함께 조사한 121개 터널은 2010년 이후 도로공사가 발주해 착공한 곳으로 한정됐다. 한정된 조사였지만 터널을 부실 시공하고 공사 대금을 과다 청구한 업체는 시공사 22개, 하도급사 49개 등 71개에 달했다. 건설업체들은 부실시공을 통해 터널 한 곳당 1억~8억원꼴로 총 187억원을 부당하게 챙긴 것으로 드러났다.

현장을 관리·감독해야 할 한국도로공사와 감리용역 업체가 아무런 역할을 하지 못했다는 사실도 이번에 확인됐다. 이들은 락볼트 등의 자재 반입 수량과 품질을 검수해야 하

문제는 이번 수사 결과를 통해 국내 수많은 터널의 안전성도 담보할 수 없다는 것이 확인됐다는 점이다. 이번에 적발된 업체들이 사용한 일명 나틈(NATM) 공법이 최근의 터널 공사에서 주로 사용되고 있기 때문이다. 검찰 관계자는 "부실시공이 확인된 고속도로 이외의 고속철도, 국도, 지방도 등의 터널 공사에서도 나틈 공법이 많이 사용됐다"고 말했다.

지만 아예 검수 자체를 하지 않거나 거래명세표와 같은 송장만 확인하고 반입 물량은 파악조차 하지 않았다. 그런데도 도로공사와 감리용역 업체 관계자는 누구도 처벌받지 않는다. 건설기술관리법에 뇌물을 받지 않았으면 부실 감리를 하더라도 형사처벌하지 못하고 벌점만 부과하도록 돼 있기 때문이다. 검찰 관계자는 "관리·감독을 소홀히 하면 형사 처벌을 받도록 처벌 조항을 강화할 필요가 있다"고 말했다. 한국도로공사는 "앞으로 적발된 공구에 대해 정밀 안전진단을 벌여 문제가 발견되면 재시공 또는 보강공사를 할 것"이라고 밝혔다.

석남준 기자

터널 락볼트 부실 시공 적발 구간 및 관련 기업

적발 구간	관련 기업
❶ 영동-옥천 1공구	선산토건㈜·계룡건설산업㈜
❷ 주문진-속초 5공구	구산토건㈜·삼환기업㈜
❸ 담양-성산 6공구	삼성물산㈜·구산토건㈜
❹ 흥홍천-양양 6공구	㈜대우건설·㈜성보씨엔이
❺ 동홍천-양양 11공구	동부건설㈜
❻ 동홍천-양양 14공구	도양기업㈜
❼ 동홍천-양양 16공구	㈜한양
❽ 상주-영덕 5공구	㈜대흥에이스건업

한 고속도로 터널 공사 현장에서 락볼트(위쪽)를 터널 상단에 시공하는 장면. 터널 공사는 발파 후 벽면을 제거한 뒤 암석 표면에 강력한 특수콘크리트 시공을 한 후 볼트형 철근으로 자재의 하나인 락볼트를 일정하게 삽입해 터널 암반이 무너지는 것을 방지하는 작업(락볼트 시공)을 한다.

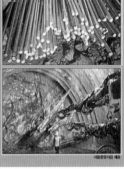

서울중앙지검 제공

경부고속도로 영동옥천 사건의 연장선인 검찰의 락볼트 기획수사 결과를 보도한 신문기사.
(2014. 10. 10. 조선일보 기사)

2017년 1월 11일, 부패척결추진단의 국책사업 점검결과 발표 뉴스 화면과
울산MBC의 「돌직구 40」 '터널, 위험을 뚫다' 편 방송 화면.
출처: KBS 뉴스 화면 캡처 및 울산MBC 화면 캡처

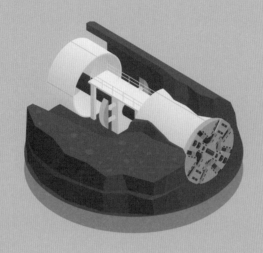

제2부
관련된 공법 등
대강 알기

당초 이 책은 토목분야의 전문가들을 대상으로 집필되었으므로 이 부분을 작성하지 않았으나, 혹여 비전문가인 독자들이 읽기에는 부담감이 클 것이라 여겨져, 터널굴착과 관련되는 굴착공법과 굴착계획, 발파굴착공법과 공사용 폭약 및 뇌관 부분에 대해 개략적인 설명을 추가하고자 한다.

터널굴착의 계획

이 책의 주요 현장인 토목현장에서 터널굴착 시 어떤 계획과 절차에 따라 진행되는지에 대해 먼저 알아보기로 한다. 이 부분은 그동안 각 현장을 다니면서 조사할 때 틈틈이 공부해서 메모해 둔 내용을 약간의 손질만 해서 그대로 올려 본다. 직접 굴착 전에 실시설계라는 단계를 거치는데, 이때 터널과 관련된 사전 검토 사항은 아래와 같다.

굴착공법 선정

터널을 굴착해야 한다면 먼저 굴착공법 내지 방법을 선정해야 한다. 이때 각 공법의 특징과 시공 편의성, 환경 영향, 경제성, 장점과 단점, 시공 사례, 굴진 능력등을 개별적으로 검토하여 종합적으로 판단하여 결정한다.

현재 국내의 터널공사에 사용되는 굴착방법에는 크게 나틈(NATM) 공법과 기계화굴착(TBM)의 두 가지가 있다. 이외에도 주변 암을 지보재로 활용하는 방법으로 주로 경암 이상의 지대에서 사용하는 N.M.T. 공법도 있지만, 아직 국내에서 시공 사례가 거의 없는 것으로 안다.

나틈(NATM, New Austrian Tunneling Method) 공법은 일부에서는 신 오스트리아 터널 공법이라고도 한다. 간단히 정의하면 암반은 락볼트라는 자재로 고정하고 표면은 숏크리트(shotcrete)라고 불리는 속건성 콘크리트를 타설하여 굳혀 가면서 터널을 굴진해 가는 방식인데, 오스트리아에서 알프스 산맥을 뚫어 도로를 내면서 개발된 굴착공법이다.

암반이 취약한 곳은 지보로 보강한다. 보통 강봉이나 철근을 격자형으로 용접하여 제작하는 격자지보가 쓰이나, 터널 입구인 갱구부나 취약한 구간에는 H형 강을 구부려 제작한 강지보를 사용한다.

굴진하는 방식은 대부분 폭약을 사용하는 발파이며, 소음이나 진동이 문제가 되는 구간에서는 소규모로 미진동 발파나 슈퍼웨지 공법으로 굴착하기도 한다. 굴착비용이 저렴하고 선형 등 변경이 비교적 자유로워 국내 터널은 대부분 이 방식으로 굴착한다.

기계화시공(TBM, Tunnel Boring Machine) 공법은 직경이 큰 보링머신의 헤드를 회전시켜 암반을 절취하여 전진하면서 터널을 굴착하는 방법으로, 비교적 최신의 공법에 속한다. 방식에 따라 크게 Open TBM과 Shield TBM으로 구분한다. Open TBM은 암반이 비교적 양호한 곳에서 사용하며, 굴진속도가 빠른 편인데다 장비 가격이 상대적으로 저렴한 이점이 있다. 반면 Shield TBM은 지반이 연약하거나 하천 하부를 관통하는 등 조건이 비교적 열악한 구간에 주로 사용하며, 굴진속도도 상대적으로 느리고 장비가격 또한 비싼 편이다.

다만 이 공법은 국내에서 TBM기계 제작이 불가능하여 유럽과 일본 등으로부터 맞춤식으로 제작하여 들여와야 하고, 기계 자체 무게만도 수백 톤에 달하는데다 전력 소모량도 상당해 공사비가 NATM 공법 등에 비해 으레 비싼 편이다.

NATM 공법의 공사 순서도

NATM 공법의 공사 순서도.
이 공법은 그동안 국내 터널현장에서 가장 오랫동안 사용되어 터널공사에서의 기본 공법이기도 하다.
그만큼 시공 경험이 풍부하고 지반의 변화에 바로 대응할 수 있는 등 장점이 많다.
출처: 한국도로공사

따라서 국내에서도 여러 현장에서 폭넓게 사용되지는 못하며, 한강 또는 낙동강 하부 통과 구간이나 비교적 규모가 작은 발전소의 송수관 공사 등에 국한하여 Shield TBM으로 일부를 굴착하고 있다.

Open TBM 머신의 모습.
일반 암반에 사용하는 Open TBM과 하상 하부나 암질이 불량한 곳에 사용하는
Shield TBM이 있다. 사진은 직경 5m, 1,500HP 기계 모습이다.

이 공법은 그동안 국내에서 시공 사례가 많지 않아 별로 알려지지 않았으나, 서울지하철 9호선 연장구간에도 일부 사용되었다가 석촌 호수 인근에서 싱크홀이 발생한 사건으로 한동안 뉴스를 장식하는 바람에 대중들에게 상당히 많이 알려지게 되었다.

▌▌천공장비 선정

가장 흔한 NATM 공법을 기준으로 보면, 일단 굴착공법이 정해지면 다음 순서는 굴착 방법을 선정한다. 이 외에 통상 발파굴착과 기계굴착, 기타 슈퍼웨지 굴착 등의 공법별 공사 구간을 정한다.

발파굴착의 경우 일반발파와 소음·진동을 줄일 필요가 있는 구간에는 제어발파로 계획한다. 사전에 탐사한 조사 자료 및 주변 현황 등을 바탕으로 각 구간별 발파형식과 타입, 발파공수, 뇌관 수량 등을 세밀하게 설계한다.

발파공을 천공할 경우 점보드릴로 할 것인지, 크롤러 드릴로 할 것인지도 이때 정해진다. 터널 전단면 또는 상반 반 단면처럼 수직면에 수평으로 천공할 때는 보통 붐(Boom)대라고 불리는 굴착장치가 3개 달린 점보드릴을 사용한다. 반면 노천 발파처럼 수평면에 수직으로 천공하는 경우는 크롤러 드릴이라는 장비를 사용한다.

굴착단면 선정

터널 단면을 한꺼번에 굴착할 것인가, 아니면 여러 조각으로 나눠 굴착할 것인가의 일이다. 통상 전단면과 반 단면 굴착을 많이 사용한다. 보통암 이상의 경우 전체 단면인 전단면을 한꺼번에 굴착하지만, 지반이 비교적 무른 연암이나 풍화암인 경우 붕괴 위험 등으로 인해 상반과 하반을 나눠 상반 반 단면을 먼저 굴착하고, 일정 거리 이상 굴착하고 나서 하반 반 단면을 뒤따라가며 굴착하는 행태로 공사를 진행한다.

단층이나 파쇄대, 지반이 연약한 경우 3분할 또는 5분할 등으로 단면을 여러 부분으로 나눠 한 분할씩 굴착하기도 하는데, 작업이 복잡하여 위험한 곳이나 꼭 필요한 때를 제외하고는 잘 사용하지 않는다.

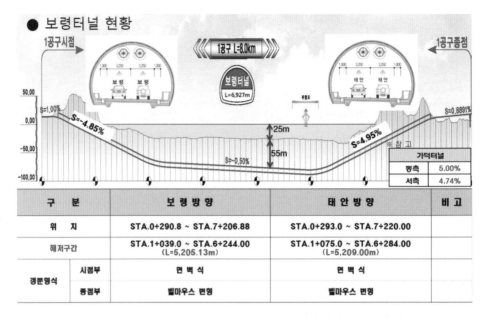

● 보령터널 현황

구 분		보령방향	태안방향	비 고
위 치		STA.0+290.8 ~ STA.7+206.88	STA.0+293.0 ~ STA.7+220.00	
해저구간		STA.1+039.0 ~ STA.6+244.00 (L=5,205.13m)	STA.1+075.0 ~ STA.6+284.00 (L=5,209.00m)	
갱문형식	시점부	면 벽 식	면 벽 식	
	종점부	벨마우스 변형	벨마우스 변형	

터널의 횡단면도 모습. 보령−태안 간 건설되는 국도의 보령에서 원산도 간 연결하는 보령터널
모습이다. 이는 우리나라 최장의 해저터널이자 세계에서 5번째로 긴 해저터널이기도 한데,
이 터널 역시 일반적으로 사용되는 NATM 공법으로 굴착했다.

출처: 국토교통부

숏크리트 종류와 타설 방식 결정

다음은 숏크리트 타설 공법에 대한 검토를 한다. 숏크리트는 급결제를 배합하여
일반 시멘트보다는 굳는 속도가 빠른 장점을 이용하여 현장에서 사용하는 콘크리
트다. 발파 후 30분 이상 환기 후 바로 숏크리트를 타설(1차 타설)하고, 이어 락볼
트와 지보 등을 설치한 후 그 위를 다시 한번 숏크리트로 타설(2차 타설)한다.

이 숏크리트를 타설하는 방식에는 건식공법과 습식공법이 있다.

건식공법은 기계의 노즐 부위에서 물과 배합재료가 혼합되어 타설하기 때문에
재료 등 이송에 있어 비교적 장거리 압송이 가능하고 장비의 소형화 및 보수가 쉬

운 등의 장점이 있어 과거에 많이 사용되었다. 그러나 분진이 많이 발생되고 작업면에 반발하여 튀어나오는 재료가 많고 작업 품질이 작업기사의 숙련도에 크게 좌우되는 등의 문제점이 있어 요즘 현장에서는 거의 사용하지 않는 것으로 안다.

습식공법은 사전에 물을 포함하여 각 재료가 정확하게 계량되고 충분히 혼합하여 타설 작업에 사용되므로 반발률이 낮아 재료 손실이 적고 작업기사의 숙련도에 큰 영향을 받지 않은 장점이 있다. 대신 재료의 장거리 압송이 곤란하여 통상 터널 입구에 BP(Batch Plant)장이라는 대형 플랜트를 설치해야 하고, 타설 장비 또한 대형의 장비로 구성되어 시공상 불편함이 있다. 그러나 품질관리 측면에서 확실하고 분진과 반발률이 건식에 비해 현저히 낮은 장점으로 인해 요즘 대부분의 현장에서 이 습식공법을 사용하고 있는 것으로 안다.

이 숏크리트에는 일반 콘크리트 타설 시의 철근과 같은 역할을 하는 철망(와이어 메쉬) 또는 강섬유를 사용한다. 근래에는 숏크리트에 강섬유를 배합하여 주로 사용하는데, 숏크리트의 전단강도를 70% 가량 증가시키는 장점이 있는 반면, 혼합 및 타설 과정에서 관을 막거나 반발하는 경우가 많아 현장에서 한때 애물단지가 된 적이 있었다.

이로 인해 한동안 터널에서는 숏크리트에 섞는 강섬유를 규정보다 적게 배합해서 사용하다가 여러 현장들이 점검을 받은 적이 있었다. 각 규정에는 세제곱미터당 40kg의 강섬유를 혼합시키도록 되어 있으나, 초기에 나온 많은 기계들이 이 정도의 강섬유를 혼합할 경우 작업관이 막히는 경우가 많았으므로 실제 작업 시에는 대부분 10~15kg 정도를 혼합, 타설했다가 점검에서 지적된 것이다.

지금은 이 습식 숏크리트 타설 기계들이 많이 개량되어 성능이 나아진데다 한국도로공사의 고속도로 구간을 비롯하여 대부분의 발주처가 배합률을 세제곱미터당

30kg으로 배합기준을 낮추는 등 기준을 합리적으로 하향 조정하는 바람에 요즘에는 이러한 일이 거의 없는 것으로 안다.

숏크리트에 강섬유를 혼합한 것을 '강섬유 보강 숏크리트'라고 한다. 통상 1타입이라고 부르는 P-1 구간에는 강섬유로 보강되지 않은 일반 숏크리트를, 나머지 P-2부터 P-6 구간에는 강섬유로 보강한 숏크리트를 타설한다.

지보의 선정

다음으로 검토되어야 할 것이 지보인데, 인체로 따지자면 갈비뼈 역할을 하는 것이다. 크게 구분해 보면 H형 강으로 만드는 강지보와 철근 형태의 자재를 잘라 용접해서 만드는 격자지보가 있다. 무거운 대신 튼튼한 강지보는 불량한 토사지반이나 파쇄대의 암반, 터널 입구 부위(P-6)에 사용되며, 비교적 가벼운 격자지보는 P-4 및 P-5 구간에 사용된다. 물론, P-1부터 P-3까지의 단면에는 '무지보 구간'이라고 해서 지보를 설치하지 않는다.

터널공사에 사용되는 격자지보의 모습(좌)과 터널에서 라이닝 작업을 앞두고 방수작업 중인 장면

그동안의 조사 사례를 보면, 시공하지 않은 지보 시공 공사비를 기성금으로 수령

하였다가 문제가 된 곳이 몇 차례 있었다. 그 차액은 불과 2~3억 원 정도에 불과하여 다른 누락된 공사의 비용보다는 비록 금액상 크지 않았으나, 강지보든 격자지보든 간에 상당히 중요한 역할을 하는 자재이기 때문에 좀 더 철저한 관리가 필요한 것으로 생각된다.

▌락볼트의 선정

한동안 언론 등에 자주 등장했던 터널 자재가 바로 락볼트(Rock-bolt)였다.

우선 이 자재의 모습을 보면, 직경 25㎜ 가량의 철근을 3~5m 길이로 잘라 내어 한쪽에 나사식으로 산을 깎아 내고 거기에 고정판(plate)을 넣어 너트를 채우도록 만든 구조이다. 자재 가격도 세트당 당시 기준으로 가장 많이 사용되는 3m 규격의 경우 14,000원 내외, 4m와 5m 규격은 각각 17,500원과 21,500원 정도였다.

이것을 실제 시공할 때는 벽면에 구멍을 뚫고 락볼트를 삽입하여, 모르타르나 수지(Resin)로 채워서 굳힌 후 고정판과 너트를 채우게 되어 있다. 이 과정을 락볼트 시공이라고 하는데, 시공사는 락볼트 하나당 자재비와 시공비를 합해 직접공사비 기준, 통상 40,000~50,000원 내외를 지급받게 된다. 현장에서의 락볼트 미시공 사례 적발 경험을 떠올려 보자면, 10억 원 정도의 락볼트 누락공사비는 수량으로 보면 대략 13,000개에서 17,000개 정도에 해당하였다.

내가 처음으로 조사한 현장에서 빼먹고 시공했다가 적발된 주요한 자재 또한 락볼트였기 때문에 특별한 관심과 애정을 가지고 있는 항목이기도 하다. 2014년도 경부고속도로 영동옥천 현장에서 적발한 누락시공 락볼트 21,800개, 공사비 15억 원과 향후 검찰의 추가 수사를 통해 밝혀진 사례를 포함, 지금까지 락볼트 관련 환수액만도 200억 원이 넘는다.

특히 영화 '터널'에서 터널의 붕괴 원인을 인부들이 '락볼트를 빼먹고 시공'한 것으로 설정함으로써 더더욱 알려지게 되었다. 주요한 역할은 발파 후 이완된 암반을 모암에다 고정시키는 역할을 한다. 그렇기 때문에 락볼트를 누락할 경우, 발파로 인해 분리되었다가 충분히 고정되지 않은 바위들이 작업 중에 떨어지는 낙반사고로 인명사고가 나는 경우가 많았다.

88고속도로 확장구간 및 호남선 고속철도 일부 구간에서의 낙반사고에서 그 원인이 락볼트 누락시공으로 밝혀지기도 했다. 대전 인근의 지방도 터널에서는 락볼트 부족시공으로 추정되는 원인으로 건설 중인 터널이 두 차례에 걸쳐 붕괴되어, 결국 터널을 포기하고 사면을 깎아 길을 내기도 했다.

그동안 락볼트는 굵은 철근으로 만든 이형강봉형 락볼트가 대부분이었으나, 철사를 수십 가닥 꼬아서 만든 트위스트 볼트도 있다. 최근에는 강관을 접은 형태로 삽입 후 고압의 물로 펴서 작업하는 튜브형 강관 락볼트가 개발되어 용수구간, 파쇄대 등 작업이 곤란한 부위의 작업뿐만 아니라 강관다단 부위 측벽 등 소규모 작업구간에도 편의성 등에 힘입어 점점 확산되고 있다.

▌▌강관다단 그라우팅 공법의 선정

강관다단 그라우팅은 토사, 풍화암 및 단층대 등 연약대를 굴착하기 전에 터널을 보강하기 위한 목적으로 시공된다. 대표적 연약지대인 갱구부에는 거의 필수적으로 시공되며 이외에도 저토피 구간, 단층 파쇄대 등에도 굴착에 앞서 상단에 시공한다.

진행면의 약간 상반 방향에 단면의 크기, 보강필요 영역에 따라 6~12m 길이의 60.5㎜ 소구경 또는 114㎜ 대구경 강관을 25~33개 정도 삽입 후, 주입재라고 불리는 무기질 또는 물유리계의 약액을 주입하여 굳히고 그 하부를 기계굴착 또는 제어발파 등으로 굴착한다. 대구경으로 할 것인지, 소구경으로 할 것인지의 종류 선정, 구간의 길이, 주입재 선정 등이 주로 검토할 사항이다.

한번 시공에는 통상 하루에서 하루 반 정도로 짧은데다, 공당 공사비가 180만 원 내외로 비싼 편이다. 33개 한 막장이면 대략 공사비가 6,000만 원이 넘는다. 그러다 보니 발주처나 감리단 등의 관리 능력 부족으로 이를 빼먹는 현장들도 상당한 것으로 알려지고 있다.

이 강관다단 그라우팅은 통상 '강관다단'이라고 줄여서 부른다. 현장에서 누락으로 적발된 곳은 딱 두 군데에 불과했으나, 이것이 시공되는 구간은 상당히 위험한 부위라 적발을 하면서 나도 섬찟했던 기억이 아직 머릿속에 남아 있다.

기 타

갱문의 종류를 무엇으로 할 것인가의 문제도 있다. 종 모양의 Bell Mouth 형이나 새의 부리 형상인 Bird Beak 형태, 또는 면에 수직인 면벽형 등을 터널의 외부 환경과 결부시켜 선정한다.

터널의 배수 형식도 선정되어야 하는데 지하수 유출이 비교적 적은 구간에는 배수형 터널공법을, 하천 통과부 등 지하수 유출이 과다하여 유지관리상 문제가 있는 구간에는 비배수형 터널공법을 주로 선정한다. 최종적으로 시공되는 라이닝도 물론 빠질 수 없다.

설계 내역은 각 터널마다 서로 다르나 여러 터널들을 순회하면서 받은 자료들을 중심으로 내가 조사에 참고하기 위해 각 지보 타입과 암반의 등급, 지보재의 시공 간격 등을 정리해 둔 자료는 아래 표와 같았다.

지보 타입과 암반 등급, 굴진장 등과의 상관관계

지보 타입		1타입	2타입	3타입	4타입	5타입	6타입
암반	등급	TYPE I	TYPE II	TYPE III	TYPE IV	TYPE V	갱구부 및 특수굴착 (슈퍼웨지, 전자발파, PLHBM 등)
	RMR값	81~100	61~80	41~60	21~40	20 이하	
	평가	매우 양호	양호	보통	불량	매우 불량	
	암질	극경암	경암	보통암	연암	풍화암	
굴진장		3.5~5.0m	2.5~3.0m	2.0m	1.5m	1.2m	1.0m
락볼트	길이	–	3m		4m		5m
	간격(종)	Random	2.5~3.0m	2.0m	1.5m	1.2m	1.0m
지보	형식	무지보			격자지보		강지보(H형)
	간격				1.5m	1.2m	1.0m
숏크리트		일반		강섬유 보강			

이외에도 일반발파, 제어발파 등의 발파공법 선정과 V-Cut, Cylinder Cut 등 심발 발파공법도 검토된다. 발파에 필요한 폭약과 뇌관의 종류도 이때 함께 검토되는데, 이는 분량이 비교적 방대하므로 별도의 장에서 검토하도록 한다.

터널굴착공법

▌ 토사와 암반

먼저 토사와 암반에 대해 간단히 알고 넘어가도록 하자.

현장에서는 보통 이를 토사와 리핑암, 발파암으로 구분한다. 통상 토사는 불도저로 밀거나 백호(Backhoe)의 버킷(Bucket)이라 불리는 바가지로 퍼낼 수 있을 때 토사라고 한다.

이보다 조금 단단한 암질인 경우 리퍼라는 기계로 긁어서 작업하는데, 이렇게 리퍼로 작업이 가능한 풍화암을 리핑암으로 부른다. 그리고 이 리퍼로도 작업이 불가능하거나 효율이 크게 떨어지는 단단한 암반인 경우 발파를 해야 하는데, 이 발파대상이 되는 암반을 통상 발파암이라 부른다.

▌ 소음·진동 유무에 따른 굴착공법 구분

터널을 굴착하는 방법은 상당히 다양하나, 우선 공사 시 발생하는 소음·진동의 발생 유무를 기준으로 보면 진동공법과 무진동공법으로 나뉜다.

진동공법이란 용어는 실제로 흔하게 사용되지 않는 용어이나, 일반적으로 무진동 공법의 반대 개념으로 사용하고자 한다. 굴착방법에는 인력굴착, 기계굴착, 발파굴착, 파쇄굴착 등이 있다.

인력굴착은 곡괭이 등 간단한 도구를 사용하여 사람의 인력으로 굴착하는 것으로 지금도 현장에서 소화전함 등 소규모로 굴착할 때 사용한다. 기계굴착은 현장에서 주로 '뿌레카'라고 부른다. 백호 등에 유압으로 작동하는 파쇄 기구를 장착하여 굴착하는 방법으로 발파로 굴착하고 남은 잔여물 등을 제거할 때, 그리고 소음·진동으로 인해 발파가 곤란한 비교적 소규모의 구간을 굴착할 때 사용된다. 발파굴착은 폭약의 폭발력을 이용하는 굴착 방법이다. 이외에 화공약품이나 유압, 전기 등을 이용하여 암반의 틈새를 벌려 파쇄하는 파쇄굴착이 있다.

발파공법

이 중 대표적인 것이 폭약을 이용한 발파공법이다. 폭약을 이용해서 발파함으로써 한꺼번에 대량의 토사나 암반을 절취할 수 있었다. 이는 상당히 저렴한 비용에 비해 효율은 매우 높아 19세기 노벨이 니트로글리세린을 규조토에 흡수시켜 다이너마이트(Dynamite)를 발명한 이래 그동안 토목공사에 폭넓게 이용되어 왔다.

그러나 승승장구하던 이 발파공법의 치명적인 단점이 발파 시 발생하는 엄청난 소음과 진동이다 보니, 도심지 구간 등에서는 더 이상 사용하기 곤란해졌다. 그래서 이를 극복하기 위한 다양한 발파공법이 개발되었다.

그중 하나는 폭발력을 낮춘 저폭속 폭약을 사용(미진동 굴착)하도록 하거나, 발전된 뇌관을 사용하여 한 번에 기폭되는 폭약량을 여러 차례로 잘게 나눠 기폭(조절발파), 또는 사전에 자유면을 확보하여 소음·진동을 줄이는 방법(선대구경 공법 또는 PLHBM 공법) 등 폭약의 폭압을 분산시키는 방향으로 발전되었다. 나머지 하나는 폭약 대신 팽창성 화공약품을 일부 이용하여 암반을 팽창시키거나, 유압 등을 사용하는 특수기계로 암반을 벌려 굴착하는 파쇄굴착 등 폭약을 사용하지 않는 방법(비발파 공법)으로 갈라져 발전되어 왔다.

노천발파에서 발파 순간.
웅장한 모습과 함께 효율이 대단히 높은 작업방식이나
반대로 소음과 진동 또한 대단하여 세밀한 현장관리가 필요하다.
자료 출처: 에스에이치엠앤씨 홈페이지(www.shmc.co.kr)

기계굴착

기계굴착은 백호 등 건설용 기계를 이용하는 방법이다. 브레이커(Breaker)라는, 흔히 뿌레카라고 불리는 기구를 기계에 장착하여 유압으로 작동하는 해머로 쳐서 단단한 암반을 절취하거나, 리퍼(Ripper)라는 기계를 사용하여 연한 암반을 절취하기도 한다. 유압 브레이커의 경우에는 상당한 소음이 수반되고, 리퍼의 경우에는 단단한 흙이나 매우 연한 암반만 작업할 수 있다.

무진동 암파쇄 공법에는 과거부터 소규모 현장에서 많이 쓰인 할암봉이라는 작업 기구를 미리 천공한 작업공에 삽입하고 이를 전기나 유압 등을 이용하여 암반을 벌려 줌으로써 암반을 파쇄하는 방법이 있다. 팽창성 화공약품을 혼합하여 작업공에 부어 넣어 내부에서 가스 또는 수증기 등을 팽창시켜 그 압력으로 암반을 파쇄하는 방법도 있다. 그 밖에도 현장에서 그리 많이 쓰이지는 않지만 GNR, HRS, DARDA, Bigger 등 유사한 원리를 사용하는 여러 공법이 있다.

이 중에서 비교적 늦게 개발되어 현장에서 많이 사용되는 것에는 쐐기 모양의 작업기구를 작업공에 집어넣고 유압 등을 이용하여 기구를 팽창시켜 암반을 파쇄하는 방법이 있는데, 대표적인 것이 슈퍼웨지(Super Wedge) 공법이다. 이러한 무진동 공법들은 공통적으로 발파에 비해 작업 효율이 크게 떨어지는데, 그나마 작업 효율성 면에서 가장 뛰어난 것이 이 슈퍼웨지 공법으로 알려지고 있다.

이들 굴착 공법 중 중요한 몇 가지를 간략히 설명하면 아래와 같다.

우선 역사가 가장 오래된 굴착 방법은 인력굴착인데, 이는 삽과 곡괭이 같은 도구와 인력을 사용하여 굴착하는 것이다. 지금도 터널 속의 소화전 부위나 간단한 기계를 넣는 박스 부위 같은 소규모 굴착구간 현장에서는 이 공법을 실제로 사용하고 있다.

다음은 기계굴착이라고 하는데, 현장에서는 백호(backhoe)라고 부르는, 우리가 흔히 보는 굴삭기에다 굴착 공구를 부착하여 작업하는 방법이다. 이 방법은 소음 또는 진동 등의 문제로 발파공법이 어렵거나 발파하고 남은 자투리를 마무리하는 등의 소규모 구간에 주로 사용된다. 현장에서는 이 작업을 주로 하는 기계의 영문 이름이 Breaker(브레이커)이기 때문에 '뿌레카 작업'이라고도 한다.

건설기계를 이용하여 터널을 굴착하는 기계굴착의 여러 장면.

발파굴착은 굴착해 둔 발파공에 폭약과 뇌관을 삽입하여 폭약의 폭발력을 이용, 암반을 파쇄하여 굴착하는 공법이다. 요즘에는 토목공사에서 가장 기본적이고 광범위하게 사용되므로, 거기에 사용되는 폭약 및 뇌관과 함께 별도의 장에서 설명하기로 한다.

근래 들어 기계화시공이라는 공법이 있는데, 앞서 간단하게 설명하였듯이 거대한 크기의 보링 기계로 터널을 굴착하는 방법으로 흔히 TBM(Tunnel Boring Machine) 공법이라고도 한다. 외국에서는 도심지 터널굴착의 한 방법으로 비교적 널리 활용되고 있으나, 우리나라에서는 아직 초보 단계에 머물러 기술 개발 등이 늦은 편이다. 이 기계화시공은 굴착방법의 한 분류로 통상 NATM 공법에 반대되는 용어로도 사용하기도 한다.

무진동 암파쇄 공법

이외에도 도심지나 주택, 축사, 도로, 교량, 양어장 등 인근에서 공사하는 경우에는 소음 및 진동으로 인한 피해를 유발하므로, 소음과 진동이 거의 없는 무진동 암파쇄 공법을 사용한다. 다만 이 방법은 발파의 경우보다 소음과 진동은 거의 발생하지 않으나, 비용이 몇 배나 비싸고 작업 효율 면에서는 발파 등과는 비교가 불가능할 정도로 낮아 실제 현장에서는 그리 환영받지 못하고 있다.

슈퍼웨지 작업 기구로 암반을 파쇄하는 모습(좌)과 발파를 앞두고 발파공에 폭약을 장전하는 모습.

이처럼 낮은 작업 효율 때문에, 설계상 슈퍼웨지 공법으로 잡혀 있어도 실제 현장에서는 감독자들의 눈을 피해 가면서 발파(주로 다단발파)로 시공한다. 그런데 이 슈퍼웨지 공법의 공사비는 통상 다단발파에 비해 4~5배 가량 비싸기 때문에, 발파로 인한 소음과 진동을 무시하거나 또는 인근 보안물건의 주인에게 민원 무마용 비용을 적당히 지급하더라도 충분히 남는 장사였다. 그래서 적발의 위험을 감수하고도 많이 속여 먹는 공법 중의 하나인 것으로 여러 곳에서 확인되기도 했다.

이 무진동 공법 중에서 현재까지 가장 작업 효율이 뛰어나다고 인정받는 공법이 바로 쐐기형의 작업 기구를 백호 앞부분에 부착하여 유압의 힘으로 암반을 벌려 파쇄하는 방법인 슈퍼웨지 공법이다. Super Wedge 공법 또는 현장에서는 그냥

'S/W 공법'이라고도 쓰는데, 무진동 암파쇄 공법의 대명사로도 통하므로 이 책에서도 슈퍼웨지 공법 = 무진동 암파쇄 공법으로 사용하도록 한다. 여기서 Wedge는 바로 쐐기를 말한다. 이 공법은 얼마 전까지만 해도 건설 신기술로 등록되었으며 그동안 특허로 보호되던 공법이었는데, 대충 2016년쯤 특허 기간이 만료된 것으로 안다.

발파굴착

발파굴착은 폭약의 폭발력을 이용하여 암반에 충격을 줌으로써 암반을 파쇄하는 공법인데, 통상 그냥 '발파'라고 부르기도 한다. 이 발파공법은 대부분의 토목현장에서 널리 사용되고 있는데, 그 이유는 타 공법과는 감히 비교될 수 없는 높은 작업 효율과 경제성에 있다.

그러나 가장 대중적으로 쓰이는 이 발파공법도 장점이 많은 만큼 단점도 많은데, 우선 폭약을 사용하는 만큼 높은 수준의 안전관리가 필요한데다 소음과 진동으로 인한 민폐가 매우 크다는 점이다. 또 모암에 충격을 주어 굴착하는 만큼 원하지 않는 모암의 균열을 가져와 낙반사고를 일으킬 뿐만 아니라 발파지역 인근의 축사, 민가 등의 구조물에 손상을 주기도 하고, 심한 경우 가축의 폐사나 인체의 손상을 초래하기도 한다.

노천발파와 터널발파

발파는 폭약을 장전하는 방식에 따라 노천발파 같은 수직발파와 터널발파로 대표되는 수평발파로 크게 구분한다.

노천발파는 대규모 채석장이나 노천탄광 등에서 위에서부터 아래로 마치 양파 껍질을 벗기듯 발파하는 형태이고, 한꺼번에 다량의 폭약을 사용하여 수백 세제곱미터에서 수만 세제곱미터까지 한꺼번에 작업하기도 한다. 2019년 6월에는 두만강 인근, 한국과 중국과 러시아 국경 근처 훈춘 지역의 한 쇄석장에서 각각 2.7t과 3.3t의 폭약을 사용, 발파하는 바람에 진도 1.3의 지진이 관측되어 일시적으로 혼란에 빠진 적도 있다.

이에 비하여 터널발파는 대부분의 작업이 터널굴착에서 사용되는 데 따라 붙은 명칭이나, 실제로는 터널굴착뿐 아니라 도심지의 건물 지하 등 소규모 터파기에서도 사용되는 방법이다.

발파에 사용되는 폭약과 뇌관의 선택은 인근에 위치한 소음·진동 취약 요소에 의해 결정된다. 폭약은 토목에서 매우 중요한 요소이기 때문에, 다음의 폭약과 뇌관 편에서 좀 상세히 설명하기로 한다.

발파천공

터널굴착 시 발파천공은 크게 중앙의 심발공(Cut Holes)과 그 주변의 확대공(Stoping Holes), 제일 외곽의 외곽공(Roof Holes 또는 Wall Holes), 바닥 쪽의 바닥공(Floor Holes)으로 구분된다.

심발공은 먼저 중앙부에 '자유면(free face)'이라 부르는 빈 공간을 확보하기 위한 것으로, 발파 부위 중 천공 밀도가 가장 높고 장약량 역시 많으며, 제일 먼저 기폭되는 부위이다. 발파공 설계나 굴착은 보통 V-Cut이나 실린더(Cylinder)-Cut, 또는 이 두 방법을 변형한 방법을 사용한다. V-Cut은 굴진장 2m 미만의 비교적 짧은 단공(短孔) 발파에 사용하고, 이보다 긴 장공(長孔) 발파의 경우에는 실린더-Cut을 사용한다. 여기서 'Cut'은 심발공을 의미하는 용어이다.

확대공은 발파 시 작업량이 가장 많은 부위로 통상 계단 모양으로 발파한다. 그래서 이 부분의 설계가 잘못되면 발파암의 크기가 균일하지 않아 추가로 소할작업 등으로 시간과 비용이 들어 경제성이 떨어지게 된다. 그래서 화약기술자의 실력 여부가 대부분 이 기술에서 판가름 나기도 한다.

발파의 한 장면.
폭약을 사용하는 발파공법은 노벨이 다이너마이트를 발명한 이래
각종 공사에서 없어서는 안 될 중요한 공법으로 자리 잡았다.
출처: 에스에이치엠앤씨 홈페이지(www.shmc.co.kr)

외곽공은 발파면의 경계를 결정짓는 부분이며 주변 암반의 손상을 최대한 방지하기 위하여 Smooth Blasting, 무장약공 배치, 정밀폭약 사용 등의 특징이 있다. 이 외곽공의 발파 후 단면이 지저분하거나 톱니 모양으로 된 경우 등은 위험할 뿐만 아니라, 이를 메우기 위해 숏크리트가 많이 들어 시간과 재료 등의 낭비도 심하고 경제적이지 못하다.

수평 또는 수직 면에 장약공을 천공하고 설계 및 규격에 맞게 폭약과 뇌관을 장전한 후 모래 등으로 그 위를 충분히 막은 후(이를 '전색작업'이라 한다) 뇌관을 기폭시켜 폭약의 폭발력으로 해당 부위의 암반을 떼어 내어 굴착한다. 한번 발파에 최소 1m에서 최고 5m까지 굴진이 가능하고 하루에 최소 두 번의 발파가 가능한 등 작업 효율 또는 가성비 측면에서는 최고이다. 그러나 다량의 폭약(한 번에 최소 20kg 정도에서 최고 0.5t)을 사용하고, 이로 인한 소음·진동으로 인해 사용에 제한이 많은 등으로 비교적 엄격한 현장관리가 요구된다.

발파의 여러 공법

이때 사용하는 뇌관은 주로 전기뇌관이 이용된다. 그러나 민가 등이 가까워 소음·진동의 억제가 필요한 경우에는 비전기뇌관이나 전자뇌관을 사용하여 각 지발당 폭약량을 줄이거나, 시차를 두어 기폭하는 조절발파(제어발파, Controlled Blasting) 공법을 사용한다. 이 조절발파의 대표적인 방법이 각 뇌관을 몇 개의 시차별로 묶어 여러 단계의 짧은 시차를 두고 기폭시키는 다단발파이며, 각 뇌관별로 시차를 달리 설정하고 발파하는 전자발파에는 값이 비싼 전자뇌관을 사용한다.

조절발파는 주로 진동 저감을 목적으로 시행하는 발파 공법이므로, 특별히 '진동제어발파'라고도 한다. 일반발파에 비해 발파 공수를 늘려 공당 장전하는 폭약의 양을 줄이고 대신 뇌관을 많이 사용하여 따로 기폭시키는 방식이 주류를 이룬다. 이때 같은 뇌관기폭시간(초시)을 갖는 경우를 지발이라 하는데, 이렇게 함으로써 한꺼번에 기폭될 엄청난 폭발력을 비록 순간적이지만 여러 번에 나눠 기폭시키거나, 심한 경우 전자뇌관을 사용해서 수백 개의 뇌관을 각각 기폭시키기도 한다.

이외에도 모암의 손상을 최소화하기 위하여 외곽공에 폭약과 뇌관을 넣지 않는 무장약공을 배치하거나, 일부 장약공에만 정밀폭약을 조금씩 장약하여 기폭시키기도 한다. 이 외곽공 발파 기술도 매우 중요한데, 발파 결과 외곽공이 깔끔하게 정리되었느냐의 여부는 발파기술자의 경험과 실력에 크게 좌우된다.

또 가장 중심에 있는 심발공에 362㎜ 또는 450㎜ 구경의 선대구경 1~5개를 미리 천공하여, 발파 시 파쇄된 암 조각이 튀어나올 수 있는 빈 공간으로 활용하기도 한다. 이 빈 공간을 '자유면(Free Face)'이라고 부르는데, 이해하기 어려운 '영문번역기' 수준의 용어이니 굳이 기억하려고 노력하지 말기 바란다.

연주식 발파(OBM) 장면.
전자뇌관의 우수한 초시 지연시차 조절능력에 동요의 음악성을 함께 담아 공사에 활용하는 방법으로 발파 소음과 진동을 '두려움'의 영역에서 '호기심'의 영역으로 끌어냈다는 평가가 있다.
사진은 동탄2신도시의 건물 인접지에서 전자발파를 실시한 장면이다.
출처: 에스에이치엠앤씨 홈페이지(www.shmc.co.kr)

기폭 방법에 있어서도 과거에는 전기뇌관을 사용하여 다량의 폭약과 뇌관을 한꺼번에 기폭시키는 일반발파를 하였으나, 근래 들어 뇌관들이 발전하여 비전기뇌관을 사용한 다단발파 형태로 진전되어 소음뿐만 아니라 진동 또한 크게 저감될 수 있었다. 그래도 발파의 특성상 소음 및 진동으로 인한 부작용은 어쩔 수가 없어, 각 뇌관마다 기폭되는 초시가 다르도록 설정하여 각각 시차를 두고 기폭시키는 전자뇌관이 개발되어 활용 중에 있다. 이러한 전자뇌관의 초시 특성을 이용하여 노천 등 발파 시 음악성을 부여하여 사람의 귀에 익은 동요같이 들리도록 한 발파 방법인 OBM (Orchestra Blasting Method)이 주택 등 보안물건 인접지역에서 시도되고 있다.

발파공법에 사용되는 폭약과 뇌관은 토목공사 조사에서 매우 중요한 사항이므로 별도로 상술하기로 한다.

공사용 폭약과 뇌관

이번 편에서는 토목공사, 특히 NATM 방식의 터널공사에서 굴착의 기본인 발파 시 소요되는 폭약과 뇌관에 대해 기본적인 사항을 서술하기로 한다. 이 부분은 몰라도 이해하기 어려운 곳은 별로 없을 것으로 생각되나, 내용을 좀 더 공부하고 들여다보면 더욱 재미있을 것 같아 핵심만 추려 추가하기로 한다. 이 부분을 추가하는 또 하나의 이유는 내가 생각한 것보다 폭약과 뇌관에 대한 현장 사람들의 지식이 많이 부족한 것을 느껴, 현장에 조그만 도움이라도 되게 하고 싶었기 때문이다.

화약과 폭약 그리고 뇌관

우선 관련 용어부터 좀 설명하기로 한다. 이 책에서 논하게 될 토목공사에서 사용하는 화약류는 통상 화약이라고 부르지만, 이것은 폭약(爆藥)으로 부르는 것이 더 정확한 표현이다. 영어에서도 총포의 탄을 멀리 날려 보낼 추진 목적의 장약을 화약(gunpowder)으로 부르며, 토목현장에서 주로 터파기나 암반을 절취하기 위한 목적으로 폭발력을 이용하는 장약을 폭약(explosives)이라 부른다.

다만, 일상에서나 현장에서 이를 화약과 뇌관으로 부르는 이유는 그 규제하는 근거법령인 1984년 제정된 「총포도검화약류등단속법」에서 이들을 '화약류'로 통칭하였기 때문으로 보인다. 이 법은 수차 개정되고, 명칭마저 일부 변경되어 현재의 명칭은 「총포 도검 화약류 등의 안전관리에 관한 법률」로 8개 장에 전문 76조로 구성되어 있다. 공식적인 약칭은 「총포화약법」이나, 현장에서는 과거부터 사용하던 「총단법」이란 약칭을 그대로 사용하고 있다.

이 법에 의하면 화약류는 크게 화약과 폭약 그리고 화공품으로 나뉜다.

화약(火藥)은 법상 '흑색화약 또는 질산염을 주성분으로 하는 화약'과 '무연화약 또는 질산에스테르를 주성분으로 하는 화약 그리고 그 밖에 이들 화약과 비슷한 추진적 폭발에 사용될 수 있는 것'으로 규정하고 있다.

폭약은 뇌홍·아지화연·로단염류·테트라센 등의 기폭제와 니트로글리세린과 다이너마이트 등 질산에스테르를 주성분으로 하는 폭약, 초안폭약, 기타 폭약과 비슷한 파괴적 폭발에 사용될 수 있는 것으로서 대통령령으로 정하게 되어 있다. 현장에서 많이 사용하는 초유폭약과 함수폭약은 대통령령에서 규정하고 있다.

화공품은 화약류를 목적에 맞게 사용할 수 있도록 하는 역할을 하는 것인데, 법에는 뇌관과 신관, 실탄, 도폭선, 도화선 등을 규정하고 있다.

뇌관(雷管)에 대해서도 조금 더 추가하여 알아둘 필요가 있을 듯하다. 우리말로 통칭해 뇌관이라고 하지만, 사용처에 따라 용어가 조금씩 다르게 사용된다. 토목현장에서 사용하는 뇌관은 폭약의 기폭에 사용하는 것으로 영어로는 detonator(미국식) 또는 blasting cap(영국식)이라고 하여, 일반 총포의 장약을 기폭하기 위한 뇌관인 신관(信管, fuse)과 구분하여 사용한다. 총기류에서는 실탄을 발사하기 위해 방아쇠를 당기면 공이가 뇌관을 쳐서 격발시키는데, 이때 실탄에 달린 뇌관은 primer라고 부른다.

건설용 폭약의 종류

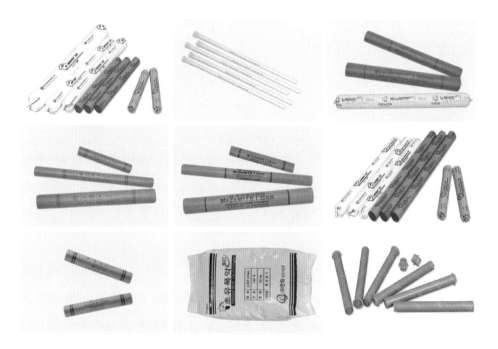

국내에서 현재 생산 및 유통 중인 다양한 폭약 제품들의 모습. 일반발파에 두루 사용되는
제품도 있으나 탄광용, 미진동 발파용, 정밀제어용 등 목적에 따른 특수폭약도 있다.
출처: ㈜한화 및 ㈜고려노벨화약 홈페이지

현재 토목현장에서 사용되는 화약, 즉 폭약은 폭발속도(m/s)가 1,000 이상의 고성
능 폭약으로서 폭속은 3,000m/s 정도인 ANFO 폭약부터 주로 5,000~6,000m/s
emulsion 폭약과 6,500m/s 정도인 니트로글리세린 계열의 제품이 대세이다. 원
료 측면에서 보면 각각 니트로글리세린이 주원료로 제1세대 폭약인 다이너마이트 계
열, 제3세대 폭약인 에멀젼계(emulsion) 폭약 그리고 질산암모늄과 연료유 등을
섞어 만드는 ANFO 폭약 등이 있다. 이와는 별도로 모암의 균열 최소화 및 발파면의
정밀성 확보를 위한 정밀폭약, 도심지 등의 공사 시 소음과 진동을 줄이기 위해 폭
속을 크게 줄인 특수 폭약인 미진동 발파용 폭약 등 비교적 특수한 폭약도 있다.

한때 여러 현장에서 많이 사용되었던 제2세대 slurry 폭약은 비교적 최근까지 ㈜ 한화에서 KoVEX라는 상표로 생산되었으나, 원료의 발달 등에 힘입어 성능 면에서 개선된 제품이 출현함에 따라 현장에서 퇴출되어 지금은 박물관에서나 겨우 구경할 수 있게 되었다.

노천발파에서 사용되는 폭약은 주로 ANFO(Ammonium Nitrate Fuel Oil) 폭약으로 비료의 일종인 질산암모늄에 등유나 경유를 혼합한 것이다. 비료처럼 포대에 잘 포장되어 운반되기 때문에 흔히 '비료폭탄'이라는 별명으로 부르기도 한다. 폭약 자체는 뇌관으로 기폭해도 폭발하지 않고 전폭약이라는 다른 폭약을 통해 폭발을 유도해야만 폭발하기 때문에 매우 안전한 형태이며, 이를 사용한 발파도 발파 작업량에 비하여 비용이 가장 저렴하다.

그러나 아무리 취급상 안전하다 해도 폭약은 폭약일 뿐, 종종 무시무시한 테러행위에 사용되기도 한다. 1995년 4월에 발생한, 미국 오클라호마 연방정부 청사 폭탄테러 사건이 대표적이다. 당시 범인은 질산암모늄 비료와 니트로메탄 2,260kg을 실은 트럭을 2분 뒤에 폭발하도록 기폭장치를 세팅한 후 정부청사 옆에 세우고 도주한 것으로 알려지고 있다. 이 폭발로 인해 최소 168명이 사망하고 800여 명이 부상을 입었다.

또한 이 폭약은 특히 수분에 취약해 장기간 보관하기가 어렵고 습도가 높은 곳에서 사용하기가 곤란한 단점이 있다. 또 수십 내지 수백 개의 전기뇌관을 사용, 한꺼번에 수백 킬로그램을 거의 동시에 기폭시키므로 구경거리로는 장관이겠으나, 이로 인해 수반되는 소음 및 진동 공해가 무시무시해 인가 등이 있는 근처에서 이런 발파는 사실상 곤란하다.

이러한 탄광 등의 노천발파로 인한 소음·진동 공해 문제로 미국은 광무국을 중심으로 관련 규정을 정비하고 있으며, 인도의 경우도 인도암역학연구소(NIRM)를 중심으로 상당히 중요한 연구보고서를 내는 등 노력하고 있는 것으로 안다. 이 부분은 나중에 소음과 진동 부에서 조금 상세히 다루고자 한다.

내가 사전에 정리하여 조사에 활용하였던 발파공법 관련 주요 자재를 다룬 자료에서 주요 폭약류의 특성과 용도 등을 뽑아 재정리하면 다음 표와 같다. 상품명이 진한 글씨로 된 부분은 터널에서 발파용으로 사용하는 폭약들이다. ㈜한화와 ㈜고려노벨화약에서 현재 생산 및 유통 중인 폭약 제품에 한한다.

[㈜한화 제품]

종류	다이너마이트	에멀전 폭약		탄광용 검정폭약	정밀폭약	미진동화약	에멀전폭약 (벌크)	초유폭약
상품명	Mega MITE	Mega MEX	NewMITE plus	New VEX	New FINEX	LoVEX	HiMEX	ANFO Plus
폭속	6,100	6,000	5,700	4,500	4,400	3,400	5,500~5,900	3,300
내수성	우수	최우수	최우수	최우수	최우수	최우수	최우수	취약
위력	최우수	최우수	우수	우수	우수	보통	우수	보통
내한성	− 20	− 20	− 20	− 20	− 20	− 20	− 20	− 30
후가스	880 내외	865	950~880	900~950	850	886	990	970
특성	− 폭발력이 가장 우수 − 경암, 극경암에 적합	− 폭발력을 향상시킨 에멀전 폭약 − 다이너마이트 계열과 유사한 용도에 사용	− 터널, 노천 발파에 사용 가능 − 연암에서 중경암까지 사용	− 탄광용	− 저폭속, 저에너지의 조절발파용 − 모암균열 최소화 및 여굴 방지	− 도심지나 보안물건 근처에서의 발파진동 및 소음 피해 억제를 위해 개발	− 벌크 emulsion 폭약 − 벌크로 사용하여 경제성 우수 − 전용 설비 필요	− 안전한 대신 반드시 전폭약 필요 − 연암에 매우 유용
용도	대발파 및 산악발파	일반 터널 및 노천발파		탄광	정밀 폭약	터널 및 노천의 미진동 굴착	대형 석산, 석회석 채석장 등 대규모 현장	

종류	에멀전 폭약			정밀폭약	미진동 화약	초유폭약
상품명	New Super Emulsion	New Emulite(NE)	NE Bulk	KINEX	New KINECKER	New ANFO
폭속	6,000	5,900	5,500	4,200	2,500~3,000	3,300
내수성	최우수	최우수	최우수	최우수	최우수	취약
위력	최우수	우수	우수	우수	보통	보통
내한성	− 20	− 20	− 20	− 20	− 20	− 20
후가스	675~770	812~880	976~1,020	870~900	720	975
특성	− 폭발력이 매우 우수 − 경암 및 극경 암에 사용	− 터널 및 노천 발파에 일반적 으로 사용 − 연암에서 경암까지 두루 사용	− 터널용 및 노 천발파 전용 벌크 폭약	− 저폭속, 저에 너지의 조절발 파용 − 모암균열 최소화 및 여굴 방지	− 도심지나 보안 물건 근처에 서 발파 시 진 동 및 소음 피 해 억제를 위 해 개발	− 둔감폭약으로 안전한 대신 전폭약 필요
용도	대발파 및 산악발파	터널 및 노천발파	터널 및 노천발파	정밀폭약	터널 및 노천의 미진동 굴착	대형 석산, 석회석 광산 등

터널굴착용 폭약과 뇌관

터널 건설 현장에서 점검할 당시에 본 기억을 되살려 보면 터널 현장에서 가장 폭넓 게 사용하는 폭약은 ㈜한화 제품의 경우 보통 NewMITE I과 NewMITE II, ㈜고 려노벨화약 제품인 경우에는 보통 뉴에뮤라이트(NE) 등 에멀전계 범용 폭약이었다. 외곽공에는 정밀 폭약을 사용하였는데 ㈜한화 제품의 경우 NewFINEX, ㈜고려노 벨화약 제품인 경우 KINEX를 각각 사용하고 있었다. 그리고 노천발파라 하더라도 도로현장 사면발파 등 규모가 크지 않은 경우, 터널굴착에 사용되는 NewMITE I과 NewMITE II, 뉴에뮤라이트(NE) 등의 폭약을 그대로 사용하고 있었다.

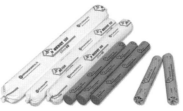

현장에서 가장 폭넓게 사용되나 실상은 위력상 폭속 5,600~5,900m/s의 고성능 폭약인
한화의 뉴마이트(좌)와 고려노벨화약의 뉴에뮤라이트(우)의 모습.
출처: 한화기념관 촬영, 고려노벨화약 브로슈어

대규모 노천발파는 아직 발파현장을 조사하지 못해 정확히 말하기는 어렵지만 석회석 광산 같은 곳에서는 여전히 경제성 면에서 우세한 ANFO 계열을 사용하되, 다만 포대 단위가 아니라 전용차량을 사용한 BULK 형태를 사용하는 것으로 알려지고 있다. 그리고 최근 일부 현장에서는 에멀젼 계통의 폭약도 전용차량을 이용해 BULK 형태로 공급하여 사용하고 있는 것으로 보인다.

내가 현장에서 관심 있게 살핀 폭약 종류에는 요즈음에 개발되어 시판 중인 미진동 굴착용 폭약이 있었다. ㈜한화에서 생산한 LoVEX와 ㈜고려노벨화약에서 생산한 New KINECKER였는데, 그 많던 현장에서 단 한 번도 구경한 적이 없거니와 서류상으로도 발견되지 않았다. 심지어는 시험발파나 특수발파를 전문으로 하는 업체에 문의하여도 이 폭약의 존재에 대해 일부는 알고 있었지만 실제로 이를 사용하여 발파에 응용한 사례는 아직 없다는 답변이었다. 상당히 아쉬운 부분이 아닐 수 없다.

다만, 소음과 진동이 문제가 되어 가옥에 균열이 생기거나 가축이 폐사하는 등의 민원이 있었던 일부 현장을 조사한 일이 있었다. 이들 구간은 사전에 소음·진동으로 인한 피해가 예상되어 설계상으로는 당연히 저폭속 폭약을 사용하도록 되어 있었고 굴착 전 시험발파와 정밀 계측을 통해 굴진장 축소나 선대구경 천공, 저폭속 화약 사용 등의 조건이 붙어 있었던 점이 확인되었다.

그럼에도 불구하고 이들 현장의 실제 시공 자료를 보면, 폭약은 대부분 다이너마이트 종류인 상표명 MegaMITE나 MegaMEX 또는 new super emulsion 등 비록 에멀젼 계열이나 폭속 6,000m/s 이상의 고폭속 폭약을 임의로 현장에 반입하여 사용 중인 사실이 확인되었다. 공사관리관이나 감리원, 안전요원 등이 폭약에 대한 사전 지식이 조금이라도 있었더라면 기절초풍할 일이었을 것이다.

이들 폭약은 분류상 에멀젼 계열로 분류될 뿐, 폭발력을 최고로 높인 폭약으로 폭속 면으로 보면 주원료가 니트로글리세린인 다이너마이트와 거의 유사하므로 도심지나 인가, 축사 등이 인접한 지역에서는 분명히 사용을 제한하여야 옳다고 본다.

현장에서 비교적 많이 사용되는 폭속 6,000m/s 이상의 최고 폭속 폭약들.
발파작업의 효율성만 강조하다 보니 이들 폭약으로 인한
인근 주민들의 재산상 피해 또한 만만찮게 발생하는 것으로 알려지고 있다.
출처: 한화기념관 촬영, 고려노벨화약 브로슈어

그런데도 불구하고 도심지 현장에서 이러한 고폭속 폭약이 버젓이 사용되는 이유는 폭약에 대한 기본지식을 가진 현장 관리자들이 전무한데다 관련 전문성이 있다는 사람은 소위 '화약주임'이라 부르는 화약기사뿐이란 사실이다. 그리고 이들 대부분이 해당 공종의 공사만 끝나면 고용관계가 끝나는 소위 '비정규직' 신분이란 것이다. 또한, 현장 직원이나 감리단 직원 등이 이 부분에 대해 전혀 손대지 못하는 것은 대부분 폭약에 대한 전문지식이 없기 때문으로 보인다.

조사 과정에서 보면 도심지나 보안물건 인근에서조차 공법상 제어발파나 슈퍼웨지 공법으로 되어 있으면서도 폭약은 꼭 현장마다 고성능 폭약을 사용하는, 이해하기 곤란한 점도 제법 목격되었다. '눈 가리고 아웅'하는 식의 기가 막힌 실상이었지만, 관련 법령이 미비하고 발주처도 아무런 관심이 없다 보니 더 이상 내가 어쩔 방법이 없었다. 참으로 안타까운 일이 아닐 수 없다.

뇌관의 종류

이번에는 뇌관에 대해 추가로 정리하고자 한다. 폭약과는 달리 뇌관은 통상 발전단계별, 즉 세대별로 1세대에서 4세대까지로 구분하여 정리한다.

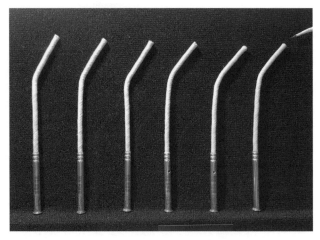

제1세대 공업용 뇌관의 모습. 도화선과 연결된 모습이다.
한화기념관에서 촬영

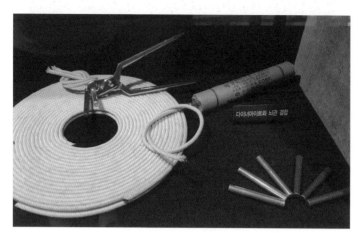

공업용 뇌관(우측 하단)과 도화선. 다이너마이트와 결합된 모습.
한화기념관에서 촬영

제1세대 뇌관은 공업용뇌관(plain detonator)인데, 도화선으로 점화되어 단말에 붙은 폭약에 의해 기폭된다. 서부영화 등에서 보면 주인공이 다이너마이트 묶음의 도화선에 담뱃불로 불을 붙여 던지면 도화선이 서서히 타면서 폭발하는 장면이 나오는데, 이것이 전형적인 공업용뇌관을 사용한 모습이라 설명할 수 있다. 다만, 현장에서는 오래 전부터 편리한 전기뇌관으로 대체되어 실제 각 공사현장에서는 사용하지 않고 이제는 박물관에서나마 겨우 구경할 수 있게 되었다. 이때는 폭파 시간 조절을 도화선의 길이로 가늠하여 사용하였다.

제2세대 뇌관은 전기뇌관(electric detonator)인데, 앞 세대의 공업용뇌관에서 도화선을 전기점화기와 전선으로 대체한 것이다. 앞서처럼 영화의 예를 든다면, 철로에 폭약을 설치하고 인근에 숨어 있다가 기차가 지나가는 순간 T자형의 발파기를 눌러 폭파시키는 장면에서 볼 수 있다. 군대에서 사용하는 대인지뢰의 일종인 클레이모어에도 이 전기뇌관이 들어간다. 물론, 이 경우는 격발기구를 눌러 만든 순간전류로 기폭시키는 순발 전기뇌관이 사용된다.

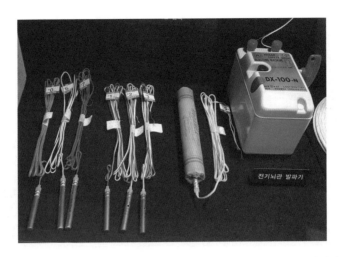

제2세대 전기뇌관과 전용 발파기의 모습. 뇌관 위에 달린 각선이 가는 전선이다.
한화기념관에서 촬영

초기에는 폭파시간 조절이 거의 불가능하고 스위치를 누르는 순간 기폭되는 순발 뇌관(ID)이 대부분이었다. 그러나 요즘에는 여기에 연시장치라고 해서 규격화된 지연장치를 달아 나오는 형태로 발전했다. 이 초시 간격은 통상 ms(millisecond, 1/1,000초를 나타내는 시간 단위)로 표시하는데, 수십ms 단위인 MS 전기뇌관과 비교적 길어 수백ms 단위인 LP 전기뇌관이 있다.

현재 MS뇌관의 단차는 20단차, LP뇌관의 단차까지 조합하면 최대 42단차까지 분할하여 발파할 수 있다고 하는데, 이런 방법으로 발파하는 것을 다단발파라 한다. 그러나 본격적인 다단발파는 비전기뇌관을 사용하는 것이라, 전기뇌관에 의한 다단발파는 특별히 '간이 다단발파'라고 한다. 이 전기뇌관을 ㈜한화에서는 HiDETO Plus, ㈜고려노벨화약에서는 코넬이라는 이름으로 각각 시판하고 있다.

제3세대 뇌관은 비전기뇌관(non-electric detonator)이라고 한다. 전기뇌관이 구조가 간단하고 가격이 저렴한 장점이 있으나, 번개나 누설전류 등에 의해 기폭되는 위험성이 있어 이런 결함을 극복하고자 개발된 것이다. 전기뇌관처럼 전선으로 연결하여 기폭시키는 대신, 쇼크튜브(Shock Tube)라고 하는 연결체에 폭속 2,000m/s 정도의 미량의 화약(HMX)을 넣어 화염을 전달시키는 방법으로 기폭한다.

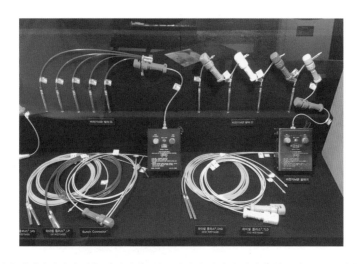

제3세대 비전기뇌관과 전용 발파기의 모습. 각선이 전선이 아니라 일종의 튜브로 되어 있고
스타터를 이용하여 점화시키며 번치커넥터를 통해 다양한 시차를 생성한다.
한화기념관 촬영

이 역시 초시가 비교적 짧은 MS뇌관과 비교적 긴 편인 LP뇌관으로 구분하는데, 단차를 조합하여 장약을 한꺼번에 기폭시키지 않고 수차례 또는 수십 차례에 나눠 발파하는 다단발파에 응용된다. 다단발파란 발파할 뇌관을 그룹별로 구분하여 그룹별로 같은 시차로 기폭시키는 것을 말한다. 기폭 시 전선 등을 이용하지 않고 도폭선이라고 하는, 전선같이 줄 모양으로 생긴 일종의 폭약을 사용한다. 이 비전기 뇌관을 ㈜한화에서는 HiNEL Plus, ㈜고려노벨화약에서는 노넬이라는 이름으로 각각 시판 중이다.

참고로 이들 뇌관의 단차는 두 회사가 약간씩 다른데, ㈜한화 제품은 각 20ms 단위로, ㈜고려노벨화약의 제품은 25ms 단위로 세팅되어 있다.

제4세대 뇌관은 전자뇌관(electronic detonator)으로서 현재로선 가장 최신의 뇌관 형태다. 특징은 뇌관 자체에 IC회로를 내장하고 있어 외부에서 장비를 이용하여 각각의 뇌관에다 원하는 초시를 설정하여 사용하는 것이다. 이때 초시 정밀도는 초기에는 1/1,000초 정도였으나, 현재는 대략 1/10,000초 내지 1/15,000초 정도로 정밀해졌다. 전자회로가 들어가는데다 아직 대량으로 사용되지 않는 등으로 가격이 상당히 비싼 편이다. 다단발파와의 차이점은 다단발파가 같은 그룹별로 동일한 초시를 적용하여 같이 기폭시키는 반면, 전자발파는 뇌관이 각각의 초시를 가지고 있어 발파신호는 한꺼번에 주는 데 비해 각 기폭 시간은 사전에 입력시킨 시차대로 다 다르다는 점이다.

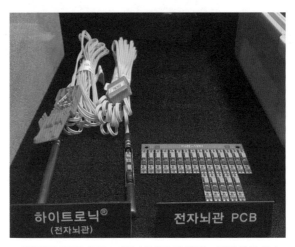

제4세대 전자뇌관(좌측)과 내부에 장착되는 전자칩의 모습.
한화기념관에서 촬영

주요 사용처는 전자발파이다. 통상 복선 철도의 단면적 80㎡ 정도를 기준으로 보면, 단면의 암질에 따라 다소 차이가 있으나 설계상 상반 330개, 하반 130여 개정도를 사용하는 것으로 되어 있다. 물론 이 숫자는 실제 공사 시 사용하는 숫자와는 상당한 차이가 있어 이로 말미암아 원주강릉 복선철도에서 점검에 걸려 88억 원이 적발되었고, 최종적으로 110억 원의 공사비가 차감되기도 했다.

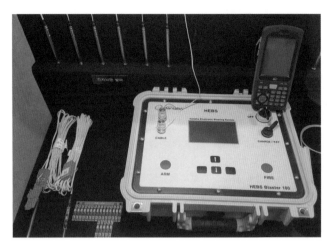

전자뇌관 및 전자뇌관의 기폭시스템 모습. 노란색 박스가 전용 발파기이다.
한화기념관에서 촬영

　현재 이 전자뇌관은 ㈜한화에서는 2016년도 초부터 HiTRONIC이라는 이름으로 생산하여 시판 중인데, 시판 가격은 대략 26,000원 수준으로 파악되며, 기존의 폭약 유통망을 활용, 짧은 시간에 국내시장 점유율을 높여 현재 60% 이상을 점한 것으로 알려지고 있다. ㈜고려노벨화약에서는 전자뇌관을 자체적으로 생산하지는 않고, 호주산 제품인 Orica사의 터널용 eDevⅡ와 노천발파용 uni tronic 600 등을 수입하여 판매하고 있다.

　마지막으로 뇌관 종류의 가격을 보면, 2015년 터널 기획점검 당시, 현장에서 실제 이들 뇌관의 가격을 파악해 봤더니 개당 현장의 반입 단가가 전기뇌관은 1,600원 내외, 비전기뇌관은 2,600원 내외, 그리고 전자뇌관(당시는 호주산 Orica 제품)은 23,000원 내외였다.

　현재 국내에서 생산 및 유통되는 이들 뇌관에 대한 정보를 요약하여 정리하면 다음 표와 같다.

구분	㈜한화 제품			㈜고려노벨화약 제품		
상품명	HiDETO Plus	HiNEL Plus	HiTRONIC	코넬	노넬	eDev II 및 uni tronic 600
계열	전기뇌관	비전기뇌관	전자뇌관	전기뇌관	비전기뇌관	전자뇌관
세대	2세대	3세대	4세대	2세대	3세대	4세대
특징	− 가장 저렴 − 번개 등 누설전류에 취약	− 화염전달기구로 shock tube 사용 − 누설전류 등에 안전	− 높은 안전성과 신뢰성, 초시 정밀성 등 보유 (자체개발)	− 가장 저렴 − 번개 등 누설전류에 취약	− 번개 등 누설전류에 안전	− 호주산 제품 수입하여 판매 − eDev II는 터널용, uni tronic 600은 노천용
초시 및 단차	− MS뇌관 20ms 단위로 19단 (최대 380ms) − LP뇌관 100~500ms 단위로 25단 (최대 7,000ms) − MS/LP 조합 시 41단 (최대 7,000ms)	− MS뇌관 20ms 단위로 19단 (최대 380ms) − LP뇌관 100~500ms 단위로 25단 (최대 7,000ms) − MS/LP 조합 시 41단 (최대 7,000ms)	− 초시 정밀도 0.01% − 사용자가 원하는 지연시간을 1ms 단위로 최대 15초간 입력 가능	− 단차는 둘 다 공히 2~20단으로 구성 − MS뇌관 25ms, LP뇌관 100~500ms	− 단차는 둘 다 공히 2~20단으로 구성 − MS뇌관 25ms, LP뇌관 100~500ms	− 초시 정밀도 0.01% − 사용자가 원하는 지연시간을 1ms 단위로 최대 15초간 입력 가능
용도	일반발파	다단발파	전자발파	일반발파	다단발파	전자발파

▌화약류 관리 규정

마지막으로 건설현장의 관점에서 보면 폭약류로 인한 문제는 허가 문제와 필요한 장부의 유지 또는 보관 의무와 관계가 있다. 이 중에서 허가받은 폭약류를 다른 고폭성 폭약류로 받아 오는 경우는 사실 심각한 문제이지만, 현행 폭약류 허가증상에 폭약의 종류나 폭속을 기재하는 난이 없고 필요한 폭약의 무게와 뇌관의 개수만 기재되어 있어 사실상 별다른 쓸모가 없었다는 점은 개선해야 한다고 본다.

관련 장부의 유지 또는 보관은 「총포·도검·화약류 등의 안전관리에 관한 법률」 (약칭 '총포화약법') 제63조(장부의 비치와 기록)에 의해 통제받는다. 동법 제1항은 "① 제조업자, 판매업자, 임대업자, 화약류 저장소 설치자 또는 화약류 사용자는 대통령령으로 정하는 바에 따라 장부를 갖추어 두고, 필요한 사항을 기록하여야 한다." 라고 규정하고 있다. 하지만 동법 시행령 제81조(장부의 비치 등) 제①항 제4호에서 "화약류 저장소 설치자 및 화약류 사용자는 화약류 출납부"로 명시하면서 제②항에서 "제1항의 장부는 그 기입을 완료한 날부터 2년간 각각 이를 보존하여야 한다." 라고 규정하고 있다.

비교적 초기에 시작해서 일찍 마무리되는 터널공사나 터파기 공사 등에서 사용된 화약류 수불부(법상 명칭은 '화약류 출납부')가 실제 조사현장에서는 짧은 보관기간으로 인해 조사에 거의 도움이 되지 못하는 점은 심각한 입법 실수이다. 앞으로 이로 인한 많은 문제점이 나타날 것이므로, 최소한 공사 준공 시까지는 보관하도록 의무화하는 등의 개선이 시급한 것으로 보인다.

또 장부 등의 보관기간 동안 이를 지키지 않는 경우, 같은 법 제63조에서 그 벌칙을 규정하고 있으나 그 상한선이 300만 원의 과태료 처분에 불과한 것으로 나타났다. 따라서 폭약을 사용하는 공사에서 공사비를 편취하기 위하여 규정을 준수하지 않아 타인의 재산과 신체에 큰 손상을 일으키는 등 엄청난 불법을 저지르는가 하면, 수십억 원의 공사비를 편취하고도 형사처벌이나 공사비 환수 또는 삭감보다는 화약류 수불부 등 장부를 찢어 버리는 등의 방법으로 손쉽게 처벌을 회피하고, 최고 300만 원의 과태료를 선택하게 하는 잘못된 현실은 분명히 개선해야 할 것으로 믿는다.

「총포화약법 시행규칙」 별지 제16호 서식의 '화약류 양도·양수 허가 신청서'와
별지 제34호 서식인 화약류 출납부의 모습.

제3부
락볼트 이야기

1편. 락볼트가 어찌 생긴지도 모르고 시작한 조사

‖ 생애 첫 터널 조사

  이번 이야기는 나의 첫 터널 조사이자, 락볼트가 어떻게 생겨 먹었는지도 모르고 현장에 투입됐지만 그래도 상당히 멋지게 조사를 마무리하여 공사비 35억 원을 환수한, 한 고속도로 건설현장에서의 조사 이야기이다.

  2013년 연말 즈음의 일이다. 한국도로공사에서 발주한, 충북 영동에 있는 경부고속도로 영동–옥천 확장공사 구간 터널공사 과정에서 락볼트라는 자재 다수를 빼먹고 시공하였다는 부패 신고가 접수되었다. 게다가 터널 발파암을 버리는 사토 작업 과정에서 실제보다 훨씬 적은 양을 사토하고도 많이 내다 버린 것으로 위장하여 공사 기성금 24억 원을 과다하게 타 갔다는 내용도 포함되어 있었다. 이외에도 약 7억 원 상당의 강관다단과 지보, 포어폴링 등 터널 필수자재가 부족한 상태로 시공되었다는 내용도 부가되어 있었다.

  그동안 위원회에 부패로 신고된 건설 관련 사건은 상당히 많았지만 대부분 1억 원 이하였고, 크다고 해 봐야 3억 원을 넘는 경우가 거의 없었다. 그리고 조사 과정에서 그 사건 내용을 확실하게 파헤쳐서 조사기관으로 이첩한 사례도 그리 많지 않은 상황이었다. 이런 마당에 30억 원대의 전대미문의 사건이 접수된 것이다.

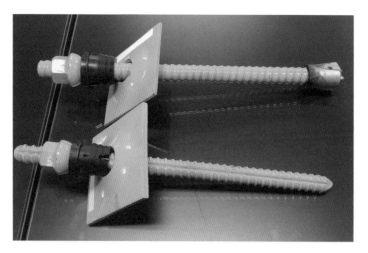

일반적인 락볼트 세트(모형)의 모습. 통상 지름 25㎜의 철근을 사용한다.
상단 오른쪽은 자천공용 팁을 장착한 모습이다.

　이 당시 토목분야를 조사하는 토목전공 직원이 따로 있었다. 그럼에도 불구하고 토목과는 전혀 상관없는 내가 이 사건을 맡게 된 데에는 나름의 이유가 있었다. 그 당시 내가 상당히 규모가 큰 여러 분야의 조사를 맡아 성공적으로 수행했다는 평가가 이어지면서, 소위 말해 조사업무에 물이 한창 오르면서 상승세를 타고 있었기 때문이었다.

　그리고 이번 사건은 규모 면에서 좀 희귀한 사례인데다, 내 스스로 예전부터 손대고 싶었으나 기회가 없었던 토목분야였기 때문에 더욱 구미가 당겼다. 이런 상황을 이해하고 있던 과장님이 이 사건을 내게 배정해 주셨다. 대신 부족한 토목지식은 토목학과를 나온 배 조사관과 같이 의논하여 처리하라고 붙여 주면서 말이다.

한파 속에서 시작된 조사

　조사를 나간 2014년 1월 8일부터 9일은 모진 한파가 몰아쳐 몹시도 추운 날씨였다. 충북 영동의 산골짜기에 위치한 현장에 도착하니 점심시간이 거의 다 된 시간이었다. 준비할 서류들을 간단히 알려 주고 나와 차로 10여 분을 달려가 보니 유서 깊은 어죽식당이 있어 점심을 해결하고 돌아왔다. 나중에 다시 그곳을 찾아가 보니 청산면사무소가 있는 동네였고, 그 식당은 선광집이라는 허름하나 전통이 있는 곳이었다.

먼저 현장을 돌아보기로 하고 소장이 운전하는 사업단 소속 차량을 타고 두 개의 터널 중 앞 터널을 향해 비탈길을 올라가는데, 다듬잇돌처럼 생긴 화강석들이 수백 개쯤 쌓여 있다.

"저 돌들은 뭔가요?"

"예. 터널굴착 과정에서 나온 발파암인데, 저 아래에 있는 파쇄기에 넣어서 골재로 만들 재료들입니다."

"이 공사구간 구조물이라 해 봐야 터널 두 개하고 금곡교 다리 하나뿐인데요. 금곡교는 교각뿐만 아니라 상판까지 다 깔렸고, 터널도 굴진작업뿐만 아니라 라이닝까지 끝났다는데, 무슨 골재가 그리 많이 필요할까요? 그리고 파쇄하여 골재를 만들 재료들이라는데도 왜 정원석처럼 예쁘게 다듬어 놓은 건가요?"

운전하던 감독은 뭔가 짚이는 게 있었던지 대답 대신 묵묵히 차만 몰았다.

혼자만 떠들기도 뭣해서 침묵하고 계속 올라가 보니 터널의 입구가 보였고, 그 첫 번째 터널을 지나자 곧 두 번째 터널이 시작되었다. 터널 입구에는 라이닝을 치는 형틀이 분해되어 조금씩 녹슬고 있었다. 차에서 내려 라이닝 친 곳을 손으로 두들겨 보니 아무런 반응이 없다. 다시 주위에서 주먹만한 돌멩이를 들어 치니 상당히 둔탁한 소리가 난다.

"이게 라이닝이라는 건데, 이 속에 숏크리트가 이중으로 되어 있고 그 속에 락볼트가 암반 속으로 들어 있습니다. 라이닝의 기본 두께는 30㎝로 설계 및 시공되어 있으며, 철근으로 보강하지 않고 콘크리트로만 시공합니다."

감독이 라이닝이라고 부르는 터널 벽을 가리키며 설명을 계속하는데, 솔직히 무슨 소린지 그때는 전혀 귀에 들어오지도 않았고 머리에 남는 것도 없었다.

"근데 락볼트가 어찌 생겨 먹은 건가? 역할은 무엇이고?"

"예. 터널이 시작되는 입구를 갱구부라고 하는데, 먼저 강관다단을 시공하여 지반을 보강하고, 그 아래로 발파공을 뚫어 폭약과 뇌관을 넣고 발파로 굴착합니다. 발파 후 30분 정도 환기를 시킨 다음 1차 숏크리트를 타설하고 지보를 설치한 다음, 5m 깊이의 구멍을 뚫어 락볼트를 넣고 모르타르를 채워 굳힙니다. 그리고 그 위에 숏크리트를 다시 한번 더 타설하면 한 막장의 공정이 끝나, 다음 막장의 굴착을 시작합니다. 즉, 한 막장의 작업공정이 끝나고 다시 한 사이클이 시작되는 겁니다."

"락볼트 길이가 5m라고? 재질은 뭔가요?"

"현장마다 3~5m짜리를 주로 쓰는데, 저희 현장에서는 설계상 대부분 5m짜리이며, 4m짜리가 8,000여 개, 그리고 3m짜리도 300개 가량 됩니다."

소장이 한참 동안 설명한다. 그런데 굴진 공사가 끝나 락볼트 실물이 없으니 구경은 못하는데 대략 설명을 들으니 지름 25㎜에 길이는 3m, 4m, 5m에 달하는 강봉 쇠막대기로서 반대쪽에는 쇠로 된 플레이트라는 판과 넓찍한 모양의 너트를 채운단다. 어렴풋이 그 모습이 머리에 그려진다.

내려와 사토장 중 큰 곳 한곳을 둘러보았는데, 그곳에 5m 높이로 사토를 해 났다고 한다. 배 조사관을 세우고 이게 실제로 5m가 되는지 높이도 재 보았지만, 암만 보아도 5m는 고사하고 그 절반을 간신히 넘을 정도밖에는 안 되는 것 같았다. 일단 여기저기 사진만 찍고 사무실로 철수했다.

시작부터 벽에 부딪힌 조사

이 조사가 어떻게 될 것 같느냐고 물어보니 배 조사관이 고개를 절레절레 흔든다. 라이닝 작업까지 끝난 현장에서 어떻게 그 속에 든 락볼트를 조사하겠냐며 오히려 반문하는 것이 아닌가? 사실 그때만 해도 내가 토목의 '토' 자도 모르다 보니 당시 상황을 잘 이해하기가 어려웠다. 그런데 아까 감독이 설명했던 내용 중 락볼트가 굵은 철근같이 생겼다는 부분이 자꾸 머리에 맴돌았다. 그리고 반입 단위가 철근처럼 100개를 한 묶음으로 해서 취급된다는 부분도 떠올랐다. 혹시 철근 무자료 추적 조사 하듯 해 보면 되지 않을까 하는 생각에서 말이다. 그러려면 세금계산서와 거래명세서, 송장만 있으면 가능하다.

"그럼 내가 한번 해 볼게. 자네는 좀 쉬어. 자재 조사는 나도 조금 해 봤거든."

락볼트를 구매한 세금계산서와 거래명세서, 송장을 가져오라고 했다. 그런데 가져오기만 하면 되는, 이 쉬운 세금계산서와 송장 등이 도대체 나올 줄을 모른다. 시간마다 불러 윽박질러도 도무지 나올 기미가 보이지 않는다. 아무것도 한 것 없이 하루를 허비해 버린 것이다.

다음 날은 현장사무실에 도착하자마자 아침부터 나오지 않는 세금계산서를 내놓으라고 하루 종일 감독을 불러서 윽박질렀다. 짧은 겨울의 해가 야속하게도 금방 지고 깜깜해질 때까지 줄기차게 세금계산서를 요구하니, 저쪽도 질렸는지 FAX 한 장을 받아서 들고 왔다. 불빛에 비춰 보니 전자세금계산서였다.

어렵게 손에 쥔 세금계산서 한 장

왼손에는 피우던 담배를, 오른손에는 세금계산서를 들고 찬찬히 살펴보았다. 작성일자가 2011년 7월 22일로 된 전자세금계산서였는데 공급자는 충남 아산에 있는 업체였고, 공급받는 자는 대전에 있는 원청업체인 건설사였다. 이상하다. 통상 자재는 하도급사가 구매하는 것으로 알고 있는데 말이다.

작성일자	공급가액		세액			수정사유		
2011/07/22	55,097,700		5,509,770					
비고	영동.옥천							

월	일	품목	규격	수량	단가	공급가액	세액	비고
07	22	로크볼트	D25X4M	3,870	9,750	37,732,500	3,773,250	
07	22	로크볼트	D25X5M	1,497	11,600	17,365,200	1,736,520	

합계금액	현금	수표	어음	외상미수금	이 금액을 (청구) 함
60,607,470					

본 인쇄물은 국세청 e세로(www.esero.go.kr) 시스템에서 발급 또는 전송 입력된 전자(세금)계산서 입니다.
발급사실 확인이 필요한 경우 e세로 홈페이지 우측상단의 "제3자 전자(세금)계산서 조회"를 이용하시기 바랍니다.

문제가 된 바로 그 세금계산서.
4m 규격 3,870개, 단가 9,750원과 5m 규격 1,497개, 단가 11,600원이 선명하게 보인다.

거래 내용을 살펴보니 락볼트 4m짜리 3,870개를 단가 9,750원에 구매하여 공급가액은 37,732,500원이며, 5m짜리 1,497개를 단가 11,600원에 구매하여 공급가액은 17,365,200원 등으로 합계 공급가액이 55,097,700원짜리에 세액 5,509,770원짜리였다. 그런데 우리가 파악하기로는 락볼트는 철근과 같이 거래 단위가 100개가 기본인데 왜 여기 이 세금계산서는 단 단위까지 기재돼 있는 것일까 하는 의문이 들었다. 그리고 단가는 왜 우리가 파악한 가격의 절반 정도에 불과한 건지에 대한 의문도 동시에 품게 되었다.

그 순간 갑자기 눈앞에 뭔가 번쩍였다. 옛날 세무서에 근무할 때 건축자재인 유로폼이나 철근 등의 무자료 추적조사를 연간 두 번 정도 실시했던 경험이 퍼뜩 떠올랐다. 그렇다. '이게 단가를 절반으로 낮추고 수량을 배로 뻥튀기한 거로구나.' 터널 라이닝 타설로 락볼트 수량 파악이 불가능했는데, 이 어려운 조사가 엉뚱하게 세금계산서에서 돌파구가 보이기 시작한 것이다.

갑자기 배고픔이 밀려들었다. 그동안 자료를 내놓으라고 빡세게 조사를 진행하느라 몰랐는데, 어느새 저녁 7시가 다 되었던 것이다. 바로 옆 식당으로 들어가니 저녁 식사는 준비되었는데, 직원들이 상황의 심각함을 느끼고 아무도 식사를 못하고 있었다. 조금 야비하지만 배 조사관과 둘이 들어가, 먼저 차려진 식사를 허겁지겁 챙겨 먹었다. 배가 부르니 좀 살 만했다.

도로공사 직원들의 헌신적인 협조로

금강산도 식후경이라고 배가 부르니 다시 일의 집중도가 높아지기 시작했다. 휴대폰으로 전화번호를 검색하여 도로공사 사업단의 공사팀장에게 전화를 했더니, 전화를 받는 직원의 말이 '팀장은 어제부터 영동현장에 가셨다.'라는 것이다. '어라, 어제부터 우리가 왔지만 팀장 얼굴을 못 봤는데 무슨 소리냐.' 싶어 휴대폰 번호를 받아 적고 전화했더니, 팀장이 허겁지겁 달려왔다.

그때부터 밤 11시까지 추가조사 방법을 연구하고 지도하여 도로공사 사업단의 공사 팀 자체 인력으로 락볼트 조사조와 사토량 조사조로 나눠 조사를 진행하도록 했다. 우선 락볼트를 조사하는 조는 공문을 들고 공급회사에 가서 협조를 받아 세금계산서와 거래명세서 등의 자료를 복사해 오도록 했다. 사토량을 조사하는 조는 드릴과 GPS 막대기를 들고 가장 큰 사토장에 가서 사토한 각 모서리마다 좌표를 찍고 그 아래를 드릴로 파서 사토의 쌓인 높이를 재서 그 결과를 취합하여 체적을 계산하도록 했다.

그렇게 금요일 한밤중에 시작한 조사 결과를 다음 주 수요일 오후까지 마무리해 사무실로 가져오기로 하고 철수했다. 영동현장에서 집까지 거리기 상당히 밀어 새벽 두 시가 넘어서야 집에 겨우 도착했지만, 누워도 첫 조사의 성공에 고무되어 잠이 금방 오지 않았다.

기다리던 수요일 오후가 되자 6~7명의 직원이 찾아왔다. 며칠 사이 두 가지 숙제를 확인해서 중간 결과를 보고하러 왔다고 한다. 내가 처음부터 좀 어려울 것이라고 생각했던 사토부터 보자고 했다. 체적을 계산해 보니 6만 5,000㎥ 정도가 부족하다는 결론에 도달했다고 결과를 보고받았다.

사토장 중 한 곳의 사토 전후 비교 위성사진.
공장 오른편의 밭으로 사용되던 공간에 토석이 쌓인 부분이 위성사진에 선명하게 나타나 있다.
출처: 카카오맵

"아니, 김 팀장님. 이걸 어떻게 이리 쉽게 확인하신 겁니까?"
"우리는 모두 토목쟁이 아닙니까? 이런 건 우리한테는 쉽습니다."
"그럼 다음 후속 절차는 어떻게 해야 할까요?"
"일단 대량의 사토가 기성보다 부족한 걸 확인했으니, 덤프트럭 운행전표를 일일이 확인해서 집계하는 정밀조사를 해야 합니다. 시간이 좀 걸리겠지만 어려운 건 없습니다."

아하, 그렇구나. 내가 고민이 많았던 사토는 이 사람들한테 쉽구나. 그럼 내가 장난같이 다루는 세금계산서와 거래명세서는 어떨까.

"그런데 조사관님. 세금계산서 부분은 아무래도 조사관님이 잘못 짚으신 것 같습니다만."
"아닙니다. 그건 이미 게임이 끝난 거예요. 근데 세금계산서는 구하셨나요?"
"예. 다 가져왔습니다. 처음에는 곤란하다면서 거절했는데, 상황을 차근차근 설명하니 회사에서 협조해 줘 자료를 복사해 가지고 왔습니다."

한 뭉치의 자료를 건네받아 세금계산서부터 한 장씩 넘겨 보니, 2년이 넘는 공사 기간 동안 그 현장과 거래한 월별 내역이 모두 복사되어 있었다. 세금계산서, 거래명세서뿐만 아니라 송장까지 포함되어 있었는데, 다른 달의 락볼트 반입 내역을 보니 역시 내가 제대로 짚었다는 생각이 들었다.
"팀장님. 수고하셨습니다. 이 자료만 해도 락볼트 조사 자료로는 충분합니다. 커피나 한잔 하시면서 조금 기다리면 제가 자료를 정리해서 드리지요."

커피를 한잔씩 나눠 주고 잠시 기다리라고 하고는 그들이 가져온 세금계산서와 거래명세서, 송장 등을 바탕으로 표를 만들어 정리해 보았다. 예상했던 대로 설계 수량 및 기성내역 45,800여 개의 절반에도 미치지 못하는 22,000개 정도만 반입된 사실이 확인되었다. 엑셀 표에다 단가와 수량을 중심으로 A4용지 1장 분량의 빽빽한 도표를 만들어서 김 팀장에게 건네주었다.

"이번 사건의 주범은 원청사이며, 이 장난질의 모든 책임은 원청회사에 있습니다. 하청업체는 위에서 시킨 대로 끌려간 것뿐이니, 형사상 어느 정도의 책임 이외에 다른 책임은 물으면 안 됩니다. 세상을 바꿔 보려면 주범을 잡아 혼내야지요. 원청회사에서 이 표에 나오는 합계치와 비슷한 수량을 가져와서 항복할 때까지 매우 엄하게 죄어 보세요. 그 이후 저한테 다시 연락 주시면 됩니다."

먼 길을 올라왔다가 또다시 먼 길을 내려가야 하는 사람들이라 저녁 한 술 먹여 보내야 하는데도 너무 인원이 많아 부담스러워 그리하지 못했다. 앞으로 남은 일도 많은데, 힘든 일만 줄기차게 시켜서 미안한 마음도 들었다. 언젠가는 내가 저 친구들한테 그때 수고했다고 이야기하며 막걸리라도 한잔씩 돌릴 날이 오겠지 생각했다. 그런데 그로부터 얼마 뒤 부정청탁금지법이 만들어져 이제 커피 한잔 건네줄 때도 법리검토를 받아야 하고, 다가올 결과를 예측하여 심사숙고해야 하는 상황이 돼서 이 약속도 아직까지 지키지 못했다. 어쩌면 영원히 부도가 날 가능성도 있는 듯해 미안함이 앞선다.

그동안 도로공사에서는 사상 초유의 사기사건에 대해 자체적으로도 엄하게 조사한다고 하는데 원청회사는 계속 미적거리고 있어 조사에 진척이 없단다. 그래서 전국에다 수소문하여 콘크리트 등 구조물 속 1.5m까지 투과가 가능한, 국내에 단 한 대밖에 없다는 십수억 원짜리 스캐너와 지면투과레이더(GPR, Ground Penetrating Radar)라는 정밀기계를 불러와 라이닝 속에 들어 있는 락볼트 헤드를 찾는 작업을 시작하는 한편, 원청회사를 설득하는 작업도 계속하고 있다는 소식도 들려왔다.

▍ 마침내 백기 들고 나온 원청회사

이렇게 헤어진 지 보름 정도 지난 어느 날 오후, 다시 김 팀장에게서 전화가 왔다.

"지난번에 보고 드린 대로, 추가로 사토운반 트럭의 전표를 손으로 일일이 재검수해서 운반수량을 확정했습니다. 총 74,000㎥ 정도 부족한 것으로 확인되었습니다. 공사비 차액은 9억 원이 조금 넘는데, 지연이자를 포함, 다시 환수시킬 예정입니다. 단돈 한 푼도 안 봐줄 겁니다."

"잘 하셨습니다, 팀장님. 이제 사토 부분 조사는 확실히 종결된 거군요."

"네. 그런데 조사관님. 오전에 원청사 간부가 찾아와서 '락볼트 시공 내역'이라는 자료를 가져와 사업단장님께 보고하고 저한테 제출하고 갔습니다."

"전체가 몇 개로 나오던가요?"

"조사관님이 주신 자료에는 실제 시공한 락볼트가 21,800여 개라고 되어 있었는데, 원청사에서 가져온 자료에는 이보다 1,180개 정도 많아 약 23,000개 정도 됩니다."

"제대로 파악해서 가져온 듯합니다. 그런데 그 수량 차이에 대해 혹시 그쪽에서 뭐라고 이야기하지 않던가요?"

"하청업체가 공사 초기에 회사 창고에서 가져온 락볼트가 1,000개 정도 있었다면서, 이것도 포함해서 시공한 것으로 인정해 달라고 합니다. 어떡하면 좋겠습니까?"

"언제 있을지도 모르는 터널 공사에 대비하여 창고에 락볼트를 1,000여 개나 갖고 있는 회사는 실제로는 없으니, 그것 자체가 소설이에요. 다만 100여 개 정도는 여기저기 현장서 쓰고 남은 거 모아 놨다가 새 현장 생기면 초기에 우선 작업용으로 2,30개를 가져가서 사용하는 건 어느 현장이나 다 있는 것으로 압니다. 그렇지만 그 현장의 경우, 락볼트 기성수량 45,100여 개에 실제로 현장에 반입해서 공사에 사용한 추정 수량이 21,800여 개였으니, 거기서 자기들이 반입했다고 하는 수량 1,000개 더 인정해 줘 봐야 큰 의미가 없습니다. 인정해 주세요."

"그럼 저들 주장대로 1,000개가 더 반입됐다는 걸 인정해 줘도 됩니까?"

"팀장님. 이번 사건에서는 우리가 위너, 즉 승리자예요. 그러기에 작은 것, 소소한 것에는 대범해져야 합니다. 그 정도 숫자는 별 의미가 없으니 자기들이 주장하는 대로 인정해 주세요. 그 시공비 기껏해야 4,000여만 원 정도잖아요? 그리고 여기서 또 한 가지 중요한 건, 우리가 한 건 수량 추정이었지만, 시공업체에서 가져온 건 실제 시공한 숫자일 가능성이 매우 높아요. 왜냐하면 자기들은 공사에 실제 사용한 수량대로 설계변경을 못하면 공사비를 받아 갈 방법이 없잖아요. 그래서 빼먹은 락볼트 숫자도 아마 잘 관리하고 있었을 겁니다."

김 팀장의 감탄하는 소리가 전화선을 통해 들려온다. 그 직후부터 이 순수한 차이 1,180개로 인해 내가 한국도로공사 직원들로부터 '락볼트 귀신'이라는 별명을 듣게 되었다.

▌추가조사와 마무리

며칠 뒤 이 현장에다 추가로 지시가 내려갔다. 락볼트와 사토가 깔끔하게 정리되었으니 이제 남은 강관다단과 지보, 포어폴링 누락분 합계 6.5억 원 차례다. 정리된 내용을 메일로 보내고 전화로 이거 조사할 수 있겠느냐고 물어보았다. 김 팀장의 대답은 '걱정 말라.'라는 투다. 돌이켜 생각해 보니 불과 한 달 전까지만 해도 소심하던 김 팀장이 그사이 거의 눈에 벌겋게 핏발이 선 전사가 되어 가는 것 같았다. 이런 상황에서 내가 할 수 있는 일이 무엇일까?

"하다가 잘 안 되면 언제든 연락해요. 말 안 들으면 내가 다시 현장에 나간다고 하고요."

그동안 나와 도로공사 사업단이 함께 조사한 락볼트 자료는 검찰 수사진에게 그대로 전달되어 수사에 유용하게 활용되었다.

세월이 흘러 10월 중순이 되자 전국의 신문과 방송에서 난리가 났다. 검찰이 이 사건을 수사하면서 다른 고속도로 구간에도 확대하여 총 38개 현장의 76개 터널에서 공사비 187억 원을 허위로 편취한 사실을 적발해 관련자 수십 명을 기소하는 한편, 공사비도 회수하도록 조치했다고 발표했기 때문이었다.

며칠 뒤에는 MBC PD수첩 제작팀이 불시에 쳐들어와 엉겁결에 인터뷰도 했다. 조금 후에는 국민일보에서도 인터뷰를 요청해 왔다. 덕분에 내 얼굴이 여러 번 나오는 방송 인터뷰 동영상과 신문의 사회면에 실린 인터뷰 기사까지 하나씩 얻게 되었다. 이 자료들은 그 뒤 내가 다른 기관에 강의를 나가면 대기시간 또는 휴식시간 등 막간에 틀어 주는 시청각 자료로 잘 활용하고 있으니 감사할 따름이다.

▌첫 조사의 소중한 경험

이 현장에서 결국 락볼트 시공비 15억 원과 사토비용 9억 원에 지연이자 3억 원 그리고 강관다단, 포어폴링, 지보 누락시공 공사비 6.5억 원 등 총 34억 원이 넘는 공사비를 환수했다. 통상 부실시공이라 하더라도 지급할 공사비 기성금에서 차감하고 잔액을 지급하는 방식으로 공사비를 깎거나 환수하게 된다. 하지만 이번 도로공사 락볼트 누락시공 건은 누락공사비에 지연이자를 더하여 시공사에 청구하여 국고에 납입하는 방식으로 처리하였다. 좀 특이하고도 다소 심하다 싶은 처리방식이긴 하지만, 이번 사건으로 인해 받은 도로공사 임직원들의 자존심 손상을 포함한 충격과 분노가 섞여 있기 때문임을 감안하면, 이 조치는 충분히 이해 가능한 조처라 할 수 있다.

여담이지만, 내가 보기엔 당시 검찰의 락볼트 수사는 반쪽만 성공한 것으로 보인다. 반쪽 성공이라 여기는 이유는 검찰이 의욕만 앞섰지 현장에서 락볼트를 빼먹는 이유나 방법에 대해 너무 무지했기 때문이다. 이렇게 조성된 비자금의 사용처를 파악하여 그 자금이 어디로 흘러 들어갔는지도 조사해야 하는데, 이 부분도 전혀 손대지 못했다.

또 다른 이유는 우리나라 5대 락볼트 생산업체 중의 하나였던 지인스틸이 검찰 수사 직후인 2014년 5월 말경 부도로 사라지면서 이 회사의 납품내역 자료를 받지 못했다는 점도, 이 사건의 검찰 수사를 반쪽 성공이라 평가하는 이유이다.

우리나라에는 약 20년 전부터 대표적인 이형강봉 락볼트를 5개 회사에서 과점으로 생산한다. 충남 아산의 한성정밀, 경기도 안산의 맥길산업, 충북 충주의 로크산업, 충북 제천의 지인스틸, 부산 공장에서 락볼트를 생산하는 유니온 등이 그것이다. 물론 지금 현재로는 당시보다 증가해 12개 정도의 락볼트 제조회사가 있는 것으로 파악되나, 후발업체들의 시장점유율은 아직 미미한 수준인 것으로 안다.

사실 각 현장에서는 공사기간 동안 이들 생산업체 중 한 곳으로부터 지속적으로 락볼트를 공급받는 현장도 제법 있었지만, 상당수는 2~3개 업체로부터 번갈아 가며 락볼트를 공급받는 것이 엄연한 현실이다. 이런 상황에서 1개 업체의 부도로 거래내역을 제출받지 못하게 되자 이 회사로부터 자재를 공급받았던 현장은 물론, 이를 포함하여 2~3개 또는 그 이상의 제조처로부터 자재를 공급받은 현장들도 사실상 조사 대상에서 제외된 것이다.

이렇게 해서 빠져나갔던 공구들 중 2개 공구가 터널 기획조사 중 추가로 적발돼 공사비를 환수당했다. 물론 울산포항고속도로 건설현장의 이야기인데, 뒤에 별도의 장에서 다룰 것이다.

이런 업체들에 대하여는 현장에서 받은 세금계산서 위·변조 등 구별법을 활용하여 수사를 했어야 함에도 검찰 등 수사기관에는 이 분야에 대한 전문가가 전무했기 때문에 처음부터 명백한 한계가 있는 수사가 될 수밖에 없었다. 대단히 아쉬운 일이 아닐 수 없다.

　그 다음으로 검찰수사의 아쉬운 점은 당시 고속도로 공사 현장만을 대상으로 했다는 점이다. 수많은 철도현장과 그보다도 10배 이상 많은 국도 및 지방도 건설 현장은 제외된 것이다. 물론 검찰도 고의는 아니었겠지만, 어차피 자주 할 수 있는 수사도 아니었을 터이니 단 한 번의 기획조사로 효과적인 조사를 하려면 사전에 고려해야 할 점이 매우 많다는 점을 앞으로는 경험으로 삼아 주길 바란다.

　어쨌든 나는 2014년 초의 이 사건을 시발로 해서 토목분야, 특히 터널에 관심을 가지게 되었고, 이러한 관심이 더욱 확장돼 2015년 터널 기획조사로 발전하여 많은 터널분야 조사 경험을 쌓게 되었다. 그리고 더 나아가 2016년부터 국무조정실 부패척결단으로 파견 나가 현재까지 국내에서 공사비 관련 부패사건 중 첫 번째와 두 번째로 편취규모가 큰 수도권고속철도 수서—평택 구간의 2개 공구를 적발하면서 정점에 도달할 수 있었다.

　내게 이 현장에 대한 기억이 유독 생생한 것은 나의 첫 토목현장 조사 대상이었던 데에다 락볼트 같은 자재 조사와 사토를 함께 조사할 수 있었던 행운이 있었기 때문이다. 그리고 당시 아무도 상상조차 하지 못했던 지보와 포어폴링, 강관다단까지 빼먹는 방법을 익힐 수 있었던 거듭된 행운과 정작 나조차도 전혀 상상하지 못했던 세금계산서를 활용한 조사까지, 여러 가지 행운이 따랐던 최초의 조사 현장이자, 우리가 완벽하게 승리한 곳이기 때문이다.

2편. 불법 현장이 내 최고의 스승

이번 이야기는 터널 기획조사 과정에서 초기 몇 개 공구를 돌아다녀도 소득이 없던 차, 공부를 위해 갔던 어느 고속도로 공사구간에 대한 조사 이야기이다. 이 구간의 경우, 전 공구에 걸쳐 대담하게도 위조 및 변조된 세금계산서와 거래명세서, 송장 등이 쏟아져 나와 2014년도 검찰의 대대적인 락볼트 수사결과 가장 많이 걸렸으므로 이에 대한 이야기를 좀 해 보려고 한다.

금방 찾아온 슬럼프

터널 기획점검 당시 몇 개의 개별공구를 방문하여 조사해 봤으나 별다른 성과가 없던 상황이었다. 당시만 해도 조사방식이 사무실에서 미리 만들어 간 기본 틀을 바탕으로 현장의 각종 데이터들을 대입하여 불일치하는 부분을 중점적으로 조사하겠다는 것이었다. 그런데 몇 군데 현장을 돌면서 이 기본 틀을 사용해 보니 이론상 상당히 잘 맞을 것 같았지만, 막상 현장에서 사용해 보니 현장마다 다른 설계와 자재의 규격 등 여건이 달라 실정에 맞게 서식을 뜯어고치고 규격을 변경해야 하는 등의 보정사항이 많았으므로 전혀 쓸모가 없었다. 한마디로 헛수고였던 셈이다.

원인을 분석해 보니, 아래와 같은 여러 가지 부족한 점이 발견되었다.

첫째, 각 현장에서 자재 등의 반입과 관련된 세금계산서 등의 증빙을 취급하는 기본지식이 전무하다는 점이다.

각 현장에서는 점검의 취지나 필요성에는 대체로 동감하였으나 세금계산서 등에 관한 지식이 전무하다 보니 자료의 취합이 어려웠고, 정해진 서식에 따른 제출도 통일을 기하기 어려웠다. 두 공구를 대상으로 동일한 양식에 따라 제출을 요구하는 경우에도 제출된 자료를 보면 도표 등이 서로 상이한 기준에 따라 작성되어, 단순히 평면적인 비교가 사실상 불가능하였다.

인접한 공구라도 각 공구별로 설계내역이 다른데다, 이러한 기본 자료마저도 각기 다르게 제출되다 보니 자료의 변환 등 쓸데없는 부분에 시간과 노력이 많이 소모되었다. 이 과정에서 발주처 직원들도 이에 관한 지식이 전무하다 보니 그 어려움은 더욱 가중되었다.

둘째, 조사 착수 시점의 유효성 문제였다. 자재가 반입된 시점과 조사 시점 간의 시간적 격차가 상당하여, 많은 현장에서 세금계산서 등 자료를 보유하고 있지 않다고 주장하는 경우가 많다는 점이다.

통상 토목공사가 시작되면 대형 터널인 경우에는 굴착작업에 많은 시간이 소요되는 점을 감안, 최대한 빠른 시간 내에 터널의 양쪽(시점부 및 종점부)에서 굴착을 시작하거나, 이것도 시간이 부족하다고 예상되는 경우 한두 개의 수직구를 굴착하여 이 수직구를 중심으로 앞뒤로 굴착하는 경우도 있다. 터널조사는 주로 굴착공사와 관련이 있으므로 굴진을 완료하고 난 직후가 조사의 최적기이나, 이런 적절한 타이밍을 맞춰 조사를 하기가 사실상 불가능하였다.

그러다 보니 전체 공정률이 40%를 넘어가는데도 불구하고 터널공사만 떼어 보면 공정률이 겨우 갱구부를 조성 중인 경우이거나 일부 굴착 진행 중인 경우라도 터널 자체의 공정률은 아주 낮은 경우가 많았다. 또한 공사를 터널부터 먼저 굴착한 경우도 많았는데, 굴착이 완료된 후 오래된 현장에서는 일부 자료가 분실되거나 하청업체가 철수하였는데도 공사 관련자들의 무관심으로 세금계산서 등의 자료 자체를 받아 두지 않은 경우도 많았다. 하도급사의 경우 각 공종별로 하청업체들을 선정하는 바람에 공사가 끝나 철수하거나 부도가 난 경우에는 사실상 이들 자료의 획득 자체가 불가능한 경우인데, 의외로 이런 현장이 많아 조사가 더욱 어려웠다.

셋째, 자료가 있더라도 출장 거리가 멀고, 조사대상 공구들이 대부분 오지에 위치하고 주변 지리까지 어두워 숙소나 식당 등을 오가는 시간이 많이 소요되는 등으로 효과적인 조사가 사실상 어려웠다. 이 부분은 모든 조사는 물론 업무처리까지 혼자서 해야 하는 나로서는 감수하는 것 이외에는 달리 방법이 없기도 했다.

출장지에서의 아침 식사 준비.
장거리에 낯선 곳으로의 출장은 위험할 뿐만 아니라 정말 고생이 이만저만이 아니다.
시간부터 그 모든 것이 내편인 것은 아무것도 없기 때문이다.
산골짜기 허름한 여관에서 자고 아침은 대부분 미리 사 둔 컵라면으로 해결했다.

넷째, 세금계산서의 위·변조를 일일이 확인하는 것은 조사관 개인에게 충분한 지식이 있는 경우에는 가능하긴 하나, 주변의 협력을 받아야 하는 상황에서는 사실상 이런 증빙을 바탕으로 한 조사는 애초부터 불가능하다고 볼 수 있다. 특히, 분석할 분량이 많은 경우에는 이러한 어려움은 더 커질 수밖에 없다는 점이다.

잠시 시간적 여유를 가지면서 그 이유를 곰곰이 생각해 보고, 나름대로 분석을 해 보았더니 조사방법을 개선해야 한다는 결론이 나왔다. 하지만 개선이야 해야겠지만 무엇을 어떻게 바꿔 나가야 할지에 대하여는 여전히 오리무중이었다. 혼자서 천리 먼 길을 차로 달리고 달려, 겨우 북 치고 장구 쳐서 진행하는 조사에 무슨 개선방법이 있다 한들 실행할 마땅한 묘수가 있을 리 만무했다.

▌원점에서 다시 시작

허탈한 기분에 며칠간 시간을 보내다 문득 검찰의 락볼트 수사 당시, 해당 노선의 전 공구가 수사망에 걸려 각 공구가 공히 상당액의 공사비를 환수당한 충주−제천 고속도로 건설 구간이 생각났다. 어떻게 이런 일이 가능한지를 현장에 나가서 그 원인이 무엇인지 한번 연구해 보기로 했다.

고속도로 구간의 경우 감사장은 철도나 국도 구간처럼 개별 공구별로 하는 것이 아니라 건설사업단에 설치한다.

철도나 국도 구간은 책임감리제도를 적용받아 각 공구별로 또는 두 개의 공구를 묶어 책임감리(줄여서 '책감'이라 한다)를 두며, 책임감리가 두 개의 공구를 감리할 경우에는 각 공구별로 공구장이라는 직책을 따로 두어 관리한다.

이에 반해 고속도로 구간은 자체 직원으로 감독관을 두어 직접 관리한다(이를 줄여서 '직감'이라고 한다). 각 공구별 감독관실은 대부분 도로공사 소속인 감독과 직원 1명으로 구성된다. 검측업무에 필요한 인원은 용역을 줘서 감리원으로 두는데, 다른 구간의 책임감리와는 달리 검측업무만을 전담하기 때문에 현장에서는 이들을 특별히 '검측감리'라 부르기도 한다.

고속도로 건설 구간에서의 조사는 감사장과 현장이 다소 멀지만 필요한 자료를 각 공구에서 직접 가져온다. 필요하면 시공사의 현장소장이나 공사부장 등이 와서 설명하기도 한다. 그런데 고속도로 현장은 도로공사 직원들이 교육을 자주 시킨 덕분인지 아니면 직접 감독한 경험들이 있어서인지 모르지만, 상당히 똑똑했고 모두들 참 친절했던 것이 기억에 남는다. 그래서 틈날 때마다 세금계산서 위·변조 같은 자료가 발견되면 원하는 사람들에게 설명이나 교육할 기회도 자주 생겼다. 물론, 처음부터 그랬던 것은 아니었지만.

눈앞에 쌓여 있는 위조 증빙들

어느 봄날, 화단에 복사꽃이 핀 건설사업단을 찾아 각 공구에서 만들거나 복사해서 제출한 자료가 책상 위에 수북하게 쌓여 있는 곳에서 점검을 시작했다. 그런데 한번 훑어봤더니 각 공구에서 가져온 세금계산서, 거래명세서, 송장 등이 거의 절반 남짓 위조된 것으로 보였다. 그때까지만 해도 위·변조는 그리 많이 보이지도 않았기에 내 스스로가 눈을 의심하지 않을 수 없을 정도였다.

문제는 이 세금계산서의 위·변조뿐만이 아니었다. 타 지역에 있는 같은 회사 공사장과 자재를 주고받았다고 하는 '공구 간 자재 반출'과 세금계산서에 반입 자재명이나 공구 명칭을 애매모호하게 기재하여 속여 먹는, 속칭 '섞어치기' 등의 눈가림 내지 눈 속이기로 자재 수량을 속여 먹는 방법도 많이 보였기 때문이다. 내가 봐도 실전을 치를 장소를 제대로 선택한 것 같았다. 그리고 이들 모두가 내겐 새롭고 좋은 공부 거리가 되었다.

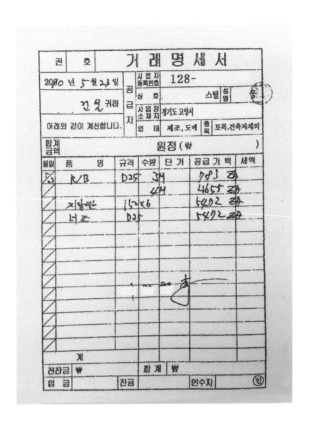

위조된 증빙. 거래명세서가 아니라 정확히는 '송장'이 옳은데, 일단 외견상으로도 조잡하게 보인다.
많은 현장에서 이런 엉터리 송장으로 엄청난 양의 자재 장난을 친 것으로 추측된다.

점검 중에는 가끔 발주처 직원들과의 가벼운 언쟁도 있었다. 도무지 이런 위조를 설명해도 현실을 믿어 주지 않았으니 말이다. 그리고 이 부분은 내가 토목에 대한 경험이 없다 보니 상대방이 얕잡아보는 경우가 대부분이라 힘들었는데, 몇 군데 성공하고 나니 이런 현상은 슬그머니 사라져 버렸다. 그래도 언쟁이 종종 벌어졌다.

"저기 쌓여 있는 자료들 중 절반 가량은 위조된 거예요. 재미있지요?"

"그럴 리가 없습니다. 저희들을 무슨 바보로 아십니까?"

"알면 보이겠지만, 모르니 안 보일 뿐이지 실상이 그렇다는 거예요."

"아닐 겁니다. 학교에서 나름 긴다 난다 해야 우리 공사에 입사할 수 있습니다. 우리도 그렇게 바보는 아닙니다."

"그럼 그렇게 똑똑한 사람들이 모인 조직이 영동옥천 확장구간에서는 왜 그렇게 황당하게 당했습니까?"

"그건 하청업체가 작정을 하고 빼먹었기 때문에 그랬지요. 다른 현장은 그렇지 않습니다."

"영동옥천 사건이 하청업체가 작정을 하고 빼먹었다니. 도대체 누구 이야기입니까? 방금 한 이야기, 장담할 수 있습니까?"

"내막을 알면 구조상 그럴 수밖에 없지 않습니까?"

"내막이 어떤데요? 내막이 무엇이던가요?"

"하청업체가 원래 그래요. 맨날 틈만 있으면 빼먹고, 해야 할 걸 안 하고, 공사비 타령이나 하지요."

"당신이 공직자요? 아니면 어느 시공사 직원이요? 그래, 그걸 알았으면 거기에 어떻게 대처했나요?"

"그래도 우리 직원들은 똑똑한 편입니다."

말문이 막혔던지 약간 뜸을 들이더니 다시 대화가 원점으로 돌아온다.

"그건 나도 인정합니다. 이 바닥에 몇 달간 돌아다녀 보니 철도보다 국도가 조금 낫고, 국도보다 고속도로가 좀 더 낫다는 것을. 그런데 문제는 입사 후 얼마나 제대로 된 교육을 받았는지 아니겠어요?"

"그건 잘 모르겠습니다."

"당연히 모르겠지요. 지금까지 여러 현장에서 나하고 30분 이상 대화를 계속한 사람이 없어요. 나도 시간이 남아돌아서 당신한테 이 이야기를 하는 게 아니에요. 그리고 영동옥천 사건은 내가 분명히 이야기하건대 하청업체의 장난이 아니에요. 원청사가 빼먹기로 작정하고 말 안 듣는 하청업체 소장을 세 번인가 강제로 교체해

가며 무리해서 빼먹다가 난 사고예요. 왜냐하면 그 사건을 내가 조사했거든."

그제야 듣고 있던 직원이 얼굴이 벌게졌다. 내가 그들의 자존심에 난 상처에 왕소금까지 뿌린 모양이었다.

"명심하시오. 그런 자만심에 빠지는 순간, 제일 먼저 나한테 당할 거요."

이후부터 직원들부터 팀장과 단장까지, 접촉하는 모두가 나를 어렵게 여기는 것이 피부로 느껴졌다. 수십 년 동안 스스로 똑똑하다는 선민의식에 잡혀 있다가 터널은 물론, 토목의 '土' 자도 모르는 나한테 불의에 당한 일격이 뼈에 사무치도록 많이 아팠던 모양이었다.

공구 간 자재 이동과 섞어치기

이들이 사용한 위조 등과 관련하여 각 방법을 조금 부연해서 설명해 보면 다음과 같다.

공구 간 자재이동은 인접하거나 서로 떨어진 같은 시공사 또는 하청업체 간에 현장소장들이 자재를 서로 주고받았다며 만든 '반출증'이라는 이름의 일종의 자재 이동 확인서다. 여러 군데서 확인을 해 봤지만, 실제 자재가 오고간 적은 거의 없었고, 다만 꼭 필요한 긴급한 경우에 한해 소량의 자재를 실제로 주고받은 곳만 간혹 확인되었다. 즉, 눈가림용으로 또는 락볼트 등 자재를 부족하게 사서 시공하고도 모자라는 자재의 수량을 맞추기 위해 만든 일종의 '눈가림' 서류였다.

속칭 '섞어치기'라는 방법도 발견되었다. 이에는 '자재 섞어치기'와 '공구 섞어치기'로 나뉘는데, 이 '섞어치기'라는 용어는 십수 년 전 줄기세포 연구부정 사건 당시에 유행했던 용어이기도 해서 웃음이 나온다.

현장에서 입수한 허위 자재 반출증.
상대방에 조회하면 바로 거짓으로 확인되나 현장에서는 이를 게을리하다 보니,
실제로 손쉽게 자재를 뻥튀기하는 데 많이 사용된다.

자재 섞어치기는 흔히 세금계산서 품명 란에 '자재대금' 'ㅇㅇㅇ 외' 등의 용어로
나오는 경우인데, 사례도 꽤 흔하고 사실 현장에서는 거의 와일드카드(wild card,
만능카드)로 사용되고 있었다. 락볼트 반입량을 다룰 때는 락볼트 증빙으로, 강관
다단 반입량 때는 강관다단 증빙으로, 강섬유 반입량 때는 강섬유 증빙으로, 이런
식으로 온 동네방네에 다 써먹는다. 이게 가능한 이유는 한 가지로 짐작되었다. 소
위 현장 직원들의 '귀차니즘'이라고 할까? 이걸 확인하려면 세금계산서와 거래내역
서, 송장을 일일이 대조하여 확인해야 했고, 시간이 많이 소모되어 대부분 그게 귀
찮아서 이런 부분을 잘 확인하지 않았기 때문이었다.

이에 반해 공구 섞어치기는 반입 현장(공구)을 정확히 기재하지 않는 등으로 눈속임을 하는 경우다. 실제 현장에서 써먹던 수법을 예로 들어보자(물론 수량은 내가 임의로 정한 것이다). 모 회사에서 A, B, C, D, E현장 등 5개 현장이 있고, 이 5개의 현장에서 **년 *월에 소요될 락볼트가 각 현장마다 1,000개씩 합계 5,000개가 필요하다고 가정해 보자. 그런데 이 현장들에서는 각 현장마다 락볼트를 300개에서 500개씩만 사서 공사에 사용하고, 500개에서 700개를 빼먹는다.

그럼 자재 검측 시에 현장마다 1,000개가 들어와야 하는데, 700개에서 500개가량 부족하면 검측에서 통과할 수 있겠는가? 물론 현장에서 이를 알고 제대로 자재검측을 하면 이런 행위 자체가 불가능하다. 그러나 대부분의 현장에서 자재검측을 형식적으로 하다 보니 그냥 넘어가는 경우가 대부분이었다.

만약 검측에 걸릴 것 같으면 각 공구의 세금계산서를 모아서 출력해 제출한다. 어차피 같은 회사니 등록된 인증서를 사용하여 현장에서 국세청 홈텍스에 접속, 필요한 자료를 출력하는 것이다. 그런데 1,000개가 필요한 현장에서 세금계산서 3장에 각 500개씩 해서 1,500개가 반입되었다면 아무도 의심하지 않고 단순히 '많이 들어온 거니까 별거 있겠냐.'라며 그냥 넘어갈 것이다. 현장의 감리 인력들이 세무 또는 회계 지식이 부족하다는 점을 100% 활용한, 그야말로 기발한 발상이라고 할 것이다. 물론, 내가 보기에는 한마디로 야바위꾼 같은 수법이라고 생각되지만.

세금계산서 위조의 실체

이야기가 나온 김에 세금계산서 위·변조까지 같이 설명하는 것이 좋을 것 같다.

공사비뿐만이 아니다. 국고보조금이나 공적으로 지원되는 각종 예산항목을 조사하다 보면 제일 많이 보이는 대표적인 부정 또는 조작의 수법이 세금계산서를 중심으로 한 거래명세서, 송장, 입금표 등의 조작행위인 증빙 위·변조다. 특히 세금계산서의 경우만 한정해 보면, 이것은 세금계산서 위·변조와 전자세금계산서 위·변조로 일단 구분해서 설명할 필요가 있다.

여기서 세금계산서와 전자세금계산서란 「부가가치세법」에 따른 법적 거래증빙인 세금계산서와 전자로 발행되는 전자세금계산서를 말하는 것이다. 그리고 세금계산서의 부속서류에는 법적으로는 거래증빙이 아닌 거래명세서와, 실제 거래되는 물건과 같이 이동되는 부속서류인 송장이 있고, 대금 입금 시 증빙으로 사용하는 입금표가 있다.

정상적인 거래 증빙.
이것도 거래명세서가 아니라 송장이 맞지만,
대부분 거래명세서와 송장의 정확한 개념을 몰라 명칭을 혼용하는 편이다.

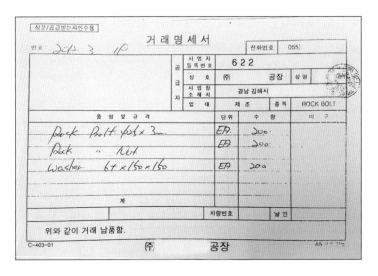

비정상적인 거래증빙.
위와 같은 송장이지만, 현장에서 주로 자재 등의 수량 부풀리기에 사용하는 수기용지다.
이런 용지는 판매자가 제공하기도 하지만, 빈 양식을 문구점 등에서 구입해서 사용하기도 한다.

우선 각 조사현장 어디서나 공통적으로 어느 정도 이상이 나오는 것이 세금계산서와 거래명세서, 송장 등의 위조다. 아예 노골적으로 복사한 세금계산서 등에 단순히 금액만 위조나 변조하고 다시 복사해서 첨부하는 방법이 있는가 하면, 세금계산서 서식을 엑셀 같은 프로그램으로 만들어 위·변조 틀(베이스)을 만들고 여기에다 필수기재사항을 임의로 입력하여 대량으로 위조 또는 변조하는 방법도 있었다. 거래가 없는데도 새로 만드는 위조가 있는가 하면, 실제 거래한 금액보다 0을 한두 개 더 붙이는 식의 뻥튀기 변조도 상당히 흔했다. 물론 현장의 필요에 따라 간혹 액수를 줄여서 위조나 변조를 하는 특이한 경우도 발견되기도 했지만. 목적은 단 한 가지, 오로지 공사비 차액 등 '돈을 빼먹기 위한' 것이다.

전자세금계산서는 더 교묘하다. 세금계산서 등의 위조처럼 단순히 엑셀 프로그램에 양식을 만들어서 위·변조하고 이를 출력하는 경우도 일부 있었지만, 현행 전자세금계산서 제도의 허점을 이용하는 경우가 더 많았다. 너무 자세히 설명하면 이를 역으로 이용하는 나쁜 사람들이 생길까 염려스러워, 상세한 수법은 더 이상 공개하기 곤란한 점을 양해하기 바란다.

콘크리트의 강도 측정용 시료를 쌓아 둔 모습.
현장에서는 흔히 '공시체'라고 부르는데, 이런 것만 보아도
감리 직원들의 노력도와 현장이 제대로 굴러가는지 여부를 대충 짐작할 수 있다.

역시 현장은 영원한 나의 스승

나는 1990년대 초반, 국세청의 세무공무원으로 들어간 이후 4년간을 부가가치세과에서 근무하면서 이 세금계산서를 정말 신물날 정도로 많이 구경했다. 그러나 1997년부터 매입매출 세금계산서 합계표 제도가 시행되면서 지금은 세무공무원들도 어떤 특정 업체를 조사할 때 외에는 실물 세금계산서를 구경할 기회가 없어졌다.

사실상 좋은 현장 교육기회가 사라진 것이다.

이때 배운 실력을 엉뚱하게도 20여 년이 지나서야 제대로 사용하게 된 것이다. 이제 내 자신이 그동안 가지고 있으면서도 있는 줄도 몰랐던 이 세금계산서 위·변조 판별법이라는, 그 누구도 갖지 못한 신무기의 활용가치를 알게 된 것이다.

정말 좋은 실무 경험을 쌓았고 또 내게 그런 사실을 일깨워 준 것이 바로 그 현장이었다. 갑자기 어깨에 힘이 들어가면서 배경으로 백만 대군을 얻은 기분이었다.

이들 현장에서 정말 많은 공부를 했을 뿐만 아니라 추가로 흐트러진 마음을 다잡는 이중의 효과를 얻었다. 세금계산서 분석이라면 내가 전문가 아닌가? 그동안 숨어 있는 내 장기를 놔두고 애먼 현장에 가서 어려운 공법으로 도둑을 잡아 보겠다고 생고생만 한 것이다. 이제 어느 현장을 가더라도 가능할 것 같다는 자신감을 이들 현장에서 배운 것이다. 역시 나에게 현장만한 스승은 없다는 사실을 다시 한번 깨닫게 되었다.

3편. 돈이 된다면 위·변조는 물론 페이퍼컴퍼니까지

이번 이야기는 2015년 터널 분야 기획점검 과정에서 울산·포항 고속도로 건설구간 2개 공구에서 세금계산서를 위·변조하거나 위장거래 등의 각기 다른 방법으로 락볼트를 부족하게 반입하여 시공하고도 설계대로 기성금을 타 간 두 업체에 관한 이야기이다.

한 공구는 락볼트 제조업체와 현장 간 직거래를 하면서 실제 소요량의 70%만 주문하여 물건을 받고서 거래 자료인 세금계산서는 중간에 Paper Company를 끼워 넣어 이를 소요량의 100%가 들어온 것으로 위장하여 발행받아 처리하는 방법으로 락볼트 33,000개, 공사비 17억 원 가량을 편취했다가 조사에서 적발되어 경찰의 수사를 받았다. 물론 최종적으로는 검찰에서 범죄가 성립되지 않는다고 보았는지 형사처벌은 하지 못하고 공사비만 환수하는 데 그쳤다.

다른 공구는 락볼트 공급업체에서 받은 세금계산서를 하청업체가 위조, 21,000개를 부족시공하고 공사비 차액 11억 원을 편취하였다가 적발되어 역시 경찰의 수사를 받아 검찰에 송치되었으나, 이 역시 어찌된 일인지 형사처벌은 면하였다. 물론 공사비는 환수되었다.

결과적으로 보면 이 업체들이 상당히 배경이 좋았거나 검찰의 수사가 형편없었거나 둘 중의 한 가지인데, 편의상 이들 두 업체는 A, B공구라고 칭한다.

사무실 업자까지 끼워 위장거래

메르스가 유행한 직후인 2015년 5월 말, 개통을 앞둔 이 현장을 점검하게 되었다. 통상 현장점검은 실제 점검에 앞서 일정한 서식을 보내고 거기에 맞게 자료를 준비하라고 요구하는 방식으로 진행된다. 이는 물론 시간을 절감하기 위한 방편의 하나로 감사에서는 상당히 중요한 작업이기도 하다.

조사에 착수해 A업체의 자료 중 송장, 거래명세서, 세금계산서를 각각 따로 나눠 항목별로 정리해 보았다. 그랬더니 송장의 경우 제조업체로부터 현장으로 락볼트가 공급된 것으로 나타났는데, 거래명세서와 세금계산서는 중간에 이상한 사무실 업체로 공급되었다가 다시 현장으로 끊겨 거래된 것으로 나왔다.

전자세금계산서 (공급자 보관용)

구분	등록번호 128-	종사업장번호			등록번호 105-	종사업장번호
공급자	상호(법인명) (주) 스밀	대표자명	공급받는자	상호(법인명) (주)	대표자명
	사업장주소 충청북도 제천시			사업장주소 서울시 서초구	
	업태 제조업,도매,서비스 종목 철구조물,토목,건축자재 외			업태 도소매 종목 건설자재	

작성일자	공급가액	세액	수정사유
2011/01/25	53,500,000	5,350,000	

비고	울산포항10

월	일	품목	규격	수량	단가	공급가액	세액	비고
01	25	R/B 4M(BAR) 外				53,500,000	5,350,000	

합계금액 58,850,000	현금	수표	어음	외상미수금	이 금액을 청구함

※ 본 세금계산서는 부가가치세법과 국세청고시 기준에 따라 (주)엘지유플러스(220-81-39938)의 WebTax21시스템을 통하여 발행된 세금계산서이며, 또한 출력된 세금계산서는 전자서명법에 의거 공인기관의 인증서로 전자서명되어 인감날인이 없어도 법적효력을 갖습니다.

거 래 명 세 표(송장)							

첫 번째 공구에 반입된 락볼트 세금계산서(사진 왼쪽)와 송장 모습.
락볼트 실물이 제조업체로부터 현장에 직접 공급된 반면,
거래 자료는 제조업체로부터 사무실 사업자를 거쳐 현장에 공급된 상황을 보여 준다.
이 과정에서 락볼트 거래수량의 30%가 뻥튀기되었는데,
이런 경우를 통상 '위장거래'라고 부르며, 「부가가치세법」상 처벌대상이 된다.

　그동안 이런 방식으로 진행됐거나 또는 유사한 사례가 없었기에, 시간을 가지고 이들 자료의 수량을 좀 더 면밀히 대조하면서 조사해 보니 송장의 글씨체가 달랐다. 이상하게 생각돼 이 두 가지 송장에 적힌 락볼트 수량을 각각 합산해 보니 70%와 100%에 달하는 것으로 파악되었다. 다시 원점으로 돌아와 엑셀 프로그램에 이들 자재의 거래 대비표를 만들어 꼼꼼하게 대조 조사해 보니 그 전모를 알 수 있었다.

즉, 원청업체가 락볼트를 사 오면서 락볼트 자체는 제조업체로부터 직접 현장에 반입하되 현장에서 필요한 수량의 70%만 사 왔고, 세금계산서와 거래명세서는 비자금 등 조성 목적으로 '제조업체 – 사무실 업자 – 원청업체'의 순서로 끊어서 정리된 것이었다. 물론 '제조업체 – 사무실 업자' 사이에는 필요량의 70%만 받고 '사무실 업자–원청업체' 사이에서는 실제보다 수량만 부풀려 100%에 맞게 세금계산서 등을 맞춘 수법이었던 것이다.

이 수법을 국세청에서는 '위장거래 수법'이라고 하는데 나는 한동안 이런 일을 잊고 있었지만, 오랜만에 그리고 하필 이 현장에서 그 사례가 딱 걸린 것이다. 더구나 이 현장은 원청업체에서 자재를 구매하여 하청업체에 지급하여 공사를 하는 소위 '지급자재' 방식이었기 때문에 하청업체의 탓으로 돌리는 것도 불가능했다.

참고로, 비슷한 수법으로는 '가공(架空)거래'가 있다. 이는 실물 거래가 없이 세금계산서 등 거래 자료만을 주고받는 수법인데, 각 현장에서 많이 성행하는 세금계산서 등의 위·변조 수법을 통한 거래가 이 유형에 속한다.

이러한 교묘한 방법이 동원된 현장은 당시는 물론 아직까지도 유사 사례가 없었기에, 그리고 편취 액수가 적지 않았기에 그 내용을 그대로 정리하여 위원회에 보고하여 의결을 거친 후 대구지방경찰청에 이첩하여 수사하도록 하였고, 지능범죄수사팀에서 그 사건의 수사를 맡게 되었다. 지금까지 다닌 전체 현장에서도 이와 동일하거나 유사한 사례가 적발된 적이 없어 나도 상당한 충격을 받았다.

전년도 전국을 대상으로 한 서울중앙지검의 대규모 락볼트 조사에서도 이들 현장이 빠져나간 이유는 락볼트를 제조업체와 직거래하여 구매하였음에도 불구하고 그 자료를 위장거래라고 하는 수법을 통해 제3의 업체를 끼워 넣어 자료를 돌려서 받았기 때문이었다. 이 부분에 대한 검찰의 수사지식이 부족하여 빠트렸지만, 천만 다행으로 내가 이 분야에 대한 전문지식을 갖춘지라 비교적 쉽게 적발할 수 있었던 것이다.

당당하고도 뻔뻔한 태도

다시 이야기가 조사 중으로 되돌아간다.

이 사실을 도로공사 사업단 직원을 통해 현장에 통보하고 소명을 요구하였더니, 시인도 부인도 없이 '일단 들어와서 모든 걸 설명하겠다'고 연락이 왔다. 그러더니 다음 날 아침 현장소장과 공사부장이 감사장을 불쑥 찾아왔다. 하는 행태로 봐서는 쓰디쓴 커피 한잔도 아까운 것 같아 바로 대화로 들어갔다.

"원청업체 소장으로서 사무실 업자를 사이에 끼워 락볼트를 30% 부족하게 구매해서 하청업체에 지급하여 공사하도록 하고, 해당 공사비는 설계내역대로 전액 기성을 받아 간 이유가 무엇입니까? 누구의 지시였습니까?"

"전임 소장이 한 일이라 저는 잘 모르는 일입니다."

"반입된 시점이 전임 소장도 있지만 당신이 소장으로 있을 때 부분이 더 많은데요. 제대로 이야기를 해 주셔야 합니다."

"회사의 승인 없이는 거기에 대해 더 이상 이야기를 할 수 없습니다."

"여보세요? 이건 조사예요. 회사의 승인 여부는 내 알 바가 아니니 모르겠고, 저의 관심은 왜 이런 일이 생겼는지 그리고 공사현장의 책임자로서 알고 계시는 내용을 듣기 위해서일 뿐이에요. 이야기를 못하는 사정도 충분히 알아요. 저건 현장책임자의 승인 없이는 불가능한 일이니 말입니다."

"앞서 이야기했듯이 더 이상 해 드릴 이야기가 없습니다."

"그럼 돌아가세요. 저도 더 이상 이야기하기 싫다는 사람을 붙잡고 조사할 생각이 없으니까요."

이들이 하는 행태가 하도 기가 차서 대화를 중단하려고 조금 역정을 냈더니, 이 두 사람은 금방 저자세가 되어 사정조로 나왔다.

"한번만 봐주시면 안 되겠습니까? 말씀드리기 곤란한 사정이 있다고만 알아 주시고 말입니다."

"봐주고 싶어도 제가 아무것도 아는 게 없는데 어떻게 봐주겠어요? 이건 뭐, 1,000원 주고 500원짜리 초코파이 한 통과 3,000원짜리 사이다 한 박스 사고 잔돈 600원 남겨 오라는 군대보다도 더 코미디구만. 돌아가세요. 저도 더 이상 당신하고 이야기하기 싫으니까요."

현장에서 일상이 된 세금계산서 위조 신공

이에 비하면 B업체 이야기는 비교적 쉬운 방법인 세금계산서 위조, 소위 말하는 '위조 신공'을 발휘한 곳이었다. 세금계산서와 거래명세서, 송장의 수량을 정리한 큰 용지를 프린터로 출력하여 연필과 계산기로 일일이 검산하는데, 잘 맞지 않는 부분이 몇 군데 있었다.

세금계산서를 펼쳐 자세히 살펴보니 위조 원판이 동일하여 변조된 것으로 의심되는 부분이 발견되었다. 액수, 그러니까 공급가액이 상당히 큰 액수로 위조된 것으로 보였다. 즉, 세금계산서상 기재된 거래일 당시는 공정상 터널공사 초기라 갱구부 굴착과 거기서 조금 더 진전된 상태로 락볼트가 대량으로 필요한 시기가 아니었다. 게다가 위조인지 혹은 변조인지 여부는 모르나, 어쩐지 그 세금계산서를 사실로 믿기에는 꺼림칙한 구석이 있었다.

두 번째 공구에서 발견된 락볼트 위조 세금계산서(위)와 추후 확보한 원본 세금계산서(아래).
여러 가지 위·변조 수법 중 정교하게 복사한 사본에
액수만 새로 기입하여 복사한 일종의 변조수법으로 보인다.

　그때 건설자재 분야의 기획수사를 하면서 마침 락볼트 업체에 대해 수사를 막 시작하던 모 지방경찰청에서 연락이 왔다. 어떤 락볼트 제조업체를 압수수색하여 세금계산서와 거래명세서, 송장 등을 확보하였으니 필요하면 협조해 주겠단다. 당시

이 지방경찰청의 수사대는 대규모 건설자재 기획수사를 앞두고 권익위에 공문으로 업무협조를 요청하는가 하면, 수사관들에게 조사사례를 전수해 달라는 요청까지 하여 내가 직접 시간을 내서 이 분야의 수사 착안점과 유의사항 등을 전파한 인연도 있었다.

이게 웬 떡이냐 싶어 위조라고 의심되던 부분을 먼저 찾아서 확인해 달라고 요청했다. 직원들이 밤샘을 했는지 어쨌는지는 모르겠으나, 하루쯤 지나니 세금계산서 몇 장을 사진으로 찍어 이메일로 보냈다.

대조해 보니 월당 락볼트 1,500개씩 구입했다는 몇 달 치는 사실 터널굴착이 별로 없어 실제로 반입이 얼마 되지 않았는데도 불구하고, 락볼트가 상당 수량으로 반입된 것으로 세금계산서와 송장이 위조되어 있었다. 한 달간 3,500개를 반입했다는 자료는 확인 결과 100개씩 두 번과 150개 한 번 등 합계 350개가 반입된 실제 거래 세금계산서가 변조된 것이었다. 말 그대로 거래 수량과 공급가액 총액에 단순히 '0'을 하나 더 붙여 변조한 것이었다. 어떤 월에는 1,500개씩 두 번에 걸쳐 3,000개를 매입했다는데, 실제로는 한 번만 들어온 경우도 있었다. 이런 수법으로 빼돌린 락볼트 개수가 무려 21,000여 개나 되었고, 공사비 차액만도 11억 원에 달했다.

말로는 억울하다며 추가조사는 거부

이름만 대면 모두가 아는 이 유명 시공사에서는 도로공사 사업단을 통해 억울함을 호소해 왔다. 사실 하청업체들이 현장에서 세금계산서나 거래명세서 등의 자료를 위조하거나 변조하는 등의 수법으로 장난을 치는 경우가 종종 있었다. 내 스스로 생각해 봐도 조금 찜찜한 느낌이 들어 추가 조사를 해 봐야겠다고 마음먹었다.

　이 부분을 설명하자면 현장의 자재지급 또는 구입방식을 좀 부연 설명할 필요가 있을 듯하다.

　현장에서 사용되는 자재는 조달 또는 구매 방식에 따라 크게 관급자재와 사급자재로 나눈다. 그리고 이 사급자재는 경우에 따라서 지급자재와 사급자재로 더 세분하여 구분하기도 한다.

　관급자재는 공사비와는 별도의 계정으로 필요한 시기에 발주처에서 구매하여 공사현장에 지급, 정해진 공사에만 사용하도록 하는 자재이다. 레미콘이나 철근 등이 여기에 속하는데, 중요한 자재인데다 수량이 많아 엄격한 품질관리가 필요하기 때문으로 보인다.

　지급자재는 보통 원도급업체에서 공사에 소요되는 자재를 구매하여 하도급업체에 지급하여 당해 공사에 사용하도록 하는 자재이나, 실제 현장에서는 그 사례가 그리 많지 않다.

　사급자재는 공사를 시공하는 회사, 즉 보통의 경우 하청업체가 시공하면서 필요한 자재를 자신들이 사서 시공하고 소요된 자재비와 시공비를 받는 경우의 자재구입 비용으로서 가장 일반적인 형태이다. 대부분의 현장에서는 이런 방식으로 자재를 조달하여 공사를 한다.

　단장을 통해 그 이야기를 전해 듣고는 이 업체가 정말 억울한 것인지 여부를 추가로 조사해 봐야겠다는 생각이 들어, 사업단의 업무용 차량을 빌려 한 시간 이상의 산길을 달리고 달려 시공사 현장 사무소를 방문했다. 그런데 우리가 미리 현장 사무소에다 연락까지 하고 방문했지만, 이 회사 현장소장과 공사부장의 태도가 이상했다.

"억울하시다니, 추가조사를 하기 위해 왔습니다. 락볼트 자재구입 대금을 보낸 증빙을 좀 가져다주세요."

"우리 현장은 본사 법무팀의 지시로 더 이상 어떤 서류도 조사관님께 보여 드릴 수가 없습니다."

"그럼 억울한지 아닌지를 어떻게 조사합니까?"

"하여간 우리는 억울한 피해자라는 정도만 조사에 참조해 주셨으면 합니다."

"나는 증거를 가지고 조사하는 조사관이지, 할 일이 없어 남의 민원청탁 받으러 온 사람이 아닙니다. 억울한 피해자인지 주범인지는 제가 그쪽 조사의 전문가이니, 일단 본사에다 이야기하고 자료부터 가져오세요."

"안 됩니다. 그럴 수는 없습니다."

"이건 조사예요. 협조 좀 해 주시지요."

그러나 이미 닫혀 버린 그들의 입에서는 더 이상은 조사에 도움이 될 아무런 서류는 물론 말조차 나오지 않았다. 심지어는 며칠 전 적발한 위조된 세금계산서 사본의 제출도 안 된다는 것이었다. 그날 사진으로 찍어 놔서 다행이지, 아니었으면 증거 확보도 어려울 뻔했다.

내가 직접 이 현장의 사무소를 찾아간 데에는 나름의 이유가 있었다. 지난해 검찰의 락볼트 수사 시 유일하게 세금계산서를 위조한 혐의로 기소된 과장급 직원이 있었는데, 바로 이 회사 소속의 직원이었다. 즉, 이 회사에서는 증빙위조가 제법 광범위하게 행해질 가능성도 있었기 때문이었다. 그러나 더 이상의 조사는 벽에 부딪혀, 아쉽지만 나머지는 경찰의 수사에 맡겨야 했다.

이 증빙위조 수법은 정말 티끌 모아 태산을 만드는 수법이 아닐 수 없었다. 그래도 원본과 위조한 사본 세금계산서를 모두 확보하게 되었고, 이를 바탕으로 모 지방 경찰청에 이첩하여 이 건을 수사하도록 하였다.

그 뒤로는 세금계산서를 자세히 살펴보는 버릇이 생겼다. 그 덕분에 많은 현장에서 조사의 단서로 활용하기도 했는데, 돌이켜 생각해 보면 세금계산서 위·변조는 건설현장에서 만연한 공사비 빼먹기의 주요한 한 수단이었던 것 같다.

현장마다 필수가 된 증빙조사

사실 위조는 비용도 거의 들지 않는 반면, 이를 증빙으로 제출하면 거액의 돈이 굴러 들어온다. 위·변조의 방법이 생각보다 다양한 것 또한 조사에서 큰 장애물이다. 이렇게 위·변조의 방법이 다양한 이유는 세금계산서 위·변조를 가르치는 학원 같은 교육기관이 없기 때문이다. 공식적으로 가르쳐 주지 않는 수법을 목마른 각자가 머리를 써서 개발하려니, 개발하는 회사나 사람마다 그 수법이 제각각으로 차이가 날 수밖에 없었다. 마치 도둑이 주특기에 따라 소매치기, 쓰리꾼, 좀도둑, 대도 등등으로 구분되는 것과 같은 이치다.

간단하게는 복사기만 있으면 가능할 수도 있고, 문방구에서 파는 세금계산서 묶음과 위조한 명판 그리고 막도장이 필요할 수도 있다. IT기술에 밝은 자라면 엑셀 프로그램으로 간단히 만들어 깨끗하고 편리하게 짧은 시간에 다량을 위조할 수도 있다.

내가 조사과정에서 확보한 세금계산서 위조 툴은 엑셀 프로그램으로 만든 것인데, 가끔씩 이걸 보다 보면 전율을 느낄 때가 있다. 이런 위조 툴로 만든 위조 세금계산서의 경우 내가 구분한다면 90% 이상 판별이 가능하겠으나, 웬만큼 전문교육을 받는다 하더라도 30% 이상 판별해 낼 사람이 거의 없을 것으로 전망된다. 이 분야에 대해 교육받은 전문 인력의 확보가 절실하고, 또 위·변조 범죄에 대한 처벌 강화 또한 절실하고 시급하게 요구된다 하겠다.

전자세금계산서도 문제다. 이것도 보통 사람들은 위조가 불가능하다고들 이야기 하는데, 내가 현장에서 경험한 바로는 전통적인 위·변조의 방법으로 전자세금계산서를 위·변조하는 경우도 비교적 흔하게 발견할 수 있었다. 물론 이런 방식 이외에도 다른 특수한 방법으로 조작하여 건설현장에서는 물론 보조금 정산이나 기금 등의 부정대출에 써먹는 사실을 현장에서 제법 확인되기도 했다.

장차 이걸 어떻게 막아야 하는지 모두가 고민해야 하는데, 다들 무슨 생각들 하고 있는지 모르겠다.

4편. 맨손으로 락볼트를 뽑아냈던 날

이 이야기는 수도권 인근의 한 도시철도 현장에서 락볼트를 부실하게 시공했다는 신고사건을 접수하여 현장조사 할 때의 경험담이다. 락볼트가 제대로 시공되었는지를 점검하다가 맨손으로 락볼트를 뽑아내 현장 인력들 모두가 혼비백산한 이야기를 해 보고자 한다.

2015년 10월까지 전국에 걸친 터널분야 기획점검이 끝나고 그동안의 주요 성과를 정리하여 보도자료를 배포하고 나자, 수도권에 위치한 한 도시철도 건설현장에서 락볼트 수백 개를 미시공하여 터널의 안전이 위협받는다는 신고가 들어왔다. 터널에 대해 아는 직원이 없다 보니 이 신고 건은 자연히 내 차례가 되었다.

현장 근무자의 생생한 락볼트 시공 경험담

신고자는 터널 현장에서 오랫동안 작업자로 일한 경력이 있었다. 그래서 신고 내용인 락볼트 시공 누락 부분에 대한 진술과 함께 왜 현장에서 락볼트를 자주 그리고 대량으로 빼먹어 사고가 나는지 등에 대해 장시간에 걸쳐 직접 공사를 하는 사람의 입장에서 자세한 설명을 해 주어서 내게도 큰 도움이 되었던 분이다.

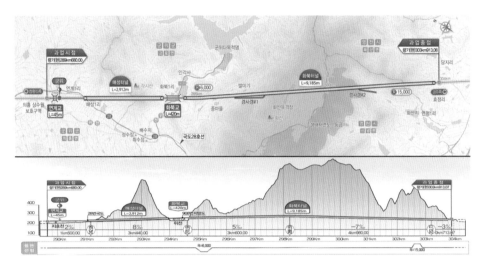

공사 노선도(상)와 횡단면도.
사진은 중앙선 도담-영천 복선철도 제11공구로서, 교량 및 터널 등의 위치와
주변 상황을 파악하기 쉬워 점검 때마다 해당 공구로부터 제출받아 점검에 활용한다.
현장에서 받는 모든 자료가 사실은 중요한 단서가 되기도 한다.

신고자 면담 차 출장 나가 신고내용에 대한 확인을 끝내고도 대화는 계속되었다. 내가 그동안 터널을 돌아다니면서 이것저것 혼(?)내 준 이야기에서부터 시작하여 분위기를 보아 내가 평소 궁금하던 '왜 락볼트가 시도 때도 없이 사고를 치는지'에 대해 물어보기도 하였다. 대화의 중요한 부분을 직접 여기에 옮겨 보기로 한다.

"락볼트를 시공할 때 어느 부위가 가장 작업하기 힘든가요?"

"당연히 천단부, 그러니까 천장 부위지요. 측벽이나 약간 상단은 수평 또는 약간 올려보는 자세라 비교적 작업이 쉬운데, 천장 부위는 고개를 빳빳이 들고 작업을 해야 해서 천공할 때도 그렇지만 락볼트 삽입이나 모르타르 주입 때 여간 고역이 아닙니다."

"그럼 락볼트는 천단부 쪽에서 주로 작업을 하지 않는다고 봐야겠군요."

"그렇다고 봐야죠. 단순히 작업이 힘들기에 빠뜨리는 것도 있겠지만, 여기에 악

조건이 겹치면 거의 빠뜨린다고 보시면 될 겁니다.”

　내가 터널을 제법 아는지라 대화가 통했다고 생각했는지, 아니면 그냥 기분이 좋았는지 이야기가 술술 나오기 시작한다.
　“악조건이라면 구체적으로 어떤 조건을 얘기하는 겁니까?”
　“단층 파쇄대나 용수구간을 말하는 거죠. 이게 없더라도 천단부를 천공하거나 락볼트, 모르타르를 주입하려면 고개가 아프도록 천장을 쳐다봐야 합니다. 그런데 가끔 떨어지는 돌조각을 얼굴에 맞아 가며 작업하는데다 물이 떨어져 보안경을 적시거나 돌조각이 주르륵 쏟아져 봐요. 앞이 보이겠어요? 그러니 작업이 쉽질 않죠.”
　“천단부를 제외하고 나머지에서 자주 빼먹는 부위는요?”
　“강관다단 하부의 측벽입니다. 거기는 조금 다른 이유가 있습니다. 보통 모르타르를 채워서 굳히는데, 모르타르 한 포 섞으면 4m짜리 락볼트 25개 정도 채울 수 있지요.”
　“그게 락볼트 빼먹는 거하고 무슨 관계가 있습니까?”
　“터널굴착 할 때 하루에 몇 미터나 굴진하는지 아시지요? 강관다단 하부라면 암반이 좋지 못한 곳이니 대부분 5타입이나 4타입일 거예요. 그러면 굴진장이 1.2m나 1.5m 정도 되지요. 하루 두 번 발파한다면 2.4m에서 3m 정도 됩니다. 그러면 하루에 거기 양쪽에 시공하는 락볼트가 한쪽에 3개씩, 양쪽에 6개 정도밖에 안 되지요.”
　“그게 전체 이유는 아닌 듯한데요?”
　“하루에 6개쯤 충전하자고 25개용 모르타르 한 포대를 다 풀어요? 보통 한 포대 풀어서 절반으로 나눠 사용하죠. 나머지는 다음에 사용해요. 근데 반 포대라 해도 12개 정도 시공할 물량이에요. 그렇다고 배합한 걸 놔뒀다가 다음에 사용할 수도 없구요. 그래서 그 현장에는 유독 모르타르를 안 채운 락볼트가 나올 거예요.”
　“그럼 락볼트를 빼먹고 시공하는 걸 막으려면 어떻게 해야 할까요?”
　“작업자들의 작업환경을 개선하고 사기를 북돋워 주는 게 필요합니다. 그리고 여러 작업조를 경쟁시키는 것을 지양해야 합니다.”

현장에서 락볼트를 빼먹는 진짜 이유

우리는 통상 락볼트 시공이 누락되는 이유가 단순히 작업자에 대한 감리원의 관찰 부족이나 하청업체 등이 공사비를 덜 들이기 위한 꼼수를 원인으로 꼽는데, 현장에서 20년 가까이 터널굴착 작업을 해 왔다는 이 분은 전혀 다른 이야기를 한다. 내가 대화하면서 들어 보니 충분히 이유가 있는 듯했다.

"작업조 경쟁이 왜요?"

"우리 현장에만 해도 작업조가 3개나 있어요. 그런데 연초에 소장이 각 조장들에게 상금을 걸었어요. 제일 작업을 빨리하는 조에다 포상금으로 300만 원을 주겠다고요."

"그런 정도는 사회 어디에나 있는 거 아닌가요? 하다못해 경로당에서도 노인들이 점심 짜장면 내기로 점 100원짜리 고스톱을 치잖아요?"

락볼트 검측봉의 모습.
이것 때문에 점검 현장에서 진땀을 흘린 걸 생각하면 지금도 아찔하다.

"그건 정상적인 상황에서나 가능한 이야기죠. 우리의 경우도 마찬가지입니다. 이 세 개 조가 처음부터 부실 시공하는 게 아니에요. 작업이 끝나 갈 때까지 공정을 관리하다가, 불리하게 돌아간다 싶으면 쉬는 시간을 줄이며 작업하는 게 아니라 필수적인 공정을 빼먹는 거죠. 제가 신고한 이 락볼트 누락도 다 그런 데 원인이 있는 겁니다. 즉, 각 조에서 작업한 게 다 엉망인 게 아니라 그 문제의 조장이 있는 작업조에서만 그랬어요. 이건 순전히 작업조장의 문제고 책임입니다. 노골적으로 하지 말라고 조원들을 닦달해 대니."

그렇다. 우리가 늘 해 오는 간단한 경쟁이지만, 이 중에서 좀 심하게 장난을 치는 친구들이 있으면 분명히 사고가 난다. 락볼트 부실시공도 작업자들의 태만이 아니라 조장의 일그러진 승부욕이 부른 일종의 불상사라는 이야기다. 충분히 수긍이 되는 이야기였다. 이제 나머지는 현장에서 해결하면 된다.

이야기가 거의 끝나 가는 말미에 마지막으로 도움이 될 이야기를 해 달라고 졸랐더니, 내게 락볼트 전문가이니 팁을 한 가지 알려 주겠다며 튜브형 강관 락볼트 시공 경험에 대해 이야기했다.

"그거 사용해 보고 현장의 반응이 진짜 좋았습니다. 특히 파쇄대와 물이 많이 나와 작업이 곤란한 구간에는 정말 작업하기 좋았습니다. 간편해서 시간도 엄청 절약되었지요. 천공해 둔 작업공에다 접혀져 있는 락볼트를 이리저리 돌려서 끝까지 넣고 송수관을 연결해 밸브만 열면 불과 수십 초 만에 작업 끝이에요. 그걸로 천단부를 공사할 때도 워낙 간단하고 쉬워, 빼먹지 않고 성실하게 시공했습니다."

생각지도 않았던 여러 가지 수확과 함께 현장에 보급된 지 얼마 되지 않은 튜브형 강관 락볼트의 시공 증언까지 받아냈으니, 먼 거리를 달려온 보람이 충분히 있었다. 이제 현장 조사만 남았다.

지옥으로 들어가 락볼트를 점검하다!

　조사에 착수하여 현장을 가 보니, 수직구에 자재나 건설기계를 운반하는 화물 엘리베이터는 있는데 정작 작업자용 엘리베이터가 없었다. 좌우로 지그재그로 높이 50m를 내려가는데, 기분이 꼭 지옥에 내려가는 것 같았다. 한두 번 들어가는 내가 이런데 하루에 몇 번씩을 오르내려야 하는 작업자들의 기분이 어떨지 상상이 되었다.

　신고자가 알려 준 대로 몇 군데 위치를 잡아 살펴보니 숏크리트를 두 번씩이나 타설한 데다 강지보도 흔적만 남았고, 락볼트는 무슨 돼지꼬리같이 생긴 하얀 플라스틱 막대기만 간혹 삐죽삐죽 올라와 있었다. 저게 뭐냐고 물어보니 락볼트 검측봉이란다. 강원도 쪽에 있는 어떤 감리단장이 개발하여 특허를 냈다는데 철도구간에서는 공단에서 사용하라고 공문까지 시달하여 강요하고 있음에도 불구하고, 개당 1,800원 가량 하는 비용은 전혀 보전이 안 된다면서 볼멘소리를 한다.

　의심스런 위치를 몇 군데 찍어 주고는 폰으로 위치 파악용 사진을 찍고, 내일 아침까지 락볼트 헤드와 검측봉이 나오도록 작업해 두라고 지시했다. 현장에서 '뿌레카'라는 장비를 사용하여 락볼트가 들어 있는 부위를 깨부수어 헤드와 검측봉이 보이도록 사전에 작업해 놓으라는 것이다.

　다음 날 아침 다시 현장에 가서 커피를 한잔 하면서 소장과 단장에게 어제 저녁 작업한 결과를 물었다.

"10m 구간 6군데를 깨는 작업을 했는데, 락볼트 검측봉이 모두 숨어 있었습니다. 이상이 있는 곳은 단 한 곳도 발견되지 않았습니다."
"그럴 리가 없는데……. 잠시 뒤에 직접 확인해 보겠습니다. 그런데 어제 검측봉은 왜 안 보였던가요?"

"뿌레카로 쳐 보니까, 검측봉이 숏크리트 속에 누워 있어서 밖에서 안 보였을 뿐이었습니다."

이 무슨 장난감이 이런 게 있나 싶어 얼른 커피를 마시고 터널 작업구로 이동하여 입구를 따라 다시 지옥으로 들어갔다.

현장에서 시공된 숏크리트를 깨서 락볼트를 점검 중인 필자.
이때만 해도 육안으로만 점검했지만, 잠시 후 직접 손을 대서 락볼트를 뽑아내기도 했다.

검측봉에 망했다가 기적적인 반전

어제 지시한 6곳을 작업해 놨다는 곳을 플래시로 비춰 가면서 찬찬히 살펴보았다. 새로 락볼트를 집어넣은 흔적 등이 전혀 없었다. 드러난 락볼트 헤드는 모두 꼬부라진 검측봉을 하나씩 끼고 있었다. 정상적이라면 이게 오뚝하게 서서 숏크리트 밖으로 튀어나와야 했지만, 이 현장이 군기가 빠져 있어서 그런 것인지 이것들도 군기가 빠져 절반 이상이 누워 있는 것이 아닌가? 효과도 전혀 없고 오히려 헷갈리

게만 하는 것을 뭐 하러 달라고 강제했을까? 개당 1,800원이면 이 현장에 시공 예정인 락볼트가 30,000개라고 어림잡아도 5,400만 원이 훌쩍 넘는데 말이다.

현장을 살피다 보니 아무리 봐도 어제 스마트폰으로 찍어 둔 곳과 부위가 달랐다. 내가 부위를 특정해서 지정할 때는 꼭 나만의 어떤 원칙에 따라 주변 지형지물을 반드시 넣어서 증거로 사진을 찍어 둔다. 그런데 작업해 놓은 구간에는 이게 틀어져 있었다.

"왜 어제 지시한 곳이 아닌 다른 곳에다 작업을 해 놨나요?"
"아닙니다. 분명히 어제 지시한 곳입니다."
"아닙니다. 어제 지시하면서 제가 하나하나 사진까지 찍었는데 그걸 모를 리가 있겠어요? 사진 찍어 놓은 게 있으니, 번거롭지만 station을 한번 대조해 볼까요?"

이때부터 이야기가 지루하게 평행선을 달리기 시작했다. 실제 터널굴착을 맡은 하청업체 소장이 바득바득 우기는 걸 보니 더욱 수상하다. 하도 강경하게 주장해 대니 내가 위치를 잘못 잡은 건가 싶은 생각도 들었다. 그래도 조사 현장은 내가 주도해야 했기 때문에 절충안을 냈다.
"그럼 우리 싸우지 말고 딱 한 군데, 10m만 더 눈앞에서 뿌레카로 작업해서 확인하고 그 결과로 이야기합시다. 어때요?"
"좋습니다."
내가 왜 이런 절충안을 내는지도 감이 안 잡혔는지 모두들 찬성한다. 잠시 뒤에 보면 알겠지만, 내가 봐도 위기 상황을 단숨에 역전시키는 데에는 천부적인 소질이 있는 것 같았다.

강관다단을 시공했다는 부위를 찾아 그 부분과 강관다단 시공부위 밖이 겹치게 10m 구간을 정해 락카로 위치를 표시하고, 강관다단 시공한 부위 쪽 하단의 락볼트부터 뿌레카를 들이대 부수라고 지시했다.

'따따따따.' 굉음을 내며 뿌레카가 지보와 지보 사이 한곳을 집중적으로 파기 시작했다. 그 장면을 동영상으로 찍어 가면서 기다렸다. 숏크리트가 상당히 단단하게 타설되어 있었는지 생각보다 시간이 많이 걸렸다. 드디어 락볼트 헤드가 보이기 시작한다. 10분쯤 지나자 락카통을 든 과장이 잠시 중지시키고 기계를 뒤로 물리더니, 락볼트 주위를 붉은색 락카로 동그랗게 원으로 표시했다. 락볼트 헤드 하나 찾는 데 10분간 뿌레카로 작업한 것이었다.

뿌레카라고 불리는 장비를 사용하여 시공된 숏크리트를 부수는 장면.
락볼트 머리 하나 확인하는 데 10분 정도의 시간이 필요하였다.

"락볼트가 정상적으로 시공된 것이 확인되었습니다. 조사관님께서 직접 확인해 보시지요."
하청소장이 의기양양하게 소리쳤다.

내가 얇은 목장갑을 낀 손으로 다가가 헤드를 만져 보았다. 차가운 금속의 싸늘함이 그대로 손바닥에 전달되었다. 주먹 쥔 손으로 헤드를 탁탁 쳐 보기도 했다. 그런데 아무래도 감각이 이상했다. 락볼트 헤드를 손으로 잡고 당겼더니 이게 쑥 빠져 나오는 게 아닌가? 빠져나온 락볼트 몸통을 잡고 다시 확 잡아 당겼더니 쑥 빠져나와 '땡그랑' 하는 쇳소리를 내며 나가떨어진다.

돌아다보니 멀찍이서 떨어져 구경하던 발주처 직원부터 시공사와 하청업체, 감리단 간부 등 열댓 명의 직원들이 소스라치게 놀라 모두들 얼굴이 백지장같이 하얘진다. 작업 장면을 찍어 주던 발주처 직원의 카메라에 그 장면이 고스란히 찍혔다. 작업공을 뚫어 락볼트는 삽입되어 있으나 모르타르를 채우지 않아 손으로 잡아당기니 이게 쑥 빠져 버린 것이었다. 모두들 당황하여 꿀 먹은 벙어리가 되었다.

"아니! 펄떡펄떡 뛰는 이 싱싱한 쇠막대기는 뭔가요? 말씀들 좀 해 보세요."
"……."

그 많던 현장 사람들이 모두 순식간에 꿀 먹은 벙어리가 되었다. 제아무리 산전수전 다 겪었다는 현장 사람들이라 해도 이 상황에서 섣불리 입을 뗄 수 있는 강심장이 있을 리가 없었다. 빠져나온 락볼트를 들고 삼지창처럼 휘두르며 일장 훈시를 하다가 옆을 돌아보니, 조금 뒤로 빠져 다음 작업을 대기 중이던 뿌레카에서 슬그머니 시동이 꺼지고 기사가 뛰어 내리더니 달아나기 시작한다. 일단 못 본 체하고 하던 일을 계속한다.

"뿌레카 다시 오라고 해서 남은 것들 마저 확인해 봅시다."

손으로 당겨 빼낸 락볼트를 다시 제자리에 넣어 두는 모습.
현장에서 손으로 락볼트를 빼낸 사례는 아마 내가 처음일 것이다.

두세 번을 채근해도 아무도 대답이 없다. 다들 죽을상이 되어 눈치만 슬금슬금 보던 차에 하청업체 소장이 용감하게 나서더니 이야기한다.

"뿌레카 기사가 방금 친구 모친이 돌아가셨다는 연락을 받고 급하게 상가에 갔습니다."

"아니, 방금까지 작업했던 양반이 10분도 안 된 사이에 무슨 연락을 받고 상가에 조문을 간다고 그래요?"

"제가 조금 전에 기사가 상가에 갔다고 보고 드리지 않았습니까?"

"소장님. 거짓말 그만하시고 기사나 불러 오세요."

"조사관님. 이거 인간적으로 너무하신 거 아닙니까? 친한 친구 모친상에 조문 간 사람을 불러 오라뇨? 인간적으로 이럴 수가 있습니까?"

공사 안전이 최우선

"이보세요, 소장님. 인간적으로 이럴 수가 있나요? 추가로 10m 정도 확인하자고 합의해서 확인하는데, 엉터리로 시공해서 싱싱한 락볼트가 튀어나오니까 바로 기사를 빼돌려요? 감리단장하고 원청소장은 이 상황에 대해 말 좀 해 보세요. 당신들이야말로 이럴 수가 있습니까?"

원청업체 현장소장이나 감리단장은 물론 모두 고개만 푹 숙이고 있을 뿐 그 누구도 대답이 없다.

"그럼 다른 기사라도 불러 오세요. 계속 확인해 봐야겠습니다."
"다들 오늘 비번이라 기사가 없습니다."
하청소장이 대놓고 소리쳤다.
"거짓말 마세요. 아까 작업일보를 보니 오늘 백호 3대가 동원 예정이던데, 그럼 작업대기 중인 다른 기사라도 불러 오세요."
"우리 현장은 기사 한 사람이 백호 3대를 돌아가면서 조작해서 다른 기사는 없습니다."
웃음이 나오지만, 잔뜩 독이 올라 대드는 하청소장을 상대로 뭘 더 이상 확인하겠는가.
"하청소장이 이 모양인데 현장감독 잘될 리가 만무했겠죠. 다들 사무실로 돌아갑시다."

어제는 감리원 신발까지 검사한 끝에 슈퍼웨지를 다단발파로 시공한 사실이 적발되어 공사비가 9억 가까이 깎인 데에다 오늘은 모르타르를 넣지 않은 락볼트 부실 시공이 적나라하게 적발되었다. 한마디로 '개판 현장'이란 게 백일하에 드러난 것이다. 앞으로 어떻게 할 거냐고 물으니, 원청소장도 감리단장도 묵묵부답이다. 가만 살펴보니 고개 숙인 원청소장의 눈에서 눈물이 뚝뚝 떨어진다. 내 처분에 따라 이들의 모든 운명이 정해지는 듯했다.

부실하게 시공된 걸 다 확인하려면 일일이 깨부수는 데에만도 엄청난 시간과 노력이 들어간다. 이걸 다 확인해도 환수할 공사비는 얼마 되지 않는다. 대신 재시공을 하려면 적어도 환수할 공사비의 수십 배는 든다. 시공사한테는 좀 가혹하다는 생각도 들었지만, 공사의 안전을 택하는 편이 옳은 길이라는 지론은 지금도 변함이 없다.

▌▌ 재시공하고 보고하세요

"시작 위치와 종료 위치를 정해 줄 테니, 100m 길이 양옆 숏크리트를 절단기로 자르고 부수어 락볼트를 정상 시공하고 숏크리트도 다시 타설하세요. 그리고 발주처에서는 그대로 시공했는지 점검하고, 재시공이 끝나면 그 결과를 저한테 보고해 주세요."

"알겠습니다."

"그리고 아까 거기 왜 락볼트 모르타르가 빠졌는지 감이 옵니까? 그리고 왜 100m 구간 양쪽을 뜯어내고 재시공하라고 한 줄 아세요?"

이들이 그 답을 알 리가 없었다.

"아까 보신 것처럼 여기서 작업한 어느 못된 작업조가 강관다단 하부의 측벽 부위 락볼트 일부를 시공하지 않았거나, 모르타르를 채우지 않고 시공했어요. 지금이 12월 초니까 연말에 하청소장이 내건 포상금을 받으려고 말이죠. 작업조원들의 의지가 아니고 이건 작업조장이 나쁜 짓을 한 거예요. 알아서 조치하세요. 그리고 이건 저한테 따로 보고하실 필요가 없습니다."

토목현장에서 감리단장으로서 현장관리 잘한다고 소문이 꽤 나 있던 데에다 자존심까지 상당히 강했던 감리단장과 현장소장은 이날 이후 높던 콧대가 상당히 낮아졌다는 소식이 나중에야 내 귀에까지 들려왔다. 그렇지만 내 기억에는 이 현장이 펄펄 날뛰는 싱싱한 락볼트밖에는 생각나지 않는다.

농작물이 주인 농부의 발자국 소리를 듣고 자란다는 말이 있듯이, 현장관리 수준도 감독자의 발자국 소리의 횟수에 좌우된다. 물론 여기서 말한 감독자에는 감리단 직원들뿐만 아니라 시공사와 발주처 직원들도 당연히 포함된다.

현장 관리는 윗사람부터 솔선하여 챙겨야 하는 가장 중요한 업무다. 내가 여러 현장에서 가장 먼저 테스트한 부분이 현장소장과 감리단장의 관리 자세였다. 물론, 본인들이 그걸 눈치챘는지 어쨌는지는 내가 정확히 모르지만, 그들의 관리감독 자세 여부에 따라 추가조사를 할 것인지, 또는 다른 현장으로 이동할 것인지를 판단하는 중요한 잣대로 삼았다.

이 이야기가 현장 관리자들에게 좋은 사례가 되기를 바란다.

5편. 시공 흔적이 오리무중인 강관다단 두 막장

이 이야기는 어느 도시철도 건설 현장을 조사하는 과정에서 앞서 시공했다는 강관다단 두 막장의 시공 흔적을 전혀 찾을 수 없어 좀 더 심도 있는 조사를 한 적이 있는데, 기억을 반추하여 이때의 조사 이야기를 써 보기로 한다.

목숨을 담보로 한 위험한 도박

강관다단이라는 것이 있다. 정식 명칭은 '강관다단 그라우팅 공법'이라고 한다. 지반이 얕은 저토피 구간이나, 암반이 있지만 연약한 구간, 일대가 단층 파쇄대인 경우 그리고 대표적 연약지대인 터널의 갱구부 등에 주로 시공한다.

공사 방법은 터널 부위 상단과 옆구리에 60.5㎜의 소구경 또는 114㎜의 대구경에 길이 6~12m짜리 강관을 25개에서 33개 내외를 삽입하고, 이 강관을 통해 고압의 약액을 주입하여 튼튼하게 굳힌 뒤 그 아래를 굴착하게 된다. 12m짜리의 경우 6m를 중첩되게 시공하기 때문에 강제 주입한 약액을 굳히고 나면 상당히 튼튼한 천단부가 만들어진다. 이를 통상 줄여서 '강관다단 시공'이라고 하는데, 공종상 보조공법의 일종으로 분류된다.

아래 지방의 어느 도시철도를 점검할 때의 일이다.

도시철도는 지반이 얕다. 전문용어로 저토피 구간이라고 한다. 이 공구의 경우에도 노선의 지반 높이가 20m가 채 안 되는 곳이 문제였다. 코너를 도는 형태로 노선이 잡힌 한 구간에 강관다단을 시공했다고는 하는데, 내가 보기엔 영 믿음이 가질 않는 곳이 있었다. 그래서 이게 제대로 시공된 것인지를 조사하고 싶었다.

참고로 강관다단 그라우팅은 조사 당시 1공당 공사비가 직접비 기준 120여만 원에 달하는 등 시공비가 매우 비싼 편이다. 그래서 이 현장에서 시공했다는 37개 한 막장만을 빼먹는다 해도 간접비를 포함하면 총공사비가 6,000만 원 가까이 될 정도로 고액이어서 특별히 관리할 필요성이 있었다. 즉, 하루 반 정도 소요되는 강관다단을 두 막장만 빼먹어도 공사비가 1억을 가볍게 넘는다는 점에서 조사할 필요성이 충분히 있어 보였던 것이다.

먼저 전체 강관다단 설계 내역과 기성 내역을 조사해 봤더니 모두 구경 60.5mm짜리, 12m 강관으로 이루어졌는데, 다만 강관다단 시공 개수는 25개와 37개로 두 가지였다. 그리고 이 강관다단을 시공한 위치는 총 16곳이었다. 이런 복선철도 공사구간에는 통상 25개로 구성된 곳은 120도, 37개짜리는 180도 형태의 강관다단이었는데, 이 현장은 두 가지가 이리저리 뒤섞여 있었다.

시공사에다 이야기해서 자재 구매 세금계산서와 거래내역서, 송장 등을 가져오도록 해서 검토했는데, 현장에 반입된 강관은 6m짜리였고 수량도 비교적 적정하게 반입된 것으로 보였다. 그런데도 여전히 한 구석이 찜찜하여, 시공하는 장면을 찍은 검측사진을 모두 가져오도록 해서 찬찬히 살펴보았다.

현장에서 강관다단 시공 작업 중 강관을 삽입하는 모습.
강관다단은 지반이 약한 부위의 상단을 굴착에 앞서 먼저 보강하기 위한 것인데
시공 시간이 짧아 통상 이틀, 짧게 잡아도 하루 반나절 정도의 시간이 필요하다.

강관다단 시공 장면이 찍혀 있는 사진을 모두 제출받아 선별하여 확인해 보니, 천공 및 강관삽입 장면 등 확실히 시공했다고 인정할 만한 곳이 4곳뿐이었다. 그리고 천공과정의 검측사진만 확인 가능한 곳이 6곳, 강관주입 작업 장면만 일부 확인이 가능한 곳이 4곳, 어느 방법으로든 간에 시공 사실이 조금도 확인될 수 없는 곳이 2곳 등으로 나타났다. 빠진 것으로 보이는, 즉 시공사실이 확인되지 않는 두 막장의 시공 시기를 보니 7월 초와 8월 중순이었다.

시공사와 감리단, 발주처 간부들까지 모인 자리에서 '이게 어떻게 된 일이냐.'라

고 추궁하니, 다들 '작업은 제대로 했는데 사진이나 증거를 제대로 못 남겨 죄송스럽다.'라거나 '증거자료나 사진이 없어 그렇지 공사는 제대로 했다.'라는 말만 주구장창 해댈 뿐 조사에 더 이상 진척이 없었다. 계속 추궁하자 발주처까지 나서서 '즉시 해당 지점을 뿌레카로 깨서 확인을 시켜 드리겠다.'라며 흥분하는 상황까지 갔다. 여기서 중단해야 할 것인지, 계속 밀고 나가야 할 것인지가 슬슬 고민되기 시작했다.

 더 이상 어찌해 볼 자료도 없고, 뾰족한 방법도 없었다. 부득이 조사 종료를 선언하고 마지막으로 커피를 한잔씩 하는데, 감리단 직원이 '방문일지'라는 걸 가져와서 작성해 달라고 내민다. 내용을 보니 일시, 장소, 기관, 방문자, 방문 목적 및 요지 등 비교적 간단한 내용을 기재하도록 되어 있었다. 이때 뭔가 머리통을 강하게 치는 느낌이 왔다. 직원에게 이 방문일지를 모아서 철해 둔 게 있느냐 물으니, 당연히 그렇게 보관한단다. 가져와 보라니, 직원이 잘 편철된 방문일지 묶음을 바로 찾아 가져왔다.

▌방문일지가 알려 준 힌트

 먼저 해당 일자에 무슨 일이 있었는지부터 확인해 보았다. 묘하게도 둘 다 발주처의 점검이 있는 날이었다. 둘 다 3일간 진행되었는데 전자는 장마철 폭우대비 점검, 후자 역시 기습폭우 대비 점검이라는데 정확한 점검 명칭은 생각나지 않는다. 인원을 보니 점검 치고는 제법 많아 8명이나 되었다. 날씨를 보니 7월에는 비가 왔다고 되어 있고, 8월에는 날씨는 맑고 무지 덥다고 기록되어 있었다.

 아하! 감이 딱 와닿는다. 둘 다 폭우에 대비한 점검이었는데, 통상 점검이 있으면 시공사와 감리단은 물론 하도급업체 등 전 직원이 동원되어 지하의 터널을 제외하고 나머지 지상구간을 돌아다니는데, 이 과정에서 터널 공사현장의 감찰이 상당히 부실해질 수 있다. 모두들 바깥에서 정신이 점검에 팔려 우산 들고 여기저기 돌아다닐 때 지하의 한쪽 구석에서 작업하는 사람들은 편한 시간이 아니겠는가 하는 생각이 들었기 때문이다.

내가 방문일지 철을 펼쳐 들고 의기양양하게 외쳤다.

"이날 강관다단 시공, 빠진 게 맞습니다. 확실합니다."

내가 단언했다.

"아닙니다. 그럴 리가 없습니다."

현장소장이 먼저 소리친다.

"네. 절대 그럴 리가 없습니다, 조사관님."

이번에는 발주처에서 나온 본부장이 소리친다.

"그럴 리가 없다고 생각하는 소장님도 본부장님도 모두 틀렸습니다. 이건 시공 안 한 게 맞습니다."

"조사관님. 그럼 바로 뿌레카 들이대서 파 보도록 합시다. 의심이 그렇게 많으시면 직접 확인시켜 드리는 방법 외에는 없으니, 그렇게 준비시키도록 하겠습니다."

본부장을 돌아보니, 거의 입에 거품을 부글부글 물고 있는 것 같았다.

"공사한 거 뿌레카로 부숴 대는 게 뭐가 그리 급합니까? 이야기 한번 들어 보시고 그래도 아니라면 그때는 나도 동의할 테니, 해당 부위를 깨부수어 직접 확인해 봅시다. 그리고 당신들이 왜 해당 부위를 부수어 직접 확인하자고 주장하는지도 나는 압니다. 그건 확인하는 게 목적이 아니고, 그 부위를 부수어 일부가 무너지게 해서 다른 조사를 방해할 목적인 것도 압니다."

뿌레카로 부수어 확인하는 것이 과연 능사?

 잠시 말을 끊으며 주위를 살펴보니 감리단장과 부책임자는 고개를 푹 숙이고 있고, 나머지는 전부 얼굴이 붉으락푸르락하다. 현장 감독을 제대로 못해 이 지경이 되었으니 입이 열 개라도 할 말이 있겠는가. 대충 상상이 갔다.

 "7월 초에 장맛비 속에 발주처에서 8명이 3일간의 일정으로 장마철 폭우 대비 점검을 나왔습니다. 그날이 강관다단을 치기로 한 날이었지요? 그렇지요? 그때 다수의 인원이 동원되어 점검단과 현장 간부들 우산 받치고 안내해서 돌아다닌다고 여러분들 중에 그 사흘간 터널에 들어가 본 사람이 있습니까? 아니, 그날 터널에 들어가 봤다는 시공사나 감리단 직원이 있다는 이야기나 들어 보셨습니까? 있으면 이야기해 보세요."

 "그때 터널에 들어간 사람은 없고, 또 확인도 곤란하지만 하여간 강관다단은 정상적으로 시공된 게 맞습니다. 빼먹을 걸 빼먹어야지. 저토피 구간이라 무너지기 쉬운 취약한 부위에 시공하는 게 강관다단인데, 설마 자기들 목숨을 담보로 강관다단 시공을 빼먹겠어요?"

 "아니, 하청업체의 작업인부 외에 감독하러 거기 들어가서 본 사람이 아무도 없는데, 어떻게 정상적으로 시공되었다고 장담을 하십니까? 그건 당신들 믿음이지 현실이 아니잖아요?"

 "하여간 그렇게 못 믿으시면 뿌레카로……."

 "이보세요. 이 상황이 뭐가 뭔지 아직 이해가 안 갑니까? 그 사흘간 여러분이 해야 할 일을 아무도 안 하니까, 즉 모두들 사흘 동안 점검단 뒷바라지나 하느라 아무도 터널 속에는 얼씬도 안 하다 보니 작업조들도 눈치껏 한 거예요! 점검 첫날에 강관다단 시공 부위를 굴착할 때 감독자가 아무도 안 오니 눈치만 보고 있었겠지요. 그러다 하루 종일 아무도 안 오니, 다음 날부터 그냥 슬슬 굴착작업 하고 있다가 오후에 점검이 거의 마무리될 때쯤에나 감독이나 관리직원이 터널에 왔을 것이고요. 반장이 '강관다단 시공 끝내고 굴착작업을 시작했다.'라고 대충 얼버무리니, 그런 줄 알고 그냥 넘어갔을 거예요. 이건 우습지만 발주처와 감리단 그리고 시공사들이 합작하여 바보짓을 한 거예요. 아시겠어요?"

잠시 침묵이 흐르니 그래도 좌우 눈치를 살핀 시공사 소장이 먼저 말을 꺼낸다.
"그럴 리가 절대 없습니다. 제가 소장으로 근무한 이후 이 현장에는 그런 부도덕한 나쁜 놈은 없었습니다. 단연코……."
"소장님! 내가 그렇게 이야기해도 이해가 전혀 안 갑니까? 다른 분들은 어때요?"

좌중을 둘러보니 다들 미적거린다. 당연히 소장 편을 들어 줘야 마땅하지만, 당돌한 조사관의 얼굴을 보니 이 또한 절대 만만찮아 보여 감히 나서서 어찌해 볼 용기도 나지 않는다는 모습이다.
"좋습니다. 그럼! 확인해 봅시다. 단, 그 전에 한 가지를 먼저 확인할 게 있습니다. 이것도 아니면 이제 나도 찬성할 테니 그냥 뿌레카로 깝시다. 동의하십니까?"
"좋습니다."

다들 찬성한다는 대답이다.

뜻밖의 대반전

"소장님, 단장님! 제가 두 분께 임무를 드릴 테니, 빠른 시간 내에 확인 좀 해 주세요. 그리고 확인 끝날 때까지 나도 그렇지만, 누구도 이 자리에서 움직이지 마세요. 제가 의심할 겁니다. 우선, 소장님은 하청업체 소장을 따로 둘이서만 만나 그날 정말 강관다단 작업을 제대로 한 게 맞는지 확인하세요. 거짓말하면 확인 들어간다는 점도 분명히 이야기하시고요. 그리고 단장님은 그날 작업조의 조장을 따로 불러 직접 만나 앞과 동일하게 물어보세요. 시간은 지금부터 10분 드립니다. 시간이 더 많이 필요하다고 판단되면 제 핸드폰으로 따로 연락 주시고요. 시간 내에 돌아오지 않으면 제가 서로 입을 맞춘다고 의심하고, 여기 계신 발주처 본부장님께 이 책임을 물으라고 분명히 이야기할 겁니다. 아시겠어요?"

"알겠습니다."

"그럼 두 분은 즉시 확인 작업 시작하세요."

강관다단 시공을 위해 막장면 상단을 천공한 모습.
강관다단은 연약지반 등에서는 매우 중요하고 필요한 공법이다.
그러나 공사비가 상당히 비싼데다 시공 기간이 짧아 자칫하면 빼먹기 좋은 공법이기도 하다.

남아 있는 사람들은 직원들이 타 준 커피를 조금씩 마셔 가며 초조하게 기다렸다. 그런데 커피의 김도 미처 사그라지기 전에 먼저 소장이 씩씩하게 돌아왔다.

"하청소장이 분명히 저에게 확인해 줬습니다. 강관다단 37개와 25개 두 막장을 분명히 시공했고, 자신이 확인했다고 합니다."

"거 보세요, 조사관님. 아무리 그렇지만 시공 안 한 걸 했다고 할 사람들이 아니에요. 믿어 주세요."

누군가가 맞장구를 쳤다.

"그래요? 조금만 더 기다려 봅시다. 그날 우산 쓰고 현장에 같이 다닌 현장소장이 한 이야기니, 그대로 믿기가 좀 그렇네요."

잠시 더 기다리자 감리단장이 돌아왔다. 그런데 아까 소장의 확신에 찬 표정과는 거리가 먼 표정이었다. 다들 의아하게 생각하면서 답변을 재촉했다. 그가 소파에 털썩 주저앉으면서 꺼낸 첫 마디가 상당히 의외였다.

"조사관님. 그거 누구한테 들으셨습니까?"

"직접 작업한 작업반장한테 확인하라고 보내 놨더니 대체 그게 무슨 소리요? 다녀온 결과부터 먼저 그대로 이야기해 보세요."

"안 했답니다."

단장이 허탈한 듯 입을 열었다. 그러자 조금 전부터 분위기가 다소 누그러져 있던 사람들의 표정이 한순간에 거의 경악에 가까운 수준으로 돌변했다.

"봐요. 이렇다니깐. 그런데 왜 안 했답니까?"

나도 속으로는 크게 놀랐지만 애써 태연한 척하고 웃으면서 되물었다.

"조사관님이 말씀하신 것처럼 그날 비가 왔는데, 아침부터 감독자가 아무도 안 와 모처럼 한가하게 쉬며 기다렸답니다. 반나절이 지나가고 오후에나 작업을 하려 했는데, 역시 아무도 오지 않아 반장인 자기가 좀 더 기다리자고 해서 놀았답니다. 그렇게 첫날이 지나고, 다음날에는 아무 일 없는 듯 굴진작업을 시작했다고 하네요. 저도 이런 경우가 처음이고, 그동안 어디서도 듣도 보도 못한 이야기라 뭐라고 말씀드려야 할지……. 허허허."

단장도 허탈했던지, 아니면 기가 찼던지 보고를 하던 중 자신도 모르게 헛웃음을 비쳤다.

"공사 인부들이야 감독이 제대로 안 하면 언제든지 그런 일이 벌어지는 것 아니겠습니까? 당신들이 할 일을 안 하니 하청업체 직원들이야 빼먹고 지나가는 게 당연하고요. 자, 역시 확인 결과가 반반씩으로 갈라졌으니 방법이 없군요. 어서 뿌레카 기사나 부르세요. 누구 말이 맞는지 마지막으로 까서 확인해 봐야지요."
"이 상황에서 무슨 확인이 더 이상 필요하겠습니까?"
발주처에서 나온 본부장이 풀이 확 죽어 기어 들어가는 목소리로 대답했다.
"왜요? 뿌레카로 깨서 확인하자고 아까부터 그렇게 야단이더니!"

돌아보니 얼마나 충격이 컸던지 다들 대답할 분위기는 고사하고 대꾸할 기력조차 없는 것 같았다.

"그럼 그 두 막장 공사비 까세요."

그렇다. 현장이란 게 감독자가 없으면 작업이 제대로 될 리가 없다. 감독자가 없는 현장이 존재나 할 수 있을까? 이번의 경우에는 발주처가 참 바보짓을 한 것이었다. 한마디로 감독자로서의 역할을 망각한 채 현장에서 전시효과만 노리다가 생긴 일이었다. 그런데 굳이 이 현장만 그럴까 하는 생각부터 든다.

장마철 점검에 무슨 인원이 그렇게 많이 나간 것도 참으로 어리석은 짓이었다고 생각된다. 현장 직원들이 모두 점검단을 수행하면 일부라도 돌려보내 최소한 계획된 작업은 차질 없게 감독할 수 있도록 해야 한다. 그런데 이 현장의 시공사나 감리단은 물론, 발주청의 공무원들도 평소에 이런 훈련이 전혀 되어 있지 않았던 것이다.

현장이 아무리 바쁘고 인력이 없더라도 최소한의 감독기능은 계속 유지되도록 하자.

내가 현장을 다니면서 그런대로 관리가 잘되고 있는 현장 사람들에게 이 이야기를 좀 해 주었더니, 모두들 좋은 경험을 이야기해 줘서 고맙다는 반응이어서 별도의 장으로 정리해 본 것이다.

제4부
슈퍼웨지 이야기

1편. 배포 큰 감리단장과의 맞짱

이번 이야기는 2015년도, 혼자서 배낭메고 전국을 돌면서 터널공사 현장을 대상으로 한 기획조사 시, 슈퍼웨지 공법으로 굴착하도록 설계된 복선철도 터널 구간을 모두 발파로 시공하고 거액의 공사비 차액을 빼먹다가 이 초보한테 딱 걸려 공사비 삭감은 물론 형사처벌까지 받은 어느 현장의 이야기이다.

유혹 많은 슈퍼웨지 공법

슈퍼웨지 공법이 무엇인지는 앞부분에서 대충 설명했으니 더 이상 설명은 하지 않기로 한다. 다만, 이 공법은 소음 및 진동이 거의 없다는(실제로는 기계 바로 곁에 서 있으면 백호의 엔진 소리와 유압해머 소리가 상당히 시끄럽다) 특장점이 있지만, 다른 무진동 암파쇄 공법과 마찬가지로 작업 효율, 즉 암반 파쇄능력이 발파공법에 비해 크게 떨어진다는 단점이 있었다.

예를 들면, 발파의 경우 하루에 2회 발파를 한다면 한번에 1m씩 최소 2m를 굴진할 수 있지만, 무진동 암파쇄는 보통 하루에 0.3~0.5m가 거의 한계였다. 그중 가장 효율이 좋다는 슈퍼웨지 공법의 경우도 현장의 주장으로는 하루 1m까지 굴진이 가능하다고 하나, 실제로는 복선철도의 단면이 80㎡ 내외인 경우, 상반에 350

공 가량의 작업공을 천공해야 한다. 이 작업에 3붐 천공기를 사용하더라도 꼬박 하루가 걸렸다. 여기에 슈퍼웨지 작업 기계를 사용하여 1m를 암반파쇄 굴진하는 데 역시 꼬박 하루가 걸린다. 따라서 작업 효율로 보면 잘해 봐야 하루 평균 0.5m를 굴진한다고 보면 적절하고 타당한 것이다.

비록 소음과 진동을 줄이기 위해서라고 하나 이런 낮은 작업 효율은 공사 진척률을 중시하는 현장에서 필연적으로 부실공사 내지는 공사비 부정을 야기하여, 시공사는 이 슈퍼웨지 설계 구간을 실제로는 발파로 시공하고자 하는 유혹을 그만큼 받게 되는 것이다. 즉, 여기서 공사비 부정이 시작되는 것이다. 물론 내가 이 현장을 조사하고 나서부터 이 사실을 알게 되었다.

터널 기획점검을 시작한 지 두어 달쯤에 접어들 때였다.

그동안 대구 인근 지방도인 팔공산 터널과 경남 진해 쪽의 진해터널, 강원도 태백 인근의 국도현장 등을 돌면서 터널에 대해 열심히 배우고 다녔는데, 어느 날 사무실에서 연락이 왔다. 경북 지역의 한 현장과 관련된 신고가 접수되었단다. 신고 내용을 받아 보니 폭약을 사용해서 발파하면 안 되는 구간인데도 실제로는 폭약을 사용해서 발파를 했다면서, 발파로 인해 터널 입구에서 연기(?)가 모락모락 나는 동영상까지 증거물로 첨부되어 있었다.

손톱만한 제보도 아쉬웠던 순간이라 득달같이 달려가 신고자를 면담하고 조사 계획을 통보했다. 그런데 사실 내가 그 당시에는 토목에 대한 기본 지식이 거의 전무하여 락볼트 등 자재 몇 개만 알 뿐 발파뿐만 아니라 발파하면 안 되는 구간이 무엇인지조차도 전혀 몰랐던 상황이었다. 이것저것 고민이 끝없이 밀려왔지만, 항상 그래 왔듯이 매 순간순간 최선을 다한다는 긍정적인 생각만 가지고 일단 조사에 착수했다. 지금 생각해 보니 참 무식하고도 용감했다고나 할까?

현장 조사에 착수하여 시공업체와 감리단을 파악해 보니 시공사는 이름만 대면 알 만한 대형 건설사였고, 감리단 역시 설계 및 감리업계에서는 세 손가락 안에 드는 제법 유명한 업체였다. 이런 대형 건설사들조차 유혹에 넘어갈 수밖에 없는 생리를 갖고 있는 곳이 바로 터널 공사 현장의 현실이었다.

▌공사비 잠시 지급 보류

먼저 터널 개요를 파악해 보니, 대충 900m 길이의 복선철도 터널로 종점 부근이 지방공단이라 주위 공장 건물에 피해가 가지 않도록 177m 구간이 슈퍼웨지로 설계되어 있었는데, 착수일 현재 약 200m 지점을 발파로 굴진 중에 있었다. 이 슈퍼웨지 구간의 공사일은 전년도 연말부터 지난달 거의 말까지로 되어 있었다. 관련 공사비의 기성금 지급 여부를 살펴보니, 3월 말을 기준으로 공단에 기성금 신청이 되어 있었다. 일단 별다른 특이사항이 없어 곧 지급될 예정이란 말을 듣고, 신고 접수 후 조사 진행 중이니 우선 기성금 지급은 조사가 끝날 때까지 잠시 보류하라는 지시를 내렸다.

먼저 터널 현장을 순찰부터 시작했다. 돌면서 살펴보니 종점부 갱구 앞에는 현장 사무소와 화약류 보관창고가 있었다. 터널 내부에 들어가 보니, 숏크리트를 두 차례나 쳐 놔서 지보와 락볼트는 파묻히고 볼록한 흔적만 남아 있었다. 숏크리트를 가까이서 보니 강섬유들만 삐죽삐죽 나와 있었는데, 밀도를 보니 강도에는 지장이 없을 정도로 제법 정량대로 섞여 있어 제대로 공사를 한 것처럼 보였다.

돌아오다 보니 터널 입구에는 슈퍼웨지 작업기구가 벌겋게 녹슨 채 방치돼 있었다. 두어 장 사진을 찍고 물러나 공사관리관을 불러 조용히 지시했다.

해당 현장에서 촬영한 슈퍼웨지 작업기구의 모습.
100일 이상 작업했다는 장비임에도 찍힘이 거의 없었고
비가 잦은 계절도 아닌데도 녹이 두껍게 슬어 있어
작업용이 아니라 검측 사진대지에 필요한 사진 촬영용 장비임을 눈치챌 수 있었다.

"공사관리관. 당신은 저기 현장사무실에 가서 이 현장 발파일지와 발파보고서, 계측기록들 다 챙겨 가지고 감사실로 오세요. 그중 한 가지라도 못 챙기면 돌아올 생각 하지 마세요."

지시를 끝내고는 다소 무심하다 소리가 날 정도로 혼자만 차를 타고 감사장으로 돌아와서 터널굴착 및 지보자재들의 반입 관련 세금계산서와 거래명세서, 송장 등을 우선 가져오라고 했다. 별다른 눈치를 못 챘는지 자료들이 술술 나온다. 오직 발파와 관련된 자료들만 빼고서 말이다.

먼저 기성금 신청 내용을 살펴보니 슈퍼웨지 공사구간 177m 중 37m는 발파로 시공했으므로 현장 실정보고와 함께 공사비 4.5억 원을 감한다고 되어 있었고, 140m는 설계대로 슈퍼웨지로 시공했다고 되어 있었다. 굴착 등 관련 검측서를 살펴보니 자세한 내역은 없고, 굴착은 슈퍼웨지로 하였다고만 되어 있다.

볼수록 이상한 막장 사진

첨부된 사진 대지를 보니 슈퍼웨지 작업 장면 사진이 첨부되어 있었는데, 막장면이 뭔가 이상하다. 사실 같은 동양인이라 해도 동양인을 처음 보거나 자주 볼 기회가 없는 사람이 보기에는 그 얼굴이 그 얼굴이라 구분하지 못하고 다만 '동양인'이란 사실만 인지할 뿐이다. 하지만 같은 동양인인 우리가 보기에는 그 속에서 구체적으로 각각 다른 얼굴임을 구분할 수 있듯이, 이 터널의 막장면도 그게 그것 같지만 사실 전문가들이 보기에는 다들 정해진 얼굴이 있었기 때문에 구분이 가능하다. 아무튼, 이 막장면 사진도 서로 연결된 게 아닌 것 같다는 생각이 들었다.

그 사이에 공사감독관은 돌아왔다. 화약류 수불부라고 불리는, 일자별 그 현장의 폭약과 뇌관의 반입과 사용, 반납 수량이 적힌 장부를 가지고 왔다. 대충 슈퍼웨지 작업 기간이라는 작년 연말부터 현재까지의 폭약사용량을 샘플로 비교해 보았더니 큰 차이가 없었다. 슈퍼웨지 구간이 끝나고 일반발파로 굴착하는 구간의 회당 폭약 사용량과 이전 슈퍼웨지 구간의 폭약 사용량이 비슷하다면 이게 무슨 말인가? 이보다 더 정확한 자료가 어디 있는가? 증거란 항상 움직이지 못할 증거가 효용가치가 높은 법. 일단 내색하지 않고 모른 척 다음 순서로 나아간다.

감리단장과 소장을 같이 불러 면담을 시작했다. 환갑이나 된 듯 보이는 감리단장은 현장실정을 모르는 공무원 한 명쯤이야 우습게 보는 표정이 역력하다. 이럴 때는 콧대를 좀 꺾는 방법을 찾아야 해서 작년에 내가 보낸 락볼트 사건으로 검찰이 전국적으로 나서 수사를 벌여 187억 원을 환수한 일과 그 직후 감사원과 국토교통부에서 전국 터널을 대상으로 락볼트 인발조사를 한 사실을 넌지시 꺼내 보았다. 단장이 이 미끼를 덜컥 물었다. 내가 재미있다는 듯 동조하면서 그때 상황을 계속 캐물었다.

배포 큰 감리단장

단장은 당시 국토교통부에서 락볼트 점검한다면서 두어 달 동안 전국의 현장을 돌면서 선별하여, 그 현장에도 서기관 1인과 사무관 그리고 주무관 각 1명씩 한 조가 와서 락볼트 인발시험 약 40곳을 했는데 전혀 이상이 없었다며 자랑스럽게 이야기했다.

"어느 부위를 주로 검사하던가요?"

내가 물었다.

"여기저기 다 뽑아 본 것 같습니다만, 주로 암반이 약한 6타입과 5타입을 많이 본 것 같습니다."
"6타입은 갱구부니까 강관다단을 작업하니 측벽 외에는 뽑을 것도 몇 개 없을 테고, 5타입 역시 지반이 약한 곳인데 작업 인부들이 머리가 어찌 되지 않은 이상 그런 데서 락볼트를 빼지 않을 텐데. 뭐 하러 거길 팠을까요?"
"그러게 말입니다."

간단한 대화였지만, 감리단장의 실력과 경험을 평가하기에 충분했다. 대화 내용을 유추해 보면 이 공구의 단장은 작업자들이 락볼트를 어디서 빼먹는지 정도는 알고 있다는 이야기다. 이 정도면 현장업무의 상당한 고수라고 할 수는 있는데, 반대로 이야기하자면 조사하기에 그만큼 허점이 없을 가능성도 크다는 이야기도 된다. 이런 현장에서 슈퍼웨지로 공사비를 빼먹는 걸 조사해야 한다니. 슬슬 부담이 오기 시작했다.

락볼트 자재 구입 세금계산서와 송장 등도 확인하니 일부 빠진 흔적이 있었다. 재빠르게 추산을 해 보니 수량이 그리 많지는 않은 듯했다. 그래서 과감하게 더 이상 빠져들지 않고 슈퍼웨지 조사에만 매진하기로 마음먹었다. 어차피 이거 잡아 봐야 며칠간 힘만 드는 데 비해 적발할 수 있는 공사비는 몇억 원 되지 않을 테니까.

현장에서 확보한 해당 슈퍼웨지 공사 기간의 화약류 출납부.
사진의 왼쪽이 폭약, 오른쪽이 뇌관 부분이다. 매월 경찰관의 점검기록이 보이는 걸 보면
이쪽도 관리는 상당히 양호한 곳인 걸로 보이지만, 공사비 편취를 막지 못했다.

좀 우스운 이야기지만, 이때 내가 무시해 버린 이 현장의 락볼트 누락분 약 6,000여 개는 몇 달 뒤 감사원에서 실시한 '일반철도 건설사업 추진실태점검'에서 이 공구가 걸려 관련 공사비가 모두 차감되었다. 이 공구는 조사 또는 감사의 복이 별로 없는 모양이었다. 참고로 이때 감사원 감사에서 락볼트 누락으로 적발된 곳은 한국철도시설공단 영남본부와 강원본부를 합해 5개 현장이며, 부족 수량은 19,000여 개에 달하였고, 차감된 관련 공사비는 약 8억여 원 정도였다.

볼수록 수상한 검측서 사진대지

검측사진 대지에서 다소 이상한 부분을 발견하고, 원본 사진 파일 제출을 요구했다. 석 달이 넘게 작업한 기간에 비하여 제출된 사진은 불과 얼마 되지 않는 30여 매 정도에 불과했다. 그것도 직접 슈퍼웨지 검측에 쓸 만한 사진은 몇 장에 불과했고, 나머지는 지보 등 다른 검측에 사용할 사진을 찍었는데 일부 슈퍼웨지 작업을 간접적으로 확인할 수 있는 것이었다. 슈퍼웨지 작업 장면을 찍은 사진의 날짜를 계산하니 5일 정도에 불과하고, 그나마 모두 1월에 찍은 것이었다. 이렇게 중간중간 슈퍼웨지 작업 장면을 여러 방향과 각도에서 찍어서 전체 사진대지에다 분산시켜 매일매일 작업한 것처럼 위장했으리라.

다음으로 이 슈퍼웨지 회사와의 계약서와 사용료 등 지급 관련 자료를 요구해서 검토했다. 당시만 해도 내가 슈퍼웨지라는 걸 처음 들어 본지라 여기에 대한 사전 지식이 없어 인터넷을 통해 여러 자료를 구했지만, 조사에 활용할 만큼 쓸 만한 자료는 발견되지 않았다. 상황은 좀 갑갑하게 돌아가기 시작했다. 그렇지만 이런 상황이라고 절대로 포기할 내가 아니므로 끈기 있게 조사를 계속해 나갔다.

저녁에 숙소로 돌아와 몇 시간 동안 현장에서 받아 온 자료를 바닥에 펴놓고 또

노트북을 열어 사진 파일을 보면서 검토했다. 보면 볼수록 확실히 사진 상의 막장면이 이상했다. 보고 또 보고 자꾸 반복하다 보니, 나도 흑인 얼굴을 보고도 사람을 구분하듯 터널의 막장면을 구분하는 능력이 슬슬 생겨나기 시작했다.

본격적인 대결의 시작

다음 날 아침, 다시 감리단장과 현장소장을 불렀다. 왜 검측사진이 이것뿐인지 그리고 화약류 수불부 상에 나오는 이 현장의 폭약 사용량이 왜 일반발파 구간인 지금과 슈퍼웨지 구간이 거의 같은지를 소명하라고 했다. 감리단장은 역시 능수능란하다. 무진동 구간에도 작업 후 여기저기 튀어나온 암반이 있어 거기를 폭약으로 발파했단다. 물론 실제 현장에서도 이런 경우의 발파, 즉 발파 후 불완전하게 남은 부분을 다시 소규모 발파를 통해 제거하는 경우가 있는데, 현장에서는 이를 '아다리발파'라고 한다.

그러나 이 현장의 경우 폭약 양과 뇌관 숫자는 이런 '아다리발파'가 아니라 정상적인 한 막장을 발파할 때 필요한 수량과 크게 차이가 나지 않았다. 그리고 이 '아다리발파'는 폭약으로 발파를 해야 할 만큼 큰 부분이 남아 있되 다른 방법으로 작업이 불가능하거나 비효율적일 때 사용하는 것이지, 보통의 경우처럼 조금 남아 있는 부분은 뿌레카라고 부르는 백호로 작업하는 게 훨씬 효율적이라 보통 이렇게 마무리하여 처리를 한다.

다만, 이 감리단장은 내가 현장에 대해 잘 모르고 있는 것으로 생각하여 자신의 오랜 현장경험을 바탕으로 거짓말을 하고 있을 뿐이었다. 나도 이에 질세라 받은 사진 파일의 촬영 정보(보통 'exif'라고 한다)까지 분석해 가면서 열심히 허점을 파고들고 있었다. 이 촬영 정보를 대조하다 보니, 몇 개 안 되는 사진 파일이었으나 강관다단을 3일 간격으로 시공한 것으로 나왔다. 사진 상으로 확인해 보니 강관 33개를 박고 굳혀야 하는 180도 강관다단 시공이었다. 작업에 사용된 강관의 길이를 살펴보니 둘 다 12m짜리였다.

터널 조사에서 이 강관다단의 시공 일자 파악이 중요한 것은, 현장에서 대부분을 차지하는 12m 규격 강관다단 한 막장을 시공하려면 암반굴착부터 강관 주입, 약액 주입, 코킹 등을 통해 한 사이클당 길면 이틀이 걸리고 짧아도 하루 반나절이 필요했다. 그리고 통상 강관다단 시공구간은 강관 길이의 절반이 겹치도록 작업하기 때문에 12m짜리 강관다단 시공구간에서는 다음 강관다단 시공까지의 6m를 굴진 작업하는 데 이에 며칠이 걸렸는지 그 소요 일수를 파악하는 것이 무슨 공법으로 굴착하였는지를 파악하는 아주 중요한 단서가 되었다.

물론 이러한 방법으로는 하루에 평균 3m를 굴착했다면 이것이 일반발파로 굴착한 것인지, 다단발파로 굴착한 것인지의 구분은 쉽지 않고 추가로 다른 영역의 조사가 더 필요하다. 그러나 하루 굴진 속도가 평균 0.5m 정도에 불과한 슈퍼웨지를 발파로 시공했는지의 여부는 이런 조사로 딱 걸린다. 문제는 현장에서 동원 가능한 온갖 핑계를 다 끌어와서 극구 부인한다는 점일 뿐이다.

감리단장과 소장을 불러, 상황이 점점 궁지에 몰리는데 웬만하면 이실직고를 하는 게 어떠냐고 물어봐도 이들은 요지부동이었다. 다만, 얼굴에 보이는 미세한 감정을 읽어 보니 시간이 갈수록 이들의 걱정은 상당히 늘어나는 듯 보였다. 이렇듯 둘째 날까지도 큰 소득이 없었지만 증거는 차곡차곡 쌓아 나갔다. 이제 진검승부를 가려야 할 시간이 점점 다가오고 있는 것이 피부로 느껴졌다.

▌▌ 엉뚱한 곳에서 불붙은 대반전 ▌

숙소를 찾아 조금 큰 도시 쪽으로 다가가니 시골에 여관이 있었는데, 고맙게도 1층에 식당이 있었다. 찬밥 더운밥을 가릴 처지가 아니라서 일단 들어가 짐을 풀고는 반주 삼아 소주를 시켰다. 안주가 마련되길 기다리는 중에 검측서 사진 대지 가운데 이 현장의 것이 아닌 듯한 장면 중 두 개를 일단 스마트폰을 이용해 사진으로 찍었다. 그리고 생각을 더듬어, 전에 부산 지역에서 조사할 때 슈퍼웨지 구간이 상당부분 있었던 어떤 공구와 그 감리단장을 기억해 냈다. 카톡으로 그 감리단장에게 사진 두 장을 송신하고는 "이게 슈퍼웨지 공사 장면이 맞습니까?" 하고 물어보았다.

그동안은 통상 몇 분 내에 답변이 왔는데 이날은 밤새도록 답변이 없더니, 아침 9시가 다 되어 답장이 왔다. "슈퍼웨지 사진 맞습니다." 단 한 문장의 답신과 함께 말이다. 이상했다. 이 양반이 이럴 사람이 아닌데, 그 사이에 사람이 좀 변했나? 나도 모르게 고개를 갸웃거린 뒤, 이상한 감이 들어 바로 발신 버튼을 눌렀다. 서너 번의 신호음이 울린 뒤 전화를 받는 감리단장은 평소와는 달리 상당히 피곤한 말투로 먼저 입을 열었다.

"바로 답장을 못 드려서 송구스럽습니다, 조사관님. 저희들도 워낙, 이런 중대한 상황이 처음이라 소장하고 둘이서 밤새 한잠도 못 자고 날밤을 새 놔서…….."
그 감리단장의 입에서는 내가 전혀 상상도 못했던, 뜻밖의 말들이 흘러나왔다.

20여 분 가까운 긴 통화 내용을 그대로 옮기기도 곤란하니 일단 그 요지를 적어 본다.

이 단장은 어제 저녁에 내가 카톡으로 보낸 사진 두 장을 받아 보고 크게 놀랐다고 한다. 매일 봐 왔던 자기 현장의 슈퍼웨지 공법의 암반 파쇄 작업 장면을 다른 사람도 아닌 내가 사진을 보내고 확인을 요구했기 때문이란다. 한동안 영문을 몰라

현장소장을 불러 물어봤는데, 전혀 모르는 일이고 감도 전혀 잡히지 않는다는 답변
뿐이었다고 한다. 감리단장과 소장 두 사람은 소파에서 이런저런 걱정거리로 잠을
이룰 수 없어 밤을 지새웠다고 한다. 그런데 현장을 순찰하다가 시공사와 감리단에
들른 하청소장에게 혹시나 싶어 사진을 보여 주고 물었더니, 본인들의 현장임을
단박에 알아보더란 것이다.

"이거 우리 현장 맞습니다."
"아니, 이 사람아. 우리 현장의 무진동 작업 사진이 왜 다른 현장을 조사하던 그
조사관한테서 나오나?"
"그 복선철도 현장에 저희 회사가 하청 받아 일하지 않습니까? 거기서 지난 연말
부터 최근까지 슈퍼웨지 작업 사진이 필요하다고 해서 우리 현장에서 작업 사진들
을 그때그때 메일로 보내 줬던 겁니다."

현장의 막장면 관찰 장면.
암반 타입(Type)을 변경할 때는 이처럼 현장의 간부들이 모두 모여 논의 끝에 변경 등을 결정하
는데, '암판정'이라고 한다. 막장면은 조금씩 변할 수는 있지만, 한꺼번에 대폭 변하지는 않는다.

이 이야기를 듣다 보니 감리단장은 갑자기 눈앞이 캄캄해지면서 소름이 돋았단다. 현장 작업 사진을 사사로이 타 공사현장에다 제공해서 엉뚱한 데에다 써먹어 조사에서 문제가 된 것도 그렇지만, 다른 사진도 아니라 특수공법 중 공사비가 제일 비싼 슈퍼웨지 사진이니 더더욱 앞이 캄캄해졌던 것이다. 그리고 토목은 전혀 모른다면서 던지는 한마디 한마디의 질문은 비수 수준이 아니었던가? 이 무시무시한 조사관이 지금 조사 중인 현장에다 우리 현장의 사진을 줘? 우선 겁부터 덜컥 났다고 한다.

생사의 갈림길에서 스스로 선택한 '썩은' 동아줄

그래도 잠시 정신을 차리고 생각해 보니, 이 조사관에게는 다른 사람과는 특이한 점이 하나 있었다는 생각이 났다고 한다. 사고의 폭이 유난히 넓고 막힌 데가 없기도 했지만, 열심히 일하다 빠뜨리거나 실수한 것에 대해서는 상상 이상으로 관대하다는 점. 우선 그 점이 생각났다는 것이다.

사실대로 털어놓으면 조금 나을 것 같아 하청업체 소장을 통해 그 현장의 소장과 감리단장에게 연락해서, 자신이 작년에 조사를 받아 봐서 그 조사관의 능력을 조금 알기에 조언을 하는 것이니 가급적 빨리 잘못을 시인하고 책임지는 모습을 보이는 것이 결과가 뻔한 적발보다 나을 것이며, 그 시점은 빠를수록 좋을 것이라고 조언을 했다 한다. 그리고 나에게 카톡으로 바로 답장을 준 것이다.

답장이 오기만을 기다리던 나는 전혀 뜻밖의 소득을 얻게 되었다. 통화가 끝나자 바로 짐을 챙겨 감사장에 도착해서, 모닝커피 한잔 하자며 감리단장과 소장을 불렀다. 커피를 마시면서 슬쩍 살펴보니, 단장의 얼굴에는 밤새 고민한 흔적이 그대로 나타나 있었다. 불과 이틀 사이에 최소한 십수 년은 더 늙어 보였을 정도로 초췌한 그에게 조용히 말을 건넸다.

"단장님, 이제는 포기할 때가 된 것 같습니다. 시간이 갈수록 제가 더 많은 자료를 확보하게 될 텐데, 그때가 되면 제가 생각해 줄 수 있는 부분이 자꾸 줄어듭니다. 더 이상 버티지 마시고 전모를 밝혀 주시지요. 그리고 아침에 부산에서 연락해 준 거, 다 압니다. 그 말 사실입니다."

"……."

단장은 고개만 푹 숙인 채 아무 대꾸도 없었다. 옆에 앉은 소장도 마찬가지였다.

"커피 좀 드시면서 생각 좀 해 보세요. 제가 잠시 피해 시간을 좀 드리지요."

둘의 눈빛이 흐렸지만 뭔가 흔들리는 듯한 표정이어서 잠시 자리를 비켜 주기로 했다.

잠시 주위를 산책하다가 다시 들어갔더니, 그 사이에 감리단장의 눈빛이 완전히 변해 있었다.

"그런 사실 절대 없습니다. 부산에서 연락 온 사실도 없고요."

주위를 돌아보니 소장은 어느새 달아나고 없었다. 아차! 싶었다. 혼자서 조사하면 간혹 이런 상황이 생긴다. 물론 이런 상황일수록 당황하면 더욱 안 된다.

"그래요? 그런데, 단장님. 그런 사실이란 건 뭘 말씀하시는 건가요?"
"슈퍼웨지 굴착 말입니다. 설계대로 공사했다고요. 사실입니다. 결단코!"

당황했는지 평소의 느긋하고 느릿한 말투는 어디 가고 말이 토막 나기 시작했다.

"어느 설계 말입니까? 슈퍼웨지 구간 최초 설계 말입니까? 아니면 어느 설계가 또 있습니까?"

아차 싶었는지 더 이상 대답을 않는다. 두세 번 재촉해 봤으나, 자신의 말실수를 깨달았는지 다시는 입을 열지 않았다.

"단장님이 정 그 길을 선택하시면 저로서도 어찌할 수가 없네요. 더 이상 어떠한 경우라도 저를 원망하시면 안 됩니다. 이 현장에 대한 조사는 여기서 마칠 테니, 마지막으로 부족한 자료나 몇 가지 챙겨 주세요."

조사의 종착역

그러면서 이런저런 빠진 자료와 함께 터널 갱구부의 시험발파보고서를 슬쩍 끼워 넣어 요구했다. 사실 이 시험발파보고서가 고이 나오리라고는 단 1%의 기대도 하지 않았다. 그런데 감리단장과 직원들이 워낙 당황해서 패닉 현상이 왔는지, 아니면 단순한 실수였는지 모르지만 짧은 시간에 이들 자료가 다 준비되어 나왔다. 놀랐지만 속으로 쾌재를 부르면서 사무실을 나와, 배웅을 받는 둥 마는 둥 신나게 차를 몰고 현장사무소를 빠져나왔다.

그 다음 조사할 현장을 가서 우선 이 자료들부터 정리에 들어갔다. 대충 필요한 자료를 내놓으라고 명세를 알려 주고는 이 일에 몰두하느라 현 공구에 대한 조사는 완전히 뒷전이 되어 버렸다. 이 시험발파보고서가 있다는 것은 이미 이 구간을 애초부터 발파할 생각이었다는 것을 증명해 준다. 이 좋은 증거를 단번에 확보하다니. 기분히 상당히 고조되어 열심히 자료를 분석하고 증거가 될 만한 것들을 뽑아 도표로 만들고 정리했다.

먼저 이들이 공법을 조작해서 빼먹으려고 했던 공사비를 추산해 보았다. 물론 상세한 것은 나중에 설계변경을 통해 정확하게 산출되는데, 앞서 계산하는 것은 대부분 추산방식이다. 즉, 슈퍼웨지 공사 해당 140m 부분의 총 공사비에서 실제로 발파로 시공하면서 든 공사비를 빼는 방식이다. 이렇게 계산하니 슈퍼웨지 작업 물량이 상당하여 그런지 공사비 차액이 21억 원에 달한다. 첫 작품 치고는 준수한 대어(大魚)가 걸린 셈이었다.

다음 날 아침 이 현장 사무실로 앞 공구의 소장이 찾아와 보고서라며 두어 장의 문서를 내밀었다. 슬쩍 읽어 보니 이미 들통난 거 일부 잘못된 것으로 돌리려고 온갖 핑계에다 빼먹은 공사비를 부가가치세를 포함, 4억 2,000여만 원으로 맞추어 가져왔다. 바로 스마트폰으로 사진을 찍고는 다시는 나한테 찾아오지 말라고 매몰차게 돌려보냈다. 나를 자기만큼 바보로 아는 모양이다. 20억 원이 넘는데 무슨 4억 원이 대체 뭐야.

이 4억 2,000여만 원도 이유가 있었다.

「특정경제범죄 가중처벌 등에 관한 법률」 일명 「특경가법」 제3조에 의하면 사기 등으로 편취한 재산상 이득액수가 5억 원 이상, 50억 원 미만일 경우 3년 이상의 유기징역을, 50억 원 이상일 경우에는 무기 또는 5년 이상의 징역을 형법의 해당 조항(여기서는 형법 제347조(사기))에 가중하여 처벌하도록 되어 있기 때문이다.

고가의 공법을 조작하여 국가 예산을 빼먹을 때는 좋았지만, 막상 특경가법에까지 걸려 가중처벌을 받을 걸 생각하니 눈앞이 캄캄했던 모양이었다. 둘이서 밤이

새도록 머리를 굴려 가며 엉터리 보고서를 만들었을 것을 생각하니 스멀스멀 웃음이 터져 나왔다.

슈퍼웨지 작업 모습.
발파에 비해 현저히 낮은 작업 효율 때문에
현장에서는 사진만 찍고 이를 발파로 시공하려는 유혹 또한 매우 강하다.
작업물량이 많을수록 이 욕구는 더욱 강해진다. 그래서 철저한 감독만이 답이다.

사건 전모를 유추하여 정리해 보면 이러했다.

설계상 터널 입구로부터 177m까지는 인근 지방공단의 공장 주변 하부를 터널로 굴착하게 되어, 이들 공장의 기계 등에 피해를 입히지 않기 위해 값싼 발파공법 대신 값비싼 슈퍼웨지 공법으로 굴착하도록 되어 있었다. 이 슈퍼웨지 공법은 하루 굴진 거리가 약 0.5m 정도에 불과하여, 전체 177m를 굴진하는 데는 하루도 쉬지 않고 공사를 계속한다 해도 꼬박 1년이 걸리는 판이었다. 반면 이를 발파로 한다면 한 번에 1.5m씩 2번만 발파를 해도 하루 3m 정도는 거뜬히 굴진하여 단 두 달 만에 이 구간을 모두 굴착할 수 있었고, 조금 무리해서 3발파까지 섞어서 한다면 더 빨리

할 수도 있었다. 비록 그림의 떡이지만 욕심이 나지 않을 수 없었다.

그런데 막상 굴착을 하려고 알아보니 이들 두 공장이 당시에 휴업 중이었다. 이런 횡재가 있나 싶어 발주처 몰래 이 구간을 발파로 굴착하기로 하고, 시험발파까지 실시한 모양이었다. 다행히 이를 아는 사람이 거의 없다 보니 공사는 한 번에 1.5m씩, 하루 두 번 발파에 3m씩 아무런 장애물 없이 착착 굴진하여 공사가 일사천리로 진행되었다. 남아도는 시간에 느긋하게 공기에 맞춰 가며 발파를 하는 사이에 177m 지점까지 무사히 굴착을 끝낸 모양이었다.

그래도 이들은 일말의 양심은 있었던지, 아니면 공사비 차액 규모가 너무 큰 데 부담을 느낀 것인지 하여간 발주처에다 현장실정보고를 하면서 '140m는 슈퍼웨지로 작업하였고 나머지 37m는 일반발파로 굴착하여 공사비 4억 5,000여만 원을 절감했다'고 보고했다고 한다. 정말 천재적인 고도의 상술이 동원된 것이다. 아무것도 모르는 발주처는 이 사례를 예산절감 우수사례로 본부에 보고하는 한편, 해당 노선 전 구간의 감리단장과 소장들을 모두 불러 모은 자리에서 우수사례로 발표하도록 하고 이들에게 기립박수까지 치게 했다고 한다. 한마디로 코미디도 이런 블랙코미디가 없었던 것이다.

배 주고 배 속 빌어먹기가 된 첫 작품

이 사건과 관련해서 내가 주변에서 들었던 이야기에 약간의 유추를 더해 적어 본다. 애초 이 현장의 감리단장과 현장소장 그리고 하청업체 소장 등은 이 천금 같은 기회를 각자의 이익을 위해 이용하고자 했단다. 정년이 눈앞에 다가온 감리단장은 노후를 편안하게 보낼 노후자금으로 거액이 필요했고, 그동안 본사에서 자재 구입 쪽만 주로 근무해 왔던 현장소장은 본능적으로 이게 큰돈이 생길 거라는 냄새를 맡은 것이었다. 하청소장 역시 명의를 빌려서 들어온 현장이었기 때문에 자기 책임으로 현장을 운영해야 했고, 불법인 이 명의대여에는 여러 곳의 입막음을 위해 뒷돈이 많이 들기 때문에 속칭 '검은 돈'이 다른 현장보다 더욱 많이 필요했던 것이다.

현장을 제대로 관리할 책임이 있는 세 사람의 이 절묘한 '수요와 공급의 법칙'에서 단 한 치의 빈틈도 없이 딱 맞아떨어진 먹이가 바로 이 현장이었던 것이다.

이 사건은 위원회의 의결을 거쳐 대구지방경찰청에서 수사하여 검찰에 기소돼 현장 관련자들이 몇 명 처벌되고, 관련 공사비도 설계변경을 통해 전액 깎아 버렸다. 물론 최종적으로는 법원에서 사진에 찍힌 일부 구간은 정상적으로 슈퍼웨지로 공사했다고 인정받았고, 시공하지 않았던 하반 부분은 그 후 당연히 발파로 시공하는 등으로 실제 공사비 삭감액은 13억 원 남짓에 그쳤다.

통상 이러한 범죄는 형법상 '사기죄'에 해당하는데, 편취 액수가 5억 원을 넘어가면 「특정 경제범죄 가중처벌에 관한 법률」에 의해 처벌이 가중된다. 이 공구의 경우에는 20억 원 가량이 되어 상당히 중한 처벌을 받을 예정이었다. 그런데 정작 문제는 '기수시기'라고 하는 다른 데에 있었다. 수사하는 입장에서 보면 이번 건은 공사를 하고 서류를 조작하여 맞춰 놓고는 기성금을 신청만 하고 아직 발주처로부터 지급받지는 못한 상태라 '기수'범죄가 아니라 '미수'범죄다. 같은 범죄에서도 이 '기수'와 '미수'는 형량 차이가 하늘과 땅 차이와 같다. 참으로 아쉬운 일이 아닐 수 없다.

후일담이다.

제법 시간이 지난 후, 다른 현장에서 열심히 조사를 하고 있는데 어느 날 그 사건을 한창 수사 중이던 대구지방경찰청 지능범죄수사대에서 수사 책임자가 전화를 걸어 왔다. 그런데 얼마나 성질이 나서 그랬던지, 내게 잘 지내느냐는 인사도 없이 바로 옆구리를 치고 들어온다.

"아니, 조사관님은 왜 잘 진행되던 공사 기성금 지급을 못하게 막아서 사건을 이렇게 재미없게 만들어 놨어요? 오지랖이 그리 넓어서야 어디 쓰겠습니까? 며칠만 모른 척하고 놔뒀더라면 대어를 잡았을 텐데."

나 역시 참으로 분하고 원통했지만, 뭐라고 달리 항변해 줄 것도 그리고 대꾸해 줄 말도 딱히 생각나지 않았다. 그래도 나랏돈이 도둑들에게 넘어가면 되돌려 받아내기 어렵기 때문에 조사가 끝날 때까지 지급을 잠시 중지시킨 것뿐이었는데, 이게 한마디로 배 주고 배 속 빌어먹기가 되다니! 후회가 되기도 했지만 나로서는 달리 어찌할 방법이 없었다.

비록 엎치락뒤치락하긴 했지만 남들이야 어찌 생각하든 간에 그래도 성공한 조사였고, 처음으로 잡은 고기가 내 능력을 한참 뛰어넘는 대어다 보니 작전 미숙으로 본의 아니게 여러 곳에 민폐를 끼치게 된 것이었다. 그리고 이 첫 성과 21억 원은 그 후 내가 여러 현장에서 적발기준으로 삼은 두 자릿수(10억 원)를 정하는 바탕이 되었음은 물론, 이후 슈퍼웨지 공법에서 다단발파와 전자발파까지 넘볼 수 있는 큰 바탕그림이 되었다.

버티는 걸 포기하고 시인하라고 할 때 좀 심각하게 받아들이고 바로 포기하는 게 여러모로 좋았을 것이다. 세상에 무서운 게 있는 줄 몰랐으니 버텼겠지만, 갈 데까지 다 간 마당에 남는 것은 악화된 감정뿐이다.

돌이켜보건대, 내가 현장 점검을 나갈 때는 통상 3번 정도의 기회를 주었던 것 같다. 물론, 조그맣게 해먹었던 현장들은 대부분 두 번 정도 이야기하면 시인하고 공사비를 깎았지만, 크게 한탕 해 먹다가 걸린 현장에서는 역시 예외가 없었다. 동아줄이 썩어 터질 때까지 버티다 보니 거의 예외 없이 스스로 가야 할 길을 선택해서 갔던 것이다. 그 길을 선택하고도 나를 절대 원망하면 안 된다고 했는데, 실제로는 어땠는지 모르겠다.

2편. 억세게 운 좋은 얼치기들

이번 이야기는 수도권 도시철도 건설구간의 도심구간 아파트 숲 사이 도로 아래를 굴착하면서 설계상의 슈퍼웨지 공사구간을 발파로 굴착하여 적발된 두 번째 현장의 이야기를 당시의 기억을 되살려 글로 써 보기로 한다.

변죽만 울리다 끝난 어느 현장

도시철도라는 것이 있다. 한 도시의 교통기능 확보를 위해 건설하는 철도인데, 주로 지하에 터널을 굴착하여 건설하기 때문에 흔히들 '지하철'이라고 부른다. 일반철도가 거점을 중심으로 운행하는 데 반해, 이 도시철도는 인구가 많은 주요 교통요지를 거치도록 건설되며 운행하는 편수도 상당히 많다는 점에서 차이가 있다.

이 구간은 전체를 1공구부터 9공구까지 총 9개 공구로 구분하여 공사를 진행하고 있었다. 개략적인 공사자료들을 검토하다 보니 유독 눈에 띄는 공구가 두 곳이 있어, 조사는 자연스럽게 이 두 공구를 중점으로 시작되고 끝났다. 공교롭게도 이 두 개 공구는 모두 일부 슈퍼웨지 공법으로 설계된 구간이 있었고, 슈퍼웨지 구간을 전자발파로 설계를 변경하여 시공한 사실도 있었다. 이런 덕분에 나는 자연스럽게 전자발파에 관심을 가질 수 있었고, 이 과정에서 습득한 전자발파 관련 지식을 바탕으로 후에 원주·강릉 철도 조사에서 발군의 능력을 발휘할 수 있었다.

앞서 지방의 한 현장에서 21억 원의 공사비 부정을 적발한 게 얼마 전의 일이라, 상당한 자신감을 가지고 이 구간의 조사를 시작했다. 그러나 어렵고 복잡한 토목공법을 제대로 공부한 적이 없었기에, 본격적으로 조사를 펼칠 만한 실력은 여전히 부족한 상태였다. 일단 의심이 가는 두 현장에 감사장을 마련하고, 관련 자료의 제출을 요구했다. 그래도 이제는 슈퍼웨지 공법의 조사에서는 검측서 자료와 관련 자재의 반입과 사용을 점검해 봐야 한다는 정도는 알기에, 이전 공구에서보다는 조사가 한결 수월할 것으로 생각되었다.

그러나 현실은 냉정했다. 우선 이들 공구에서는 검측관련 자료가 잘 나오지 않았다. 아마 얼마 전에 저 아래 지방에서 슈퍼웨지 공법 구간을 발파로 굴착하고 거액의 공사비를 빼먹다 점검에서 걸렸다는 소문이 나서 각 현장마다 초긴장 상태에 들어간 듯했다. 그래서 자료 제출 요구에도 최대한 시간 벌기 작전을 구사하기로 한 모양이었다.

공사감독관을 시켜서 찾아오라고 해도 요지부동이었다. 지금 같았으면 호통이라도 크게 쳤을 테지만, 당시에는 내 자신도 어떤 자료들이 있는지를 잘 몰랐기 때문이었다. 어쩌면 내 자신이 별로 조급한 생각이 들지 않아서였는지도 모르겠다. 큰 것 한 건을 포함, 세 건을 성공적으로 해결하고 난 후의 여유라고나 할까? 그렇다고 손가락이나 만지작거리며 시간을 보낼 내가 아니라는 점은 그들도 잘 모르는 것 같았다.

제법 유명한 그룹에 속하는 시공사와 설계 및 감리업계에서 두세 손가락 안에 드는 감리단에서 시공하고 감리를 맡고 있었지만, 실제 시공이나 감리 실력을 보면 별로 뛰어난 것 같지가 않았다. 한 시간마다 감리단장과 현장소장을 불러 필요한 자료의 제출을 독촉하니 일부나마 제출하기 시작했는데, 그래도 핵심 자료는 여전히 내놓지 않고 버티는 것이 아닌가? 이 아까운 시간을 허비하지 않고 제출된 자료를 열심히 분석하면서 끈질기게 필요한 자료의 추가 제출을 요구했다. 이 상황에서는 발주처 감독관이 현장에 나와 있었지만 별다른 도움이 되지 못했다.

속 빈 보물단지

끈질긴 요구 끝에 어렵게 얻어 낸 자료를 정리하고 재구성해 보니 아파트 단지 사이로 난 대로 아래로 도시철도 노선이 지나가는데, 여기에 슈퍼웨지 공법으로 시공하도록 되어 있었다. 그런데 제출한 일부 검측서를 찾아보니 조사에 별 쓸모가 없는 자료만 잔뜩 첨부되어 있고, 각 작업공정별 점검표나 사진 대지 등이 없어 거의 쓸모가 없었다. 한마디로 검측서는 껍데기만 있었던 것이다. 돌이켜보면 철도 건설 구간에는 거의 다 이런 상황이었던 것 같다.

다시 원점으로 되돌아와 공사 물량을 파악하는 데 집중했다. 한쪽은 90m와 175m, 합계 265m로 단면을 83㎡로만 잡아도 공사 물량이 22,000㎥에 관련 공사비는 34억 원에 달하였다. 다른 공구도 공사연장이 585m, 공사 물량은 48,000㎥에 공사비가 67억 원에 달하였다. 이만하면 제법 큰 슈퍼웨지 공사 물량이다. 즉, 쉽게 말하면 모험을 해서 빼먹을 만하다는 것이다.

두 공구를 오가면서 실제로 어떻게 굴착했는지의 파악에 들어갔다. 그런데 굴착 작업량 48,000㎥에 해당되는 공구는 이 구간을 전자발파 477m와 다단발파 44m로 변경하여 시공하고 설계변경까지 끝낸 상태였다. 아무리 살펴봐도 단산이라고 부르는 단가 산출내역만 좀 높은 수준으로 되어 있을 뿐 별다른 혐의점은 찾을 수가 없었다.

소장과 감리단장을 대상으로 한 사람씩 불러 면담을 시작했다. 주로 슈퍼웨지 공법에 대해 굴착상황과 작업물량 등을 비교적 자세하게 물어보았다. 둘 다 이 부분에 대해 기억을 되살려 소상히 설명해 주었는데, 내가 아는 지식과는 큰 차이가 없었다.

터널 반단면의 상반과 하반(아래 부분) 모습.
암반이 좋으면 전체 단면을 한 번에 굴착(전단면 굴착)하나,
암반이 불량한 경우에는 7:3 정도의 비율로 상반과 하반으로 나눠 시차를 두고 굴착한다.

알고 보니 이 현장의 현장소장은 우리나라 터널공사에서 알아주는, 경험 많은 시공사 간부였다. 내가 다운받아 틈날 때마다 읽어 보는 논문 중에서도 이 현장소장이 쓴 논문이 몇 개 있었다. 이분은 수도권 인근 지역의 터널굴착을 많이 해서 좋은 경험들을 머리에 꿰고 있었다. 덕분에 내가 그동안 궁금하던 다단발파와 제어발파에 대해 많은 이야기를 나눌 수 있었고, 그 밖에도 터널에 대해 궁금한 사항들을 설명들을 수 있는 좋은 기회였다.

자연히 조사의 초점은 앞 공구로 집중되기 시작했다.

고속도로 구간을 제외한 철도와 국도 등의 현장은 책임감리제에 따른 감리를 수행하고 있다. 이들이 사용하는 전산관리 시스템이 있는데, 통상 '공사관리 시스템' 또는 그냥 CMRS라고 부르기도 한다. 원래 명칭은 '시공단계 건설사업관리 업무 보고시스템(Construction Management Report System)'이라고 한다. 현장에서 검토한 검토보고 자료나 설계도서, 검측 서류 등을 이 CMRS에 저장하여 관리하는데, 한 달에 한 번씩 발주처에 보고하는 자료들도 이 시스템에서 백업받아 CD로 만들어 제출한다. 모든 검측서류와 보고서, 발생 민원과 처리결과 등을 포함하여 중요한 자료는 모두 여기에 들어 있다. 아니, 정확하게 표현하자면 모든 검측서류들은 이 시스템에 들어 있어야 한다.

그런데 대부분의 현장 실상은 전혀 그렇지 못했다. 제출받은 서류를 이리저리 훑어보고 검측서류 붙임자료까지 살펴보았다. 그러나 제출된 서류는 정말 단출하기 짝이 없었다. CMRS에 입력하면 자동적으로 만들어지는 양식인 검사요청서(ITR)와 검사 및 시험점검표(ITC) 몇 장, 해당 터널의 지보패턴 적용도, 표준지보 패턴도, 강지보공 상세도, 굴착 및 보강 순서도, 사진대지, 공사 참여자 실명부, 막장관찰도, 막장관찰 일지 그리고 막장사진 1장이 전부였다.

내가 이 자료들을 '빈껍데기'라고 부르는 이유가 여기에 있다. 조사에 별 도움이 안 되거나 필요 없는 자료들은 들어 있는데, 정작 필수적으로 있어야 할 중요한 자료들이 없기 때문이다. 나중에 안 사실이지만, 이 현장의 경우는 그래도 어느 정도의 자료는 월간보고서에 들어 있어 중간치기 정도는 될 수준이었다. 대부분의 현장에서는 붙임자료 자체가 거의 없는 경우가 많았기 때문이었다.

하지만 한숨만 쉰다고 누가 내 일을 대신해 줄 것도 아닌지라, 있는 자료를 이리저리 꿰어 가면서 정리하기 시작했다.

우선 하루 굴진거리를 표로 만들어서 검토해 보니, 상반 반단면을 매일 2m씩 꾸준하게 굴착해 나간 것으로 되어 있었다. 사진대지상의 막장면을 살펴보니, 단면이 통상의 슈퍼웨지 작업 후와는 달리 매끈한 편이었다. 막장면 청소를 매 막장마다 한 것이었다. 통상 슈퍼웨지 공사구간은 막장면이 상당히 울퉁불퉁한 모습인데, 이 현장은 그라인더로 막장면을 다듬어서 처리해 놓은 것이다. 무슨 맞선 보러 갈 일도 없는데 왜 이렇게 매 막장마다 화장(?)을 해 놨는지 의심만 더해 갔다.

또 검측서류 사진대지에 붙은 사진 부분만 일단 골라내 표를 만들어 가면서 정리해 나갔다. 그러나 막상 정리하려니 붙어 있는 사진이 몇 개 되질 않아 큰 효용이 없었다. 중요한 슈퍼웨지 굴착 관련 사진은 거의 없고, 매일 똑같은 지보와 막장면 사진만 계속 나열되어 있었다.

검측서류에 붙은 사진대지 중 슈퍼웨지 시공 장면이 나오는 부분을 골라내 살펴보니, 사진의 상당 부분을 중복하여 사용된 점이 눈에 띄었다. 다만, 동일한 원판을 매일매일 사용한 것도 있지만 같은 날 다양한 각도에서 찍어 필요에 따라 사용한 것도 많았다. 그리고 사진대지의 경우도 각 공종마다 최소 2~3매씩, 합해서 최소 14~18매씩 붙어야 정상인데 이 현장에는 딱 두 장씩 붙어 있을 뿐이었다. 정상적인 경우라면 이 검측서류는 각 공정별로 필요한 서류가 최소 30페이지 이상은 된다. 그런데 이곳에서는 많아야 10매 정도에 불과했고 대부분은 그 이하였는데, 정작 중요한 공정별 검측 서류가 모두 빠져 있었다. 의심이 생기지 않을 수 없는 상황이었다.

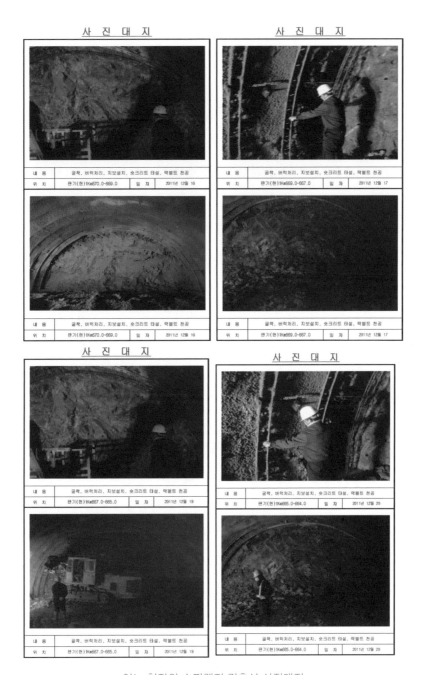

어느 현장의 슈퍼웨지 검측서 사진대지.

4일간의 연속된 보고서임에도 정작 중요한 슈퍼웨지 감독사진은 없고, 의미 없는 지보나 막장면
사진만 붙여 놓은데다 사진 또한 중복해서 사용한 것이었다. 이 사진의 중복 또는 재탕 사용은
건설현장의 고질적인 병폐 중 하나인데, 발주기관의 관리 부재가 큰 원인으로 추정된다.

실력이 조금 늘기 시작하니 현장이 조금씩 달리 보이기 시작했다.

　슈퍼웨지 공법, 하루 굴진속도가 평균 0.5m 정도인 것은 앞서 설명한 바 있다. 간단히 산술적으로 계산해 보자. 265m를 하루 0.5m씩 최대한 굴진한다고 가정해도 530일이 걸린다. 여기서 고려해야 할 사항이 있다. 이런 도심구간은 토피고가 낮고 암반 상태는 좋아 봐야 지보타입으로 보아 4타입, 아니면 5타입일 것이다. 암반이 좋지 못하니 당연히 공사 중간에 강관다단을 시공하여 지반을 보강해 가면서 굴진했을 것이다. 그런데 현장 자료에는 하루 2m씩 꼬박꼬박 굴진한 것으로 나와 있었다. 이게 조작이 아닌 실제로 가능한 것인가? 꼬리에 꼬리를 무는 의문이 들기 시작했다.

목마른 사람이 먼저 우물 파기

　감리단장과 소장을 불렀다. 이쯤에서 이실직고하는 게 어떠냐고 물었다. 표정을 살펴보니 불안한 기색이 역력했지만, 아무 대답이 없다. 검측서류가 왜 이 모양이냐고 다그쳐도 역시 묵묵부답이다. 돌려보내고 감리직원들을 공구장부터 직책 순으로 차례차례 불러 물어보았지만, 이들 역시 꿀 먹은 벙어리마냥 아무 대답이 없다. 몇 번을 다그치면 '작업은 정상적으로 했는데 사진을 찍어 놓지 못해서 죄송하다.'라는 소리가 고작이었다. 벌써 앞서의 몇 개 공구가 걸려 수사를 받다 보니 극도로 몸을 사리고 있는 것이다. 이쯤 되면 현장에서 관리자의 기능이나 역할은 기대하지 않는 게 옳았다.

　문제가 풀리지 않자 주제를 조금 바꿔 시도해 보기로 했다. 이번에는 제출하지 않는 화약류 수불부를 문제 삼아, 왜 제출하지 않느냐고 시비를 걸었다.

"슈퍼웨지 작업구간에는 폭약을 사용하지 않기 때문에 화약류 수불부가 없습니다."

"저도 그 정도는 알고 있어요. 슈퍼웨지 시작되기 이전과 이후 구간에는 발파를 했으니, 그 시기의 화약류 수불부가 없을 리가 없잖습니까? 그걸 가져다주세요."

"예. 알겠습니다."

그러고는 끝이다. 불러도, 공사한다고 바쁘다는 대답뿐이고, 자료 찾는 데에도 반나절이 넘게 걸리는가 하면 겨우 불러와서 지시해도 도통 자료를 가져다주질 않는다.

- 상선 : L = 1,038m(무진동암파쇄 L = 644m, 다단발파 L = 394m)
- 하선 : L = 1,071.3m(무진동암파쇄 L = 783.3m, 다단발파 L = 288m)
- **시공비율 : 무진동암파쇄 : 1427.3m(68%), 다단발파 : 682.0m(32%)**

O 굴착공법 시공 계획

- 상선 : L = 1,038m(무진동암파쇄 L = 906.8m, 다단발파 L = 131.2m)
- 하선 : L = 1,071.3m(무진동암파쇄 L = 520.5m, 다단발파 L = 550.8m)
- **시공비율 : 무진동암파쇄 : 1427.3m(68%), 다단발파 : 682.0m(32%)**

도심지 인근의 굴착에는 대부분 아파트, 민가 등의 보안물건이 인접하여
소음·진동을 저감하는 슈퍼웨지 등의 값비싼 특수공법이 많이 적용된다.
사진은 판교 인근지역 어느 현장에서 굴착 시 당초 및 변경 굴착공법 시공 계획의 일부다.

참고로 화약류 출납부는 각 분기마다 경찰서에서 현장을 순회하며 제대로 작성하는지 여부를 점검하고, 점검자가 제일 말미의 월별 합산 부분에 점검 필 사인을 해 준다. 그러고는 사용이 끝나면 그 복사본을 한 부 가져가 경찰서에 보관한다. 이건 앞서 다른 현장에서 점검할 때 어느 경찰서의 규정대로 하고 있는 어떤 경찰관이 알려 준 사항인데, 그 경찰서의 경우 과거 10년 치 화약류 출납부 사본을 그대로 보관하고 있다고 했다.

이틀간 계속 독촉해도 화약류 수불부가 없다고 버티는 바람에, 목마른 사람이 먼저 우물 판다는 심정으로 결국 내가 관할 경찰서 생활안전계 담당자와 통화하게 되었다. 그런데 기가 찬 것이 이 수도권 대도시의 경찰서에서는 이런 내용을 전혀 모르고 있었다. 점검을 해야 한다는 것도, 발파가 끝나면 사본을 경찰서에서 보관한다는 것도 모두 전혀 몰랐다. 답답한 내가 오히려 담당자에게 가르쳐 줘야 하는 상황이었다.

한숨이 절로 나왔다. 담당자가 이 모양인데, 현장의 화약류 관리가 제대로 될지 걱정이 앞섰다. 결국 '수도권에 근무하는 경찰관이라고 다 똑똑한 게 아니구나.' 생각하며 내가 먼저 포기할 수밖에 없었다. 이 현장에서 화약류 수불부가 없다고 뻗대고 있는 게 다른 이유가 있었는지도 모른다. 그리고 해당 공구와의 유착이 의심되는 상황이지만, 마땅한 증거가 없으니 더 이상 내가 어찌할 방법도 없었다.

눈뜬 장님들

하루 2m씩 꾸준히 굴진해 나간 걸로 봐서는 발파 이외에는 다른 공법이 동원되었을 가능성이 전혀 없었다. 설계대로 했다는 슈퍼웨지의 경우 이런 시내 저토피 구간에서 잘해 봐야 평균 하루에 0.5m 수준이다. 가끔은 1m씩 나갈 수 있다고 하더라도 지속되지는 못한다. 이건 오로지 발파로만 가능한 것이다. 방법은 하루 2회 발파에 굴진장은 축소해서 한 번에 굴진장 1m로 꾸준히. 시간이 갈수록 발파가 의심되지만, 화약류 수불부가 없으니 마땅한 다른 입증 방법이 없다.

하루는 화가 나서 내가 뭘 조사하고 있는지도 감도 못 잡고 구석에서 스마트폰만 만지작거리던 공사관리관을 불러 장부나 서류 같은 현장관리가 왜 이 모양이냐고 소리도 쳐 봤지만, 고개만 푹 처박고 있을 뿐 아무 대답이 없었다. 버티는 데에는 장사가 없다는 말도 있지만, 강제 조사권이 없는 상황이니 더 이상 어찌해 볼 방법도 없었다. 지금 생각해도 참 안타까운 일이 아닐 수 없었다.

사무실에 복귀하여 그래도 내용을 잘 정리해서, 위원회 의결을 거쳐 발주처와 경찰에 감사와 수사를 의뢰했다. 혐의 내용은 220m 구간의 상반을 설계상의 슈퍼웨지 공법 대신 발파로 시공하고 공사비 차액 11억 원을 편취한 혐의가 있는 것으로 일단 특정했다. 다른 사례보다는 현장의 자료가 없어 결정적인 증거가 다소 부족했지만, 대신 사건을 직접 처리할 지방경찰청의 지능범죄수사팀을 불러 '수사하다가 막히면 반드시 꼭 연락 주세요. 이런 공법은 적어도 대한민국에는 아는 사람이 없고, 이런 걸 조사해 본 사람은 더욱 없으니까요.' 하고 특별히 부탁했다.

그런데도 이 수사팀은 그동안 단 한 차례의 전화도 없더니, 변죽만 울리다가 1년 반 만에 은밀하게 종결해서 위원회에 수사 결과를 통보했다. 물론 결과는 '혐의 없음'이었다. 참으로 아쉬웠다. 그러고도 수사가 제대로 될 수 있었다면 이건 필시 부패사건도 아니었을 것이다.

경찰의 수사가 지지부진하다가 무혐의로 종결되자, 그동안 전혀 감도 못 잡고 사건을 팽개쳐 놓았던 발주처도 경찰의 이 무혐의 종결 소식을 접하고는 잽싸게 자기들의 조사 건도 이런저런 핑계와 함께 혐의가 없다며 종결해 버렸다. 조금 아깝기는 했지만, 원래 이 기관들이 한두 번 이렇게 처리한 게 아니어서 크게 놀랍지는 않았다.

시간이 좀 더 흘러 내가 국무조정실의 부패척결추진단에 파견을 나가 있을 때였다.

수도권고속철도 한 공구에서 슈퍼웨지 공법 조작으로 182억 원, 다른 공구에서 슈퍼웨지와 강관다단으로 254억 원을 빼먹은 걸 적발한 뒤 직원들이 보고서를 정리하는 사이 잠시 짬이 나서 서류를 찾다가 이 당시 조사 자료를 발견하여 재검토해 본 적이 있었다. 적발 당시에는 이 220m 구간의 상반 반단면만 슈퍼웨지로 장난을 친 줄 알았는데, 자료를 종합해 검토해 보니 두 개 구간의 상반과 하반 전체 공구를 슈퍼웨지 대신 발파로 굴착한 것으로 판단되었다. 전체 공사비 차액 24억 원 가량을 허위로 받아 간 것이었다. 1년의 시간 사이에 내가 실력이 상당히 늘어난 것이 실감났다.

그래서 고민하다가 어느 공구를 수사 중이던 수사진에게 전화해서 이 건도 같이 수사해 주면 안 되겠느냐고 요청했더니, 돌아오는 대답이 걸작이었다.

"24억요? 죄송합니다. 과장님, 우리도 이제 그 정도는 쳐다도 안 봅니다."

아하. 내가 만들어 보내 준 각 200억 원대의 수도권고속철도 2개 공구를 수사해 보더니 이제 이 사람들도 많이 성장(?)한 모양이다. 이 상황에서 내가 해 줄 수 있는 말이 뭐가 더 있었겠는가?

3편. 실력 부족으로 낡은 현장이 대어가 되어 돌아와

이번 이야기는 수도권고속철도 수서−평택 구간 어느 공구의 이야기로, 1년 간격으로 두 차례의 조사 끝에 설계상의 굴착공법인 슈퍼웨지 공법 구간을 실제로는 발파로 시공한 사실을 적발하여 관련자를 처벌하고 공사비 차액을 환수하게 된 내막을 서술해 보고자 한다. 두 번에 걸친 조사였고, 총 공사비가 2,700억 원에 적발된 공사비가 1개의 공종임에도 182억 원에 달했던 만큼 공사 물량도 상당하였던데다 결국 검찰수사 끝에 공단 간부를 포함, 수십 명이 구속되어 형사 처벌된 사례이니만큼 이야기도 제법 길다.

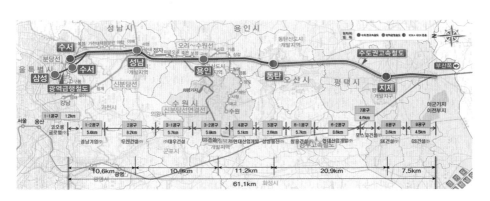

수도권고속철도 수서−평택 구간의 노선도와 공사 구간도.
3조 8,000억 원의 예산이 투입된 대규모 국책 건설사업이었으나,
토목업계로 보면 단일 공구에서 사상 최대 액수인 200억 원대의 공사비 편취가 2건이나 적발되었고,
처벌받은 공사 관련자의 수만 해도 30여 명 선에 이르는 등 오명 또한 사상 최대였다.

레이더에 포착된 튜브형 강관 락볼트(swellex bolt)

이 현장이 내 레이더에 처음으로 걸린 것은 2015년 6월, 권익위에서 전국 터널 공사 현장을 대상으로 한 점검을 할 때였다. 이때에는 성남-여주 복선전철 구간과 수서-평택 고속철도 구간을 각각 일주일(5일)간 혼자서 점검하였다. 이때 받은 해당 공구의 공사개요 자료에 따르면, 수서-평택 구간에서는 설계상 슈퍼웨지 공법을 사용하는 곳은 이 공구밖에 없었다. 슈퍼웨지 공사물량은 총 55,000㎥로 파악되었다.

점검 당시 이 공구에서는 일부 슈퍼웨지 구간을 전자발파로 시공한 사실이 있어 여기에 관심을 가지고 집중적으로 파헤쳤다. 그러나 이 공구의 전자발파 시공 구간이 짧거나, 일부 수직구에 한해 시공한 것이어서 큰 성과가 없었고, 슈퍼웨지 구간도 혼자서 다루기에는 엄청난 물량이어서 2~3일간 조사하면서 변죽만 울리다가 중단되었다. 다만 이때 공부한 전자발파의 특성과 필요자재 등은 후일 원주강릉철도 등을 점검할 때 큰 자산이 되었다.

이 당시 한 가지 인상적인 사실을 알게 되었는데, 바로 이 공구에서 일부 단층파쇄대나 용수구간 등에 사용한 특수한 락볼트인 튜브형 강관 락볼트였다. 국내의 한 중소기업에서 개발한 제품이었는데, 강관을 잘 접어서 작업공에 끼우고 고압의 물을 주입시켜 접힌 강관을 고르게 펴서 밀착시키는 방법으로 시공하는 것이었다. 이 신형 락볼트는 이 당시만 해도 개발된 지 얼마 되지 않아 시공 사례가 거의 없었던 터라, 나의 호기심을 자극하기도 했다.

다른 이름으로는 swellex bolt라고도 불렀는데, 이것이 락볼트 누락 시공을 예방하는 데 상당한 효과가 있다는 이야기를 후에 들었다. 다만, 초기라 구입비용이 제법 비싸 당시 공구에 반입될 당시 단가가 4m 규격 기준 29,000원이었다. 일반

강봉형 4m 규격 락볼트의 개당 17,000원에 비하면 매우 고가였으나, 해당 공구의 간부들 이야기로는 가격이 다소 비싼 데 반해 반응은 상당히 좋았던 것으로 기억되었다. 소규모로 시공되는 강관다단 하단의 측벽부위나 용수구간, 단층파쇄대에 시공할 때 좋은 평가를 받았다고 한다. 물론 지금은 생산이 확대되어 가격 면에서도 이형강봉으로 만든 일반 락볼트와 비슷해져, 많은 현장에서 사용하고 있는 것으로 전해진다.

① **록볼트 삽입**　　　② **고수압 팽창**　　　③ **암반에 고정**

튜브형 강관 락볼트(swellex bolt)의 시공원리를 설명한 그림.
잘 접혀진 강관을 삽입하고 고압수를 주입, 접혀진 부분을 펴내 암반에 밀착시키는 원리이다.
시공 조건이 열악한 천단부나 단층파쇄대, 용수구간분만 아니라 강관다단 하부 등
소량을 시공하는 경우에도 편리하여 현장에서 호평을 받고 있는 것으로 알려졌다.
출처: ㈜테크비전 홈페이지

이로부터 딱 1년 뒤인 2016년 5월 중순, 내가 국무조정실 부패척결추진단의 국책사업2과장으로 가게 되었다. 약칭으로 통상 '부패척결단' 또는 그냥 '척결단'이라고 불렀는데, 세월호 사건 직후인 2014년 7월 말, 이완된 공직사회를 혁신하고자 국무총리 산하에 설치된 한시적 조직이었다.

척결단에서는 2015년 7월경부터 '국책사업점검단'을 꾸리고 주요 국책사업에 대한 점검을 시작했는데, 아시다시피 국책사업이란 게 규모가 엄청난데다 점검할 대상조차 상당히 많은 등으로 내가 갈 당시까지 별다른 실적을 내지 못하고 있었다. 그러던 차에 부패척결단에서는 내가 한 해 전에 전국의 철도와 고속도로 등 60

여 개 현장을 혼자서 점검하여 상당한 실적을 냈다는 사실을 알고 점검단에 합류할 것을 요청해 와, 어렵사리 파견을 나가게 되었던 것이었다.

부패조사의 기본은 심증의 물증화

파견을 나가고 보니 국책사업1과는 과장과 직원 8명의 상당히 큰 조직이 구성되어 활동 중이었으나, 우리 과는 아직 직원들도 구성되지 않아 막상 할 수 있는 일이 아무것도 없었다. 그래서 주말에 시간을 내어 과천 사무실에 있던, 전년도에 점검했던 자료 두 상자를 일단 척결단 사무실로 옮기고 검토를 시작했다. 그 상황에서 수도권고속철도 수서-평택 구간의 이 공구 자료를 다시 챙겨 보게 되었다.

그런데 1년 사이에 내가 실력이 많이 늘어난 것인지, 아니면 단순한 행운이었는지 자료를 검토할수록 이 공구의 엄청난 공사 물량이 설계대로 슈퍼웨지 공법이 아닌 발파로 시공했을 거라는 심증이 점차 굳어졌다.

본격적인 점검의 시작 그리고 위조된 세금계산서 한 장

위에다 보고하니, 반신반의하면서 쉽게 판단을 내리지 못했다. 그러나 그동안의 국책사업 점검 실적이 거의 전무하여 조직 자체가 굉장히 다급한 상황이었으므로, 일단 1과에서 직원 한 사람을 지원받아 둘이서 현장조사에 착수하기로 했다.

일주일간의 예비 조사 중도에 두 명의 직원이 파견되어 왔다. 아직 토목 쪽에 문외한인 검찰직 박 수사관과 건축직의 김 사무관의 두 직원을 데리고 거의 산더미 같은 자료를 직접 검토해 나갔다.

이 공구의 현황을 파악해 보니 공사 총 연장은 8.2㎞에 달하였고, 총 공사비는 2,701억 원에 달했다. 그런데 최초설계 내역을 확인하니 1,137억 원에 불과하였다. 통상 최초설계에서 중간에 설계변경이 어느 정도 가해지니 조금씩의 증감은 있으나 이 공구는 특히 심한 듯하여 찾아보니, 중도에 수의계약으로 더해진 GTX 공사비가 무려 1,569억 원이었다. 그중에서 슈퍼웨지 물량은 1,407m에 88,057㎥에 해당 직접공사비만도 153억 원에 달했는데도 공사기간은 불과 297일에 불과하다고 했다. 한마디로 방대한 물량 그 자체였다.

그런데 자료 검토 중에 현장에서 내놓은 세금계산서 한 장이 유독 눈에 들어온다. 그것은 제목이 '전자세금계산서'로 되어 있는데 공급자는 K화약 본사, 공급받는 자는 이 현장의 하청업체 명의였다. 품목은 '폭약류'로 되어 있고, 공급가액 851,530원, 세액 85,152원에 상단 좌측에 '별지 제11호 서식', 우측에 '2207-

집중적인 조사의 계기가 된 현장의 폭약류 반입 세금계산서.
화약상과 하도급업체 간 거래였는데, 분석 결과 이 세금계산서가 위조된 것으로 밝혀져 심도 있는 조사로 전환되었다. 거의 전 구간을 설계상의 슈퍼웨지 공법 대신 값싼 발파로 시공하였으므로, 엄청난 폭약 반입량을 줄이기 위해 세금계산서 위조가 필요했던 것으로 보인다.

325 A82. 12. 20. 승인'이라고 되어 있었는데, 분명히 제목 상 전자세금계산서라고 했음에도 필수 기재사항인 승인번호가 없는 대신 일련번호가 기록되어 있었고, 책 번호와 권번호가 빈칸으로 남아 있었다.

이건 의심할 필요가 없는 위조된 전자세금계산서였다. 이 액수도 얼마 안 되는 폭약 반입을 굳이 위조까지 해서 증빙을 만든 이유가 무엇일까를 곰곰이 생각해 보기도 했다.

세금계산서나 전자세금계산서 이야기만 나오면 경기를 일으키는 분들도 많겠지만, 부패조사에서 이걸 모르면 조사관의 가장 중요한 기본적인 조사조차 제대로 되기 어렵다. 어쩌면 이런 부분이 조사에 있어서는 넘기 어려운 문턱이자 소위 '깔딱고개'다. 이 부분을 자유자재로 돌려놓고 해독할 수 있어야 조사가 쉽게 풀리는 걸 여러 현장에서 경험해 왔던 터였다. 그렇지만 섣불리 건드렸다가는 오히려 추가 자료를 받기 곤란한 상황이 올 수도 있어, 사진만 찍어 놓고 조용히 넘어갔다.

▎▎Fast Track의 배신

슈퍼웨지 작업물량을 파악해 보니 88,053㎥라고 한다. 작년에, 그러니까 정확하게 1년 전에 점검할 때 파악된 물량은 55,000㎥였다. 1년 사이에 약 33,000㎥ 정도 늘어나 있었다. 무슨 이런 들쭉날쭉 설계내역이 있는가? 이럴 때는 직접 관계자를 불러 물어보는 게 제일 빠르다.

"단장님. 작년에 제가 이 현장에 나온 거 기억하시지요? 전자발파 때문에 이틀간 이런저런 자료를 많이 요구했는데요?"
"그럼요. 당시 공사부장이 자료를 가지고 6-1공구까지 왔다 갔다 하면서 소명하느라 고생했지요."

"그런데 작년 자료에는 슈퍼웨지 굴착 물량이 55,000㎥였는데, 딱 1년 사이에 88,000㎥로 크게 증가했습니다. 물량이 왜 이리 왔다 갔다 합니까?"

"이 구간은 사전에 확정된 설계도나 내역에 따라 공사를 한 게 아니라, 패스트트랙(Fast Track)이라고 해서 공사를 하면서 실제 시공한 내역으로 설계도를 만들기 때문입니다. 즉, 설계와 시공을 같이 진행하기 때문이죠. 작년 당시에는 정거장 부분의 굴착을 다 못했다가 지금은 굴착이 끝나서 그 물량 차액이 33,000㎥인 것입니다."

수도권고속철도 수서–평택 구간의 동탄역 건설현장.
이 수도권고속철도는 당초 설계와는 달리 중도에 역사 구간의 공사가 갑작스럽게 추가되는 바람에 촉박한 공사기간과 엄청난 공사물량 탓에 관계자들이 많은 고생을 한 것으로 알고 있다.

좀 황당한 경우를 만난 듯했다. 같이 공사를 시작한 수서–평택 간 고속철도 11개 공구 중에 공사물량이 중간에 크게 증가된 곳이 두 군데 있었다. 나중에 운행할 GTX-A 노선의 정거장 부분으로서 성남역과 용인역이 생길 예정지인 것이다. 그동안은 조사하느라 전혀 몰랐으나, 역시 토목현장은 설계 등에 따라 참으로 다양하다는 생각이 비로소 들기 시작했다.

사무실에 돌아와 한 주간의 자료를 분석하고 정리하면서 일단 중간보고를 올렸다. 이 공구의 슈퍼웨지 공사물량 전체가 발파로 시공된 것 같으며, 한번 더 현장출장이 필요한 것으로 보인다는 내용이었다. 상부에서도 토목공사 쪽은 거의 문외한이라, 그리고 토목을 좀 안다고 하더라도 슈퍼웨지는 그동안 어느 누구도 조사해본 적이 없는 특이한 공종이라 한번 더 현장에 나가 단단히 쐐기를 박을 필요가 있었다.

때문에 좀 더 체계적인 대응이 필요한 터라, 이번에는 검찰에서 파견 나온 박 감사를 시켜 슈퍼웨지 검측서에 첨부된 사진대지상의 사진을 분석하라고 시켰다. 2~3일이 지나자 여기에 사용된 사진 대부분이 재탕 삼탕 등 수십 차례씩 재활용된 사실이 확인되었다. 사진 원본을 제출하라고 했더니 몇 장 내놓지를 못하는 걸 보고는 이게 중간에 가끔 슈퍼웨지 기계를 가져와 사진만 왕창 찍고 나서 그걸 계속 써먹었을 거라는 확신이 섰다.

또 하나의 문제는 단선 및 3Arch 구간 1,407m 구간을 297일 만에 모두 굴착했다는 부분이었다. 슈퍼웨지로 굴착했다는 전체 길이를 공사에 소요된 일자로 나누면 일일 평균 4.7m씩 굴착한 것으로 나왔다. 이 숫자는 공사기간 전체에 걸쳐 한번에 4타입의 굴진장 1.5m로 하루 3회씩 발파하거나, 3타입의 굴진장 2m 정도로 하루 2~3회 지속적으로 발파를 했다는 추측이 가능하였다. 어쨌거나 중요한 것은 이러한 작업물량은 발파, 그것도 전자발파나 다단발파도 아닌 거의 일반발파만 가능하다는 결론에 도달했다.

서서히 깨져 나가는 철옹성

이번에는 혼자가 아니니 일을 분업화할 필요성도 있었다. 폭약 및 뇌관 반입량과 설계내역상의 필요 수량을 대비해서 살펴보라고 했더니, 폭약 53t과 뇌관 60,000여 개 가량이 과다하게 반입된 사실도 밝혀졌다. 이를 굴진장 1.5m의 다단발파 폭약 및 뇌관 수량과 대비했더니 51,000㎥ 가량의 슈퍼웨지 물량을 발파로 시공할 수 있는 폭약량이었다. 경찰에 신고된 폭약 및 뇌관과도 비교했더니 비슷한 차이가 확인되어, 이를 바탕으로 공사비 차액을 추산해 보자 73억 원 정도로 어림잡아졌다.

슈퍼웨지 작업 장면. 점검 당시 해당 공구에서 확보한 자료인데,
터널 단면의 형상으로 보아 단선구간인 정거장 부위 굴착장면으로 보인다.

이 기간 동안 특이한 분석도 이뤄졌다. 한 개 공구를 여러 개로 쪼개어 공사를 동시에 진행하다 보니 슈퍼웨지 공사 중에는 거의 대부분 다른 곳의 발파가 있었는데, 2015년 4월에는 유일하게 다른 발파가 없이 슈퍼웨지로만 공사를 했다는데도 반입된 폭약과 뇌관이 10t과 11,000여 개로 파악되었다. 이를 1회 발파당 폭약 80kg

과 뇌관 95개를 사용한 것으로 하여 발파 물량을 추산해 보니 120회 발파로 180m를 굴진한 것으로, 이는 설계상의 4타입과 잘 들어맞았다.

이외에도 추가조사에서 슈퍼웨지 장비 반입 및 굴착에 앞서 공급사와 특허계약이 선행되어야 함에도 장비 반입 10개월 뒤에 특허사용 계약이 이뤄진 점, 통상 슈퍼웨지 장비 사용에는 특허권을 보유한 회사가 기술 용역료로 세제곱미터당 15,000원 정도를 지급해야 하는 기술 용역료만 해도 13억 2,000만 원에 달하는데도, 이 현장의 경우 겨우 9,000만 원에 불과한 점 등이 속속 확인되었다.

이뿐만이 아니었다. 슈퍼웨지로 굴착하려면 먼저 자유면 확보를 위해 선대구경으로 천공을 해야 하는데, 이 증빙으로 제출한 서류는 위조된 것으로 보이는 세금계산서와 거래명세서였다. 이 현장에서 했다는 선대구경은 구경 362mm로 하루에 50m까지 굴착이 가능한 장비를 사용했다고 하며, 천공에 소요된 총 비용은 12억 원으로 되어 있었다. 그러나 선대구경을 사용하여 작업하는 사진이나 검측 내용 등 이를 입증할 증거가 전혀 없는데다 지급 증빙조차 위조된 이상 이 주장도 전혀 설득력이 있을 수가 없었다.

주범은 역시 부족한 공기

한편, 이외에도 전년도 발파로 공사를 끝내고 기성금까지 타 간 부분에 대해 이 중 일부를 슈퍼웨지로 시공했다며 설계를 변경하여 차액 10억 5,000여만 원을 추가로 타 간 부분도 있었다. 이외에도 확인된 부분이 많았지만, 중요한 것은 우리가 그 대부분의 혐의에 대해 초기에 증거를 확보할 수 있었다는 점이다.

내가 보기엔 이 공구도 처음부터 작정하고 슈퍼웨지 구간을 발파로 시공하여 공사비를 편취할 생각은 아니었던 것 같다. 이것은 해당 공종의 일자별 공정률을 비교분석한 결과에 의한 나의 판단인데, 초기에는 얼마간 정상적으로 슈퍼웨지 장비로 작업을 한 것으로 나왔고, 절대공기에 쫓기다 보니 그런 것으로 추측되지만 슈퍼웨지 대신 발파로 굴착하는 일이 점점 잦아지다가 어느 시점부터는 전부 발파로 굴착한 것으로 추측되었다.

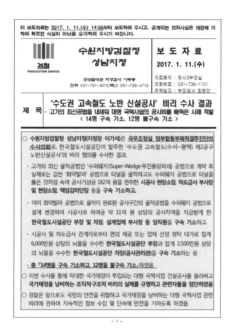

2017년 1월 11일, 수원지검 성남지청에서 발표한
수도권고속철도 수서-평택 간 제2공구의 노반신설공사 관련 수사결과 보도자료 모습.

이러한 일이 벌어진 가장 큰 원인은 처음부터 무리하게 잡은 공사기간 때문이었다. 당초 공사비와 최종공사비를 비교하면 약 1,500억 원 가량이 증가하였는데, 그 주요 원인이 GTX 역사 구간의 선행굴착이었다. 그런데 당초부터 이 물량이 잡혔더라면 발파로 순조롭게 갈 수 있으나, 터널굴착이 거의 끝나 가는 단계에서 이 부분이 증가되다 보니 기존 구조물에 충격이 가기 때문에 발파로 시공할 수가 없었고, 따라서 어쩔 수 없이 슈퍼웨지 공법으로 시공하도록 할 수밖에 없었다.

앞에서 이야기했다시피 슈퍼웨지 공법의 최대 약점은 하루 0.5m 정도에 불과한 열악한 공정률이다. 공기의 연장이 전혀 없는 상태에서 원래 낙찰받은 공사보다 더 큰 공사물량이 떨어졌으니, 현장에서는 부정을 저지르지 않고는 정해진 공사기간 내에 이를 맞출 수 있는 방법이 전무하였던 것이다.

내 개인적인 생각은 이 시공사도 운이 지극히 나빴다고 본다. 공사현장의 상황과는 전혀 관계없이 정치적으로 결정된 준공기간을 위에서부터 강요당하다 보니 어쩔수 없이 따라갔던 것이고, 공기가 절대적으로 부족하니 계약해지를 당하지 않기 위해서 발버둥을 치다 벌어진 일로 보인다. 여기에 대한 개인적인 생각은 추후 예정인 개정판에서 추가할 작정이다.

대어를 잡았으나 허망했던 결과

어쨌든 추산 결과 최초에는 편취한 공사비가 182억 원으로 파악되었으나, 추가적인 정밀 검증을 통해 일부 무진동으로 굴착한 부분을 감안하여 최종적으로 178억 8,171만 원으로 확정하였고 이에 대해 발주처에 감사를 의뢰하는 한편, 대검찰청 반부패부에 수사를 의뢰하였다. 대검에 수사 의뢰한 부분은 다시 수원지검 성남지청 특수부로 배당되어 다음해인 2017년 1월까지 총 34명이 입건되어 이 중 14명이 구속되고, 12명이 불구속 상태에서 기소되어 재판에 회부되었는데, 대법원 상고와 파기환송을 거쳐 2018년 8월 17일, 서울고등법원에서 최종적으로 판결이 확정되었다.

확정된 판결 내용을 보면 당시 원청 현장소장에게는 특정경제범죄 가중처벌법상 사기와 배임수재, 뇌물공여 등 혐의로 징역 4년 6월과 추징금 5,000만 원이, 원청과 하청업체 간부와 소장 등은 물론 감리단 직원 등이 징역 3년에서 2년 등의 처벌을 받았다. 편취한 공사비 178억 원 중 10억 원이 무죄판결이 나서 일부 금액이 감액되었지만, 해당 금액은 공사비가 차감되어야 했다. 물론 무죄판결이 난 10억 원은 위에서 설명한 전년도 발파로 시공한 부분을 슈퍼웨지로 설계 변경하여 편취하였던 차액이었는데, 검찰에서 큰 부분 방어에만 전력하다가 이 작은 부분에 대한 대응을 놓쳐 무죄가 난 것이었다. 결과에 다소 아쉬운 점도 있었으나, 그래도 큰 부분을 정공법으로 잘 대응하여 대어를 잡은 것으로 만족해야 했다.

이 과정에서 발주처의 처장급 및 부장급 간부 각 1명씩이 수천만 원대의 뇌물을 받은 혐의로, 차장급 직원 2명 역시 같은 혐의로 구속되어 1심과 2심에서 간부들은 징역 4년과 3년에 벌금 1억 원씩을, 직원들은 징역 2년에서 1년 6월을 각각 선고받았다.

특히 이 사건은 항소심 선고 과정에서 판결문 낭독을 마친 재판장이 '공사현장이 이렇게 부패했느냐.'라며 탄식했다는 신문 기사 제목으로 더욱 유명해졌다. 하지만 실제 이 재판 관련 기사는 사건의 중요성에 비해 언론에 별로 주목을 받지 못한 채 잊혀져 갔다. 그 이유는 당시의 국정농단 사태와 새 정부 출범 등 시류에 밀려 여론으로부터 별다른 반응을 이끌어 내지 못했기 때문이었다. 따라서 상당히 충격적인 사건임에도 불구하고 건설 현장에도 역시 큰 영향을 끼치지 못했던 것이었다. 한마디로 고생은 고생대로 하고도 별로 보람이 없었다고나 할까.

그나마 다행인 것은 이 사건으로 인해 나는 개인적으로 하나의 공구에서 근 200억 원대의 공사비 부정을 적발한 트로피 같은 성과물을 건졌고, 뒤이어 바로 터진 인접한 다른 공구에서 역시 200억 원대의 편취사건을 적발할 수 있었다.

이 여파로 인해 다급해진 발주처는 이사장이 상부에다 사의를 표명하는 상황까지 갔다고 한다. 그리고 다시 신임을 받자 대대적인 직원 동원을 통해 자체점검,

즉 특별 점검을 실시하여 공단의 분위기를 다시 잡게 되었다. 하지만 이 역시 국정 농단 사건과 새 정부 출범 분위기와 함께 소리 소문 없이 다시 원점으로 돌아가게 되었다.

우리가 직원들과 더불어 무더위에 고생한 걸 생각하면 그 끝은 정말로 허망하기 짝이 없으니, 지금 생각해도 참으로 원통하지 않을 수 없다.

그로부터 몇 년의 세월이 지난 최근까지도 이런 국책사업 점검을 통해 사회 분위기를 바꾸고 국가를 개조하고자 열심히 뛰었지만, 내가 그토록 염원했던 토목업계의 변화는 그리 크지 않았고, 더구나 내 개인에게는 종잇조각 하나 돌아온 게 없는 현실을 보면, 어쩌면 이것이 내 관운의 한계일지도 모르겠다는 생각도 든다.

4편. 락볼트 찾으러 갔다가 슈퍼웨지까지

이번 이야기는 락볼트를 일부 빼먹고 시공했다는 신고사건을 처리하면서 신고자와의 면담과정에서 무진동 암파쇄 공법을 발파로 시공한 것 같다는 첩보를 바탕으로 현장에서 사실을 확인하고, 공사비 차액 9억 원 가량을 차감한 수도권 인근 도시철도의 이야기이다.

슈퍼웨지 기구 대신 등장한 할암봉

이 이야기는 앞부분 락볼트 이야기 편의 '맨손으로 락볼트를 뽑아냈던 날'과 동일한 현장에서 일어났던 일의 연장선상에서 이야기를 계속하기로 한다.

신고자가 있는 곳에 출장을 나가 면담하면서 락볼트 시공 상황을 포함, 이것저것 신고사항과 조사에 필요한 사항을 물어 정리한 후 그 현장의 다른 부분으로 질문을 돌렸다.

"그 현장에 계셨다니까 몇 가지만 추가로 질문을 드리죠. 지도에서 보니 터널이 다리와 도로 아래를 통과하던데, 보통 이런 부위에는 무진동 암파쇄 공법이라고 해서 발파를 하면 안 되는 다른 공법으로 설계를 합니다. 혹시 그 현장은 그런 곳이 없었습니까?"

"그런 곳이 있다는 이야기는 얼핏 들었습니다. 그런데 모두 발파로 굴착했습니다."

"알겠습니다. 이 내용은 제가 추가 신고로 해서 락볼트 조사할 때 같이 조사해 보겠습니다."

졸지에 조사할 부분이 한 분야에서 두 분야로 늘어났지만, 이 또한 재미있을 것 같았다.

현장을 방문하여 이틀간 락볼트와 무진동 암파쇄 공법의 설계 부분을 집중적으로 파고들었다.

먼저 락볼트 자재 반입 세금계산서와 거래명세서, 송장 등을 제출받아 검토해 보았다. 한눈에 보이는 게 뭔가 감이 잡혔다. 속칭 '섞어치기'라는 조작법이었다. 그중에서 '공구 섞어치기'였는데, 수량을 대충 파악해 보니 그리 많질 않은 듯했다. 일단 잠시 접어 두었다.

다음은 무진동 암파쇄 공법으로 설계된 구간이 있는지를 파악해 보았다. 이 무진동 암파쇄 공법 중의 당시로서는 대표적인 공법이었던 슈퍼웨지 공법은 그동안 몇 개 공구에서 조사하여 적발한 경험이 있어 우선 물량부터 파악해 보았다. 슈퍼웨지 공법으로 설계된 곳이 45m와 49m의 두 곳으로 확인되었다. 공사 물량을 파악해 보니 상반 3,600㎥, 하반 1,800㎥, 합계 5,400㎥를 약간 상회하고 있었다. 여기에 추가하여 세제곱미터당 직접단가 약 17만 원을 곱하고 간접비 30%를 더하니 관련 총 공사비는 11억 8,000만 원 가량으로 일단 파악되었다.

해당 구간의 검측서를 요구해서 살펴보니 하루에 1~3m씩 굴진한 것으로 되어 있었다. 그런데 사진대지에는 슈퍼웨지 작업기구 대신 할암봉 사진이 붙어 있었다. 할암봉이란 전기 또는 유압으로 작동되는 기구를 작업구 속에 집어넣어 암반

사이를 벌려 작업하는 장비다. 작업 효율이 그다지 좋은 편이 아니라서 작업물량이
소규모인 경우에는 이 장비를 사용하나, 이 현장처럼 작업물량이 많은 경우에는 지
금까지도 이 장비를 사용했다는 현장을 보거나 들은 적이 없었다.

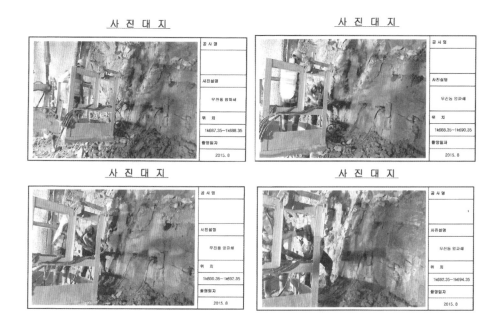

검측서의 사진대지상 해당 공구의 연속된 4일간 할암봉 무진동 암파쇄 작업 장면.
설계상의 슈퍼웨지 공법도 아니었으며, 동일한 작업 장면을
시간차 또는 촬영 위치만 살짝 바꿔 찍어 놨다가 다른 일자의 보고서에 사용하였음을 알 수 있다.
발주처의 서류검사가 거의 없기 때문에
이런 식의 검측서류 장난은 실제 현장에서는 상당히 흔하다.

그리고 작업복장과 인부 얼굴로는 이 현장의 사진이 맞는 것으로 나타났으나, 작업 일자 앞뒤로 몇 장을 대조해 보았더니 묘하게도 이 사진들은 같은 날짜에 위치만 달리하여 찍은 것으로 나타났다. 사진 원본 파일을 제출하라고 했더니 불과 몇 장밖에 없단다. 그것도 카톡으로 전달받은 흔적이 고스란히 남아 있고 촬영 정보가 삭제된 것이었다. 촉이 발동했다.

이제 굴착 현장을 직접 살펴볼 시간이다. 감리단장과 감리원들을 앞세워 직접 터널로 들어가기로 했다. 산이나 경사지에 뚫는 산악터널은 그냥 갱구에서 들어가지만, 도심지 지하 터널은 수직구 내지 작업구라 부르는 수직터널을 통해 들어간다. 보통 이 수직터널에는 장비를 운반하는 엘리베이터와 사람이 타는 엘리베이터가 따로 설치되는데, 이 현장은 장비만 운반할 수 있고 작업인부들은 나사식으로 되어 있는 계단을 타고 내려가도록 되어 있었다. 약 40m가 넘는 수직터널을 좁디좁은 계단을 타고 내려가려니 꼭 지옥에 들어가는 기분이었다.

터널 순시를 마치고 계단을 올라오면서, 앞서가던 소장과 감리단장을 불러 한마디 건넸다.

"이 현장에서 락볼트와 슈퍼웨지 작업에서 문제가 있었던 이유가 저는 금방 감이 옵니다. 두 분은 혹시 느끼셨습니까?"

현장소장도 감리단장도 묵묵부답으로 대답 대신 눈만 껌벅거린다.

"이 현장은 이 계단 때문에, 엘리베이터 설치비 몇 천만 원 아끼려다 몇 십억은 날아갈 겁니다."

감리원의 신발 바닥

상황실로 돌아와서 먼저 현장을 순시하고 사진을 찍었다는 감리원을 불러 단도직입적으로 질문한다.

"슈퍼웨지 작업은 얼마나 오래했습니까?"

"한 달 보름 정도 계속한 것 같습니다."

"슈퍼웨지 작업 현장에 하루에 몇 번씩이나 들어가서 보셨습니까?"

"하루에 두 번씩, 오전과 오후에 각각 들어가서 직접 확인했습니다."

"그때 들어가서 본 모습을 기억나는 대로 이야기해 보세요."

"……."

다른 현장에서나마 슈퍼웨지 공법으로 작업하는 장면을 구경했더라면 기억이라도 반추하여 거짓말이라도 했을 텐데, 경력이 짧다 보니 실제 작업 장면을 구경하지 못해 전혀 답변을 못한다.

"하루에 두 번씩 한 달 반 동안 구경했다면서 작업 장면에 대해 이야기를 못하다니, 혹시 순시를 한 번도 안 해서 작업 장면을 구경하지 못한 거 아닌가요?"

"아닙니다. 분명히 하루에 두 번씩 순시하면서 구경했습니다. 제가 분명히 봤습니다."

"그럼 무진동 공사하는 것 본 것대로 한번 이야기해 보세요."

감리원의 눈빛을 보니 난감한 상황이 그대로 투영되어 있었다. 감리원에게 의자에서 일어서서 의자를 옆으로 치우고 뒤로 2보 가도록 했다. 그러고는 뒤를 돌아 왼발부터 들어 양쪽 신발 바닥을 보여 달라고 했다. 작업화의 신발 바닥이 내가 신고 간 작업화의 바닥보다 훨씬 깨끗했다.

"감리원, 나한테는 더 이상 거짓말하지 마세요. 하루에 두 번씩, 한 달 반 동안 현장에 들어갔다는 신발과 바닥이 어째 그리 깨끗하지요? 나는 방금 잠시 들어갔다 왔는데도 지하수로 오염된 진흙 때문에 신발이 이 모양인데. 대체 얼마나 더 버틸 생각입니까?"

화약류 수불부 대신 들어온 '항복'

마지막으로 폭약반입량을 비교해 확인하려고 화약류 수불부를 가져오도록 했다. 조금 후에 화약류 수불부 대신 소장과 감리단장이 같이 들어오더니, 잠시 시간을 달라고 요청했다. 두 사람이 의논할 시간이 필요한 모양이었다. 사무실에 연락하여 상황을 체크하고 잠시 한숨을 돌리는데, 그들이 다시 돌아왔다.

"슈퍼웨지 시공 안 한 게 맞습니다. 사실대로 말씀드리겠습니다."
"할암봉 기계로 사진만 찍어 두고 다단발파로 시공했지요?"
"예."

둘이서 기어들어가는 목소리로 대답한다.

"여기는 안 걸릴 줄 알았어요? 제가 설마 골짜기 이 조그만 현장까지 올 줄은 상상을 못했던 모양이죠?"

초보 감리원이 모든 책임을 지고 대신 총대를 메고는 잘 버텨 주길 바랐는데, 처음에는 어째 좀 버텨 내는가 싶더니만 얼마 후 신발 바닥까지 검사당하더니 금방 코너에 몰리고 말문이 막혀 항복하고 나니 이들도 더 이상은 버틸 재간이 없었던 모양이다.

전시관에 진열 중인 각종 폭약류들.
폭약은 제대로 알고 사용하면 인류 발전에 큰 도움을 주나,
우리의 희망과는 달리 가끔 대형 공사비 편취의 사기극에 조연으로 출연하기도 한다.
한화기념관에서 촬영

잠시 쉬었다 하자며 커피 한잔씩 달라고 하여 조금 여유를 가져 본다. 조금 풀어
주고 나니 긴장감이 좀 사라졌는지, 이들의 입이 조금씩 열린다.

"근데 슈퍼웨지 안 한 걸 어떻게 아셨습니까? 소문대로 정말 대단하십니다."

눈치를 보면서 단장이 감탄한 듯 물었다.

"소문으로 들었던 대로인가요? 제가 보니 현장 책임자들이 게으름뱅이 직원한테
맡겨 놓고 현장을 발로 뛰지 않으니 이런 일이 벌어진 걸로 보이는데요. 두 분이
일주일에 한두 번씩만 현장을 돌았어도 이런 일이 없었을 텐데요. 그렇지요? 그리
고 아까 작업구를 내려가다 보니 터널현장을 간다는 느낌보다는 지옥에 들어가는
기분이던데, 매일 몇 번씩 들락거려야 할 감리원도 딱 그 기분이었을 겁니다. 그
래서 안 들어갔던 거예요. 그리고 한두 번 들어가는 제가 그런 생각이 드는데, 매일

몇 번씩 들락거리는 작업자들은 무슨 생각이 들지 한번 생각해 보신 적 있어요? 작업자의 사기가 높아야 사고도 덜 생기고 작업능률도 올라가는 거예요. 감리원들 역시 인간이라 별반 다르지 않았구요."

뛰는 놈 위에 나는 놈

"사실 승강기는 설치하지 않은 게 아니라 어쩔 수가 없어 못한 겁니다. 수직구 직경이 10m라, 여기저기에 여러 군데 견적을 내봤는데도 거기에 맞는 승강기가 없답니다. 그래서 어쩔 수 없이······."

"그럼 수직구 직경을 좀 더 크게 깎아 11m로 하거나 더 키우면 될 일이지. 그 생각이 그리 어렵던가요? 아까 터널 순시할 때 수직구 올라오면서 제가 했던 이야기 기억나시지요? 몇 푼 아끼려다 거기에 동그라미 한두 개 더 붙여서 깨질 거라고."

둘 다 아무런 대답을 못하고 그저 고개만 푹 숙이고 있다.

"그동안 다른 현장 여러 군데에서 관행대로 슈퍼웨지 구간을 발파로 속여 기성금을 받아 갔다가 저한테 걸려 혼난 거 알고 계시지요?"

"몇 군데서 걸려 혼쭐이 났다는 거는 발주처와 본사로부터 수차 전해 들었습니다."

"그러고도 이 현장은 운이 좋아서 안 걸릴 거라고 생각하셨던 모양이죠? 에이그."

이제 정리해야 할 시간이 되었다. 벙어리가 되어 내 처분만 기다리고 있던 두 사람에게 단호하게 지시했다.

"공사비 차액 계산해서 가져오세요. 해당 부분의 기성 신청 현황 여부도 같이 파악해서."

같이 웃고 떠들 때야 다정하기 한이 없지만, 크게 잘못하다 걸린 현장에서는 책임을 묻는 것 또한 엄정하기 짝이 없다.

한참을 꾸물거린 끝에 가져온 차액 계산 내역을 보니 편취한 공사비 차액이 약 9억 원에 달한다. 기성 내역을 살펴보니 앞부분 작업한 부분은 조금 받아 갔는데, 대부분은 이번 달이 지나고 기성금 신청에 들어갈 예정이란다. 곰을 잡아도 쓸개가 없을 수 있다더니, 이 현장이 딱 그런 셈이었다. 이런 재미없는 경우가 있나.

"공사비 9억, 그대로 까세요. 한 푼도 에누리 없습니다. 설계변경 끝나면 저한테 보고해 주시고요."

발주처에서 나온 부장과 감리단장에게 다소 매몰차게 지시하고는 뒤도 돌아보지 않고, 인사도 받는 둥 마는 둥 차를 몰아 캄캄한 산골짜기 현장을 빠져나왔다.

이번 건은 위성지도와 노선도를 보고 현장 근무경력자의 아주 조그만 팁을 바탕으로 순수하게 내가 능력껏 조사에 임해 성공한 케이스였다. 남들은 이 사실을 믿을지 모르지만, 내가 인터넷 등을 통해 얻은 기본 자료를 바탕으로 현장의 시공상 문제점을 이미 훤히 내다보았다는 증거다. 거기서 끝나는 게 아니라, 현장에 나가 몇 가지 받은 자료와 관리자들 면담을 통해 그들의 방어막을 간단히 깨부수고 출장 목적을 완벽하게 완수하는 것! 이것이 소설이 아니라 벌써 몇 년 전에 입증된 사실이라는 데 그 의미가 있다 하겠다.

거짓말도 사람을 봐 가며 해야 하고, 공사비 빼먹는 것도 능력 없으면 하지 말아야 한다. 그런데 이보다 더 중요한 것은 거짓말도 하면 할수록 늘지만, 조사도 하면 할수록 그 기법이나 실력이 부쩍 는다는 사실이다. 현장에서도 이 사실을 알고 있었을까?

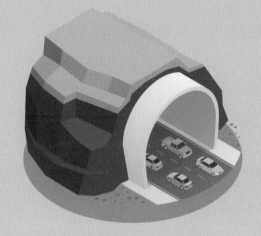

제5부
전자발파 이야기

1편. 치밀한 사전 준비로 이뤄 낸 값진 성과

  이번 이야기는 당초 설계상 슈퍼웨지 공법으로 굴착하도록 되어 있었으나, 설계 변경을 통해 터널의 발파굴착 공법 중 현재로서는 가장 최신의 공법인 전자발파로 시공하는 과정에서 단가산출을 잘못하는 등으로 총 6개 공구에서 88억 원의 공사 비를 과다하게 타 간 사실이 점검에서 적발되었고, 자체감사 결과 최종적으로 111 억 원의 공사비를 삭감당한 원주–강릉 복선철도 구간에 대한 이야기이다.

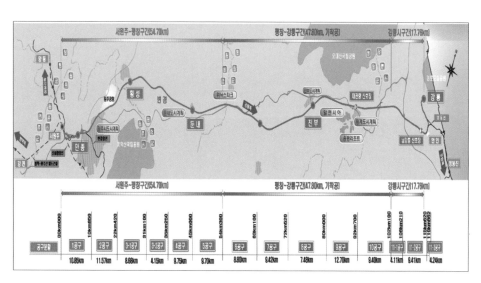

원주–강릉 철도의 노선도와 공사구간도.
공사구간이 120㎞가 넘는데다 공사비만도 3조 7,597억 원의 대역사였다.

이 구간에 대한 점검은 2015년 7월과 8월 각각 일주간에 걸쳐 이루어졌는데, 혼자서 배낭을 메고 나가 강원도 횡성군의 산골 정금리에 위치한 3-2공구 상황실과 읍내 숙소를 오가면서 더운 날씨와 모기, 식사와 숙소의 불편함 등으로 정말 갖은 고생을 한 덕분에 내 머릿속에서 더욱 기억이 새롭기도 한 곳이다.

기다리던 대어 잡으러

이 원주-강릉 철도 구간에서 여러 공구들이 설계상의 슈퍼웨지 공법을 전자발파로 변경 시공한 사실은 부패신고를 통해 알게 되었다. '낮말은 새가 듣고 밤말은 쥐가 듣는다.'라는 속담이 있지만, 이 경우도 신고 사실을 알게 된 경위가 원주의 한 식당에서 옆자리에 앉은 일행들의 대화 덕분이라고 한다. 이들의 대화 내용이 하도 특이한 내용이라 이를 머릿속에 담아 놨다가, 나와의 사전 상담을 통해 확인하고 그걸 위원회에다 신고해 준 것이다.

물론 간단한 제보 수준의 신고에 불과했지만, 내가 몇 번의 터널 기획점검 출장을 통해 그 정도로도 전모를 단시간 내에 파악할 수 있는 정도의 지식은 가졌으니, 실제로 조사가 가능했을 뿐만 아니라 일도 술술 풀릴 수 있었다. 한마디로 그가 나를 만난 것 자체가 행운이었고, 내가 그를 만나게 된 것 역시 행운이었던 셈이다.

나는 당시로는 물론 현재에도 최신 공법인 이 전자발파를 공부하기 위해 영남 쪽의 철도 현장 한 곳과 중부지역 복선 철도의 두 개 공구 등을 점검 대상으로 추가하여, 이들 공구로부터 전자발파 공법의 '단산'이라 부르는 단가산출 근거와 실제 시공 데이터 등을 확보하여 공부하는 한편 본격적인 조사에도 대비하였다.

영남 쪽의 현장은 도로 하부를 비스듬히 통과하는 지하터널 구간으로, 당초 슈퍼웨지 공법으로 설계되어 있었으나 이러한 최신 공법도 앞에서 언급했다시피 하루 굴진거리가 0.5m 정도에 불과한 등 효율이 떨어져 고민하던 중 먼저 그중 일부를 전자발파로 변경하여 시공했던 것이었다. 전자발파를 하게 되면 최소한 하루 두 번의 발파에, 한 번에 최소한 1m는 굴진할 수 있으니 효율 면에서야 슈퍼웨지에 비할 바가 아니다. 그러나 전자발파도 비싼 전자뇌관이 다량 필요한지라 복선 철도 상반 한 번 발파에 개당 25,000원이나 하는 전자뇌관 300여 개가 필요하여 뇌관 값만 해도 750만 원에 달하는 등으로 일부 구간만 시공하고 말았단다. 참고로 다른 뇌관의 단가도 살펴보면 당시 일반발파나 간이 다단발파에 사용되는 전기뇌관은 개당 1,600원 정도이고, 다단발파에 사용되는 비전기뇌관은 2,800원 정도였다.

감리단에 요청하여 전자발파 시공 자료를 일부 제출받아 확보하고 나서 슈퍼웨지 공법 공사자료를 받고 보니 공사 규모가 그리 크질 않았다. 특허료와 장비 임대료, 자재구입비, 용역료 등의 계약서와 세금계산서, 거래명세서와 송장 등을 우선 확인하고 검토하기 시작했다.

그러고는 감리원과 감리단장, 시공사 소장 등을 따로 불러 각자 본 대로 슈퍼웨지 공법 시공 장면을 이야기해 보라고 하겠다고 통보했다. 나도 작업 장면을 직접 본 적이 없지만 여러 현장을 대상으로 조사하면서 사진과 동영상 등을 많이 봐 왔기에, 어느 정도 의미 있는 조사가 될 듯했기 때문이었다.

그런데 그 현장의 감리단장과 현장 소장은 내 눈에도 다른 현장보다 양심적이고 차분하게 보였는데, 조사에 압박을 많이 받았던 것인지, 아니면 다른 현장에서 말 그대로 크게 빼먹다가 잡혀서 경을 치는 상황을 미리 감지했는지 잠시 차를 한잔 하자고 요청해 왔다. 현장 사람들과의 대화는 언제나 환영하는 판이라, 하던 자료 분석을 잠시 중단하고 두 사람과 대좌했다.

전자발파에 앞서 발파회로를 점검하는 모습(사진 위)과 발파 준비가 끝난 상태의 모습.
전자뇌관을 사용하는 전자발파 공법은 잘 사용하면 OBM 공법 등에 활용되는 좋은 공법이나,
많은 현장에서 공사비 편취수단으로 악용하다가 점검에서 걸리는 바람에
한때 '비리의 온상'의 오명을 덮어쓰기도 했다.

싱겁게 끝난 첫 대결

"미리 말씀드리려고 했는데 늦게서야 말씀드리게 돼서 송구스럽습니다만, 원래 이 현장의 설계는 무진동 공법이 슈퍼웨지 공법과 소규모의 NRC 공법으로 설계되어 있었는데, 작년에 실제 시공결과를 바탕으로 설계변경을 해서 기성내역서상에는 슈퍼웨지 공법과 전자발파 구간으로 구분됩니다."

"그래서요?"

"전자발파는 하루에 1m씩 두 번 발파를 하니 나름대로 효율은 좋은 편이었는데, 이게 회사에서 홍보하는 내용과는 달리 생각만큼 소음·진동 저감이 안 되더라고요. 그래서 당초 90여 미터 하려고 했던 것을 앞쪽 20m 남짓 하고는 중단했습니다."

"네, 그러셨군요. 저도 최근 전자발파를 접하고 그게 무슨 공사 현장에서 소음·진동 잡는 귀신이라도 되는 줄 알았는데, 선전하는 만큼은 아니었던 모양이지요? 사실 선전하는 만큼 효과가 나오는 게 어디 있겠어요? 약쟁이 말대로라면 병으로 죽는 인간이 없을 테니 말이죠."

"네. 발파는 역시 발파일 뿐이더군요. 그래서 나머지 70m가 좀 넘는 구간은 슈퍼웨지로 작업하느라 맘고생이 이만저만이 아니었습니다. 그 점만은 선처를 좀 해주십시오. 현장에서는 공사기간이 늘어지면 그게 제일 괴롭습니다."

"그런데 무진동 공사 중에는 무슨 일이 있었습니까? 민원이 심했나요?"

"아시다시피 그 구간 바로 인근에 관공서가 있어서 조심을 했고, 관에서 문제 삼을 만한 민원이 나올 정도는 아니었습니다."

"그런데요?"

"도로 하부만 무진동으로 시공하고, 나머지는 다단발파로 시공했습니다."

"그럼 설계변경을 해서 바로잡아 놓으시지 그랬어요?"

"그게 맞습니다만, 시공 구간이 얼마 안 돼서 그냥 넘어갔는데……."

잠시 중단하고 공사비 차액을 계산해 오라고 했다. 감리단에서 이 공사비 차액을 추산해서 가져왔는데, 금액이 생각했던 것보다 별로 많지 않았다. 다시 고민에 빠졌다. 소문이 날 각오 하고 이걸 설계변경해서 공사비를 깎으라고 해야 할까, 아니면 어차피 한 자릿수에 불과한 이 공사비 차액 환수는 놔두고 여길 학습장으로 여겨 공부만 하고 대신 계획대로 원주-강릉 구간에 가서 대어를 잡아야 할까?

쉽게 판단하기 힘들어 잠시 커피를 한잔 들고 밖으로 나가 고민을 해야 했다. 그런데 미처 커피가 식기도 전에 결단이 섰다. 어차피 이 점검을 시작한 것은 많은 현장에서 많은 실적을 내는 게 목적이 아니었다. 그동안 사회문제가 된 토목현장에서의 무차별적인 설계변경의 문제점과 공사비 편취 사실을 적발하고 이를 널리 알려 여러 현장들을 각성시키고, 나아가 우리나라의 토목분야 공사비 부패 문제에 불을 지피기 위한 것이 아니었던가? 그렇다면 나는 남들과는 달리 작은 고기 백 마리보다 큰 고기 한 마리를 잡아야겠다는 생각이 들었다.

차액을 설계변경해서 공사비를 삭감하라고 지시하고는 고맙다는 말만 하고 조용히 그 현장에서 철수했다. 원래 보안이란 게 당부하고 사정을 할수록 소문이 쉽게 다른 현장으로까지 나기 때문에 그냥 아무 일 없었듯, 선심을 쓰듯 조사를 중단하고 제출받은 자료 더미만 봉투에 차곡차곡 넣어 현장을 빠져 나왔던 것이다.

▌떼죽음 당한 물고기들

며칠간 사무실에서 조사계획 사전 통보로 시간을 보낸 후, 이번에는 다른 건설 현장으로 점검을 나갔다.

이 구간은 총연장 44㎞ 중 31㎞가 터널로 구성되어 있었는데, 총 4개 공구로 분할하여 공사를 진행하고 있었다. 개요를 파악한 결과 그중 2개 공구에서 설계상 슈퍼웨지 공법으로 굴착하는 구간이 있었는데, 이 중 한 공구는 전자발파로 설계를 변경하여 시공한 것으로 파악되었다.

일단 해당 공구의 공사개요를 먼저 파악할 필요가 있어 자료 요구와 함께 감리단장과 현장소장을 불렀다. 예상했던 대로, 그동안 아무리 내가 보안 유지를 한다 해도 역시 소문은 어느 정도 나 있었다. 다만 전자발파란 것이 일반화된 공법이 아니어서 각 현장에서는 내가 집중 공략 포인트로 삼은 이들 공법에 대해 제대로 아는 관리자가 없었다는 점이 그나마 다행이었다.

그동안 자료 수집을 통해 정리해 두었던 메모노트를 꺼내 놓고 하나씩 질문하기 시작했다.

"여기 현장에 전자발파로 시공한 곳이 있지요? 고속도로 하부 통과지점과 양어장 하부 통과지점이지요?"
"예, 그렇습니다."
"당초 설계는 무엇이었습니까?"
"슈퍼웨지 공법으로 설계되어 있었습니다."
"고속도로 하부는 발파로 이상 없이 잘 넘어갔습니까?"
"진동치도 기준치 이하로 나오고 해서 무사히 관통했습니다."
"고속도로 하부는 불과 6m 정도밖에 안 된다고 들었는데 진동 문제가 괜찮았다니. 전자발파의 효과가 엄청 좋았던 모양이군요."
"전자뇌관이라는 게 개당 35,000원도 넘는데, 그게 한번 발파하는 데 350개 넘게 들어갔습니다. 그래서 공사비가 많이 든다고 시공사에서도 반발이 심했습니다."
"전자뇌관을 그렇게 많이 사용하지 않았을 겁니다. 시공사도 공사비 때문에 공법 선정할 때는 경제성을 따져 봤을 테니까요. 일단 일자별로 전자뇌관이 반입된 거래 명세서나 세금계산서 가져오라고 하세요. 보면서 이야기하시지요. 그런데 다른 한 곳은 왜 전자발파로 하게 되었습니까?"

"거기는 양어장 하부인데요. 처음에는 다단발파로 해도 되는 줄 알고 몇 번 발파하고 나니 물 위로 고기들이 허옇게 배를 드러내고 떼죽음을 하는 바람에, 양어장 주인이 낫을 들고 쳐들어와 죽이겠다고 소리치는 바람에 무서워서 며칠간 사무실도 못 지켰습니다."

㈜한화에서 최근 새로 발표한 전자뇌관 HiTRONIC Ⅱ와 전자발파 시스템의 모습.
전자뇌관은 아직 초기라 앞으로도 지속적인 발전이 예상되며,
토목 및 터널 분야에 끼칠 영향 또한 상당할 것으로 예상된다.
사진 출처: ㈜한화 홈페이지

"그래서 전자발파로 변경해서 시공했습니까?"

"하도 겁이 나서 나머지 구간은 전자발파로 변경하여 굴착해서 지나갔습니다. 정말 혼났습니다."

"참 바보짓 하셨군요. 어차피 며칠 만에 고기가 다 죽었으니 더 죽을 물고기도 없었을 텐데, 뭐 하러 전자발파로 변경해서 불쌍한 나랏돈만 축냈습니까? 차라리 일반발파로 변경해서 공기라도 단축하고 공사비도 세이브하시지 그랬어요?"

본격 조사도 전에 들고 나온 백기

준비해 온 자료를 검토하다 보니, 이 현장에 반입된 전자뇌관은 하루에 170개와 340개 정도씩 계속 반입된 것이 확인되었다. 발파당 산근에 잡힌 350개씩 반입하여 전자발파에 사용한 게 아니라, 그 절반에 불과한 170개 정도만 반입해 사용한 것이었다. 내가 이런 걸 그냥 넘어갈 리가 없었다.

불러서 이 점을 지적하자 미리 겁을 먹은 건지 감리단에서는 당초 설계상 21,000여 개였던 전자뇌관 수를 실제 현장에 반입되어 사용된 수량인 13,000여 개로 당장 수량을 바로잡아 공사비를 정산하겠다며 정산내역을 만들어 가지고 왔다. 여기서 정산이란 물론 공사비를 깎는다는 말이다.

잠시 이야기가 빗나가지만, 전자발파에 관심을 가지기 시작할 때 이 분야의 전문가를 한 분 만난 적이 있다. 그때 내가 알고 싶었던 전자발파의 공사 가성비 부분을 물어본 적이 있었다. 그분의 대답은 가격 대비 효율을 본다면 경험상으로는 80㎡ 정도인 복선철도 구간에서는 상반의 경우 140개 내외, 하반은 40개 내외이며, 전단면의 경우 170개 정도라고 했던 것이 기억났다.

전자발파는 근본 목적이 발파 시 발생하는 소음과 진동, 특히 진동을 줄이기 위한 공법이므로 필요한 폭약량은 어찌할 수 없어 고정된 대신, 발파 공수를 늘리고 각 공당 폭약량을 줄여 순간 발파되는 폭약량을 각각으로 세분화함으로써 한 공씩 짧은 시차를 두어 순차적으로 발파하는 방법이다. 그런데 결론적으로 보면 이 공구에서는 이러한 장점과 공사비의 경제성을 혼합하여, 이 효율을 조금 낮추는 대신 공사비가 적게 드는 방식으로 해결한 모양이었다.

감리단과 시공사가 눈치 빠르게 초반부터 이실직고하고 제 발로 공사비를 깎겠다고 하니, 그리고 실정보고서와 공사비 정산서를 만들어 와 발주처에 보고하겠다고 하니 이 공구에서도 별다른 대결상황 없이 조사가 싱겁게 끝나고 말았다.

그간 수십 편의 전자발파 논문도 찾아 읽어 이론도 좀 공부했고, 두세 군데 현장에 출장 나가 실습까지 성공적으로 끝냈다. 막연히 전자뇌관과 전자발파를 무기로 정말 멋지게 현장에서 자웅을 한번 겨뤄 봐야겠다고 생각했는데, 그 순간이 바로 코앞까지 다가온 것이다.

접대용 논문 저자

곧바로 이어서 원주–강릉 복선철도 구간에 대해 점검에 들어갔다.

그러나 처음에는 잔뜩 긴장을 할 수밖에 없었다. 그 이유는 전자발파 논문을 찾아보는 과정에서 강원본부의 어떤 직원이 여러 명의 공저자 중 주요 저자로 등재되어 있었기 때문이었다. '공단 직원 중에서 이 최신 발파공법의 전문가가 있다니.' 내심 놀랐지만, 점검과정에 확인해 보니 이 구간의 전자발파는 정말 요지경이었다.

속은 느낌이 들어 그 저자를 찾았더니, 어느 공구의 공사관리관으로 있는 자였다. 불러서 직접 심문에 들어갔다. 내가 아는 부분을 몇 가지 예로 들어가면서 대화를 해 봤더니, 이 직원은 전자발파에 대해 아는 것이 전혀 없었다.
"전자발파에 대해 잘 안다는 공사관리관이 왜 현장 관리가 이 모양인가?"
"무슨 말씀인지 잘 모르겠습니다. 저는 전자발파를 모르는데요?"
"당신이 전자발파 관련 논문의 주요저자인 것까지 확인하고 왔는데, 함부로 거짓말을 않는 게 좋을 거요. 나도 사전에 그 정도는 공부를 하고 왔다는 걸 아셔야 할 겁니다!"

"정말 모릅니다."
"이 논문을 보고도 아니라고는 못할 텐데요?"

하도 극구 부인하기에, 내가 노트북을 켜서 저장되어 있던 그 논문을 띄워 놓고 바로 물었다.

"하여간 저는 아닙니다."
"여기 당신의 당시 소속까지 나오는데, 당신이 아니라니? 당시에 그 복선철도 구간 공사감독관이 아니었나요?"
"당시 그 구간 공사감독관은 맞지만, 하여간 저는 그 논문과는 관계가 없고 전자발파도 모릅니다."

심문이 완전히 따로 놀고 있어 그를 일단 돌려보내고 추가 확인을 해 봤다. 이름난 학회지에 실린 논문인데, 사실은 수준이 떨어지는 논문에다 공사감독관의 이름을 본인 동의를 제대로 받지도 않고 올린 모양이었다. 이런 논문이 역사가 꽤나 오래된 학회의 논문집에다 버젓이 실리다니. 아마 해당 공사 구간에 2개 공구에서 전자발파를 시공해서 꽤나 재미를 본 전자발파 업체에서 시공 데이터로 논문을 쓰면서 허위로 공사 관련자의 이름을 주요저자로 올린 듯했다. 즉 요즘 항간에 유행하는 선물저자(Gift Author)였던 것이다.

후에 거기에 이름이 올라간 다른 사람에게도 확인해 봤더니, 그 역시 자신이 논문 저자로 올라간 사실을 전혀 모르고 있었다. 이건 정말 코미디가 아닐 수 없었다.

각양각색인 공구별 슈퍼웨지 설계 내용

다시 이야기가 본래대로 되돌아간다.

먼저 이 구간의 전체 공구 14개를 대상으로 당초 설계가 슈퍼웨지 공법으로 잡혀 있는 곳을 파악했더니 8개 공구로 집계되었다. 그리고 이들 슈퍼웨지 공법 구간들이 소규모를 제외하고는 거의 모두 전자발파로 변경되어 시공하였거나, 예정으로 잡혀 있는 것이 확인되었다. 조사는 자연히 이들 8개 공구를 대상으로 압축하여 진행되었다.

각 공구별로 감리단장과 시공사 소장, 공사부장 등이 공사 관련 자료를 가져와서 테이블에 앉아 나와 문답하는 형식으로 조사를 시작했다. 사전에 발주처에다 제출할 자료 서식을 보냈기에, 대체로 각 공구마다 서식에 맞게 잘 준비를 해온 것으로 기억된다. 그래서 각 공구 순으로 순탄하게 1차 점검이 시작되었다.

먼저 한 공구를 보니 당초 슈퍼웨지 굴착 385m를 45m로 줄이는 대신, 전자발파로 310m를 시공한 것으로 나타났다. 이 전자발파 구간은 170m와 140m의 두 개 현장이었는데, 140m 현장은 굴진이 끝났으나, 170m 현장은 전자발파가 진행 중이었다. 면담해 보니 슈퍼웨지로 시공했다는 구간은 모두 GNR로 시공했다고 했는데, 구간이 45m에 불과한데다 시공 기간도 길어 사실로 판단되었으므로 더 이상 관심을 두지 않았다. 전자발파 구간의 설계는 PD-5 구간이었고 산근에는 상반에만 전자뇌관이 252개로 잡혔고, 단가는 개당 35,000원으로 잡혀 있었다.

전자뇌관의 반입 자료를 보니 첫날은 1회 발파였는데 240개로 되어 있었으나 그다음부터는 180개, 168개 등으로 산근보다 반입 및 사용 수량이 많이 줄어 있었고, 굴진거리도 PD-5의 설계상 1.2m가 아닌 평균 1발파당 2.15m씩 굴진한 것으로

세 금 계 산 서

(공급받는자 보관용)

책번호	권	호
일련번호		

공급자	등록번호	224-		공급받는자	등록번호	114-	
	상 호	(주) 공사	성명		상 호	에씨(주)	성명
	주 소	강원도 횡성군			주 소	서울 강남구	
	업 태	도매,건설	종목 화약,발파공사		업 태	건설업	종목 도상외

작 성			공 급 가 액								세 액								비 고
년	월	일	공란	천	백	십	억	천	백	십	만	천	백	십	일			
15	2	25	1		2	0	4	7	8	0	8	1	7	2	0	4	7	8	0	8	9

월	일	품 목	규 격	수 량	단 가	공 급 가 액	세 액	비고
2	25	메가맥스 외				204,780,817	20,478,089	

합 계 금 액	현 금	수 표	어 음	외상미수금	이 금액을
225,258,906					청구 함.

원주-강릉 철도구간의 모 공구에서 발견된 위조 세금계산서.
워낙 많은 실적이 나와 시간부족으로 이 부분을 추가적으로 손대지 못하였으나,
위조된 액수가 2억 원이 넘는 것으로 보아,
이 부분만 손댔어도 상당한 추가 실적이 나왔을 것으로 예상된다.

되어 있었다. 또 그 시점까지 공사장에 반입된 뇌관 수량은 설계상으로는 32,962개였으나 실제 반입은 11,700개로 설계 대비 35.5%에 불과하였고, 반입 단가는 개당 23,000원에 불과하였다.

다음 현장의 현황을 보니 4개의 부위에서 전자발파를 이미 시공했는데, 총 연장은 329m에 설계내역상의 뇌관 수량은 104,633개인 데 반해 실제 시공에 사용된 뇌관은 42,191개로 설계량의 40%에 불과했다. 뇌관의 반입 가격은 개당 21,000원에 불과했다. 이 공구는 폭약과 뇌관의 반입수량을 조작하기 위하여 위·변조된 세금계산서를 제출하기도 했고, 폭약도 폭속이 낮아 진동이 덜한 LoVEX를 사용한 것이 아니라 이보다 폭속이 훨씬 빠른 고폭성 폭약 MegaMEX를 사용하였으나 조사 방법을 바꾸다 보니 전모가 들통 날 수밖에 없었다.

다음 공구는 당초의 슈퍼웨지 굴착 374.5m를 196.5m로 줄이는 대신, 전자발파 178m가 추가되어 있었고, 전자뇌관 반입단가는 개당 23,000원, 전자발파 시공부위는 총 4개였다. 이 중 45m, 71m, 26m 구간은 공사가 완결된 상태였으나, 36m 구간은 아직 굴착을 하지 않은 상태였다. 설계 및 반입된 뇌관의 수량을 파악해 보니 설계수량 33,814개 중에서 실제 반입은 19,837개로 비율로 보면 설계상 수량에 비해 불과 58.7%로 많이 부족한 상태였던 것이다.

이 구간은 특이하게도 슈퍼웨지 구간 역시 자료를 점검해 보니 하루 굴진거리가 1~2m로 상당히 수상한 공사 진척도를 보여, 전체 공정자료에 빨간색으로 비망 표시까지 해 두고 있었다. 그러나 워낙 공구 수가 많은데다 수시로 검토할 자료까지 지속적으로 생기다 보니 더 이상 이들을 챙길 수가 없었다. 178m라면 상당히 많은 공사 물량이라 공사비 차액만도 최소한 25억 원을 넘었을 텐데, 지나고 보니 참으로 아까웠다.

사실 공구 수가 5개를 넘게 되면 짧은 일정으로 그리고 혼자서 진행해야 하기 때문에 정신이 하나도 없다. 발주처나 시공사 직원들도 잦은 점검으로 인해 이러한 내 사정을 알고 자료 제출을 최대한 지연시키거나 찔끔찔끔 가져오는 등의 수법까지 써대니, 혼자서는 도저히 어쩔 방법이 없는 것도 현실인 것이다.

다음 현장의 자료를 검토해 보니 당초 설계상 슈퍼웨지 187m 구간을 35m로 축소하고 대신 줄어든 구간 중 131m를 전자발파로 변경하여 시공하였는데, 전자발파 구간은 3군데인 것으로 파악되었다. 뇌관 반입 단가를 보니 23,000원, 이 구간의 설계내역상 뇌관 수량은 27,049개였으나 실제 반입된 수량은 15,347개로 설계수량 대비 57.6%에 불과했다.

그 다음 공구의 경우 당초 설계는 슈퍼웨지 349m였으나, 이를 전자발파 280m

로 설계 변경하여 시공한 것으로 파악되었다. 전자발파 시공 위치는 140m와 140.1m의 터널 시점부와 종점부의 두 개 부분으로 되어 있었고, 전자뇌관 반입 단가는 각 21,000~23,000원이었다. 설계수량과 실제 현장 반입수량을 보니 각각 73,311개와 58,973개로 반입 비율은 설계 대비 80.4%로서 그나마 지금까지의 여러 대상공구 중 제일 양호한 구간이었다. 그러나 이 공구에서는 무진동에서 전자발파로 변경하는 과정에서 필요 구간을 지나치게 줄여 공사장 발파 소음과 진동으로 인해 인근 축사에서 송아지가 말라 죽는 바람에, 전자발파와는 별도로 소음·진동 때문에 추가로 혼이 난 구간이기도 하다.

▌그물에 가둔다고 다 내 고기는 아니듯 ▌

다음 공구의 경우, 슈퍼웨지 설계구간이 있었는데, 자료에는 이 모두를 그대로 슈퍼웨지로 시공한 것으로 나와 있었다. 굴착 거리별 소요시간을 볼 때 장난질의 의심이 크게 들었으나, 워낙 전자발파에 집중하다 보니 이 한곳에 따로 투입할 여력이 전혀 없었다. 게다가 무진동 검측사진 대지상 막장면 사진에 발파 충격이 그대로 나타나 있었고, 암반마저 5타입에 가까워 추측상 대부분 발파굴착하고 일부를 무진동으로 한 것으로 의심되었다. 그러나 현장에서 찍었다는 무진동 작업 장면 동영상을 일부 제시하는 상황이고, 혼자서 14개 공구를 모두 꿰뚫어볼 수가 없다 보니 내가 이걸 제대로 보질 못했던 것이다. 이런 걸 미꾸라지라고 해야 하나 생각되기도 하지만, 그리고 현장 입장에서 이러한 사실을 눈치챘는지 여부는 잘 모르겠으나, 행운아임은 분명한 듯하다.

다음 공구는 제출 자료상 당초 설계상 슈퍼웨지 460m를 72m로 축소하고, 대신 일부인 60m를 전자발파로 변경하여 시공하는 한편 나머지는 일반발파로 변경 시공한 것으로 나타났다. 이 공구가 특이했던 것은 전자발파였는데, 다른 공구들이 전자발파의 산근을 보면, 단면에서는 큰 차이가 없음에도 전자뇌관 수량은 크게 차이가 난다. 소요 전자뇌관수를 보면 고속도로 구간(사진 위)에서는 177개를, 철도 구간(사진 가운데)에서는 252개를 사용한 것으로 나타났다. 그런데 철도구간은 뇌관 수량을 파악해 보니 전자뇌관과 비전기뇌관을 혼합하여 사용한 것으로 파악되었다. 전자뇌관 가격이 워낙 비싸다 보니 이런 편법도 동원된 것으로 보인다. (사진 아래)

호주산 ORICA사 전자뇌관 제품을 반입해서 사용한 데 반해, 이 현장은 당시 한창 전자뇌관을 개발하면서 현장시험을 많이 했던 ㈜한화의 전자뇌관을 사용하였으며, 이 구간을 ㈜한화에 의뢰하여 발파를 한 것이었다. 하청 받은 업체는 30% 가량의 뇌관을 구입하여 사용하는 대신 발파 성과를 공유하기로 하고, 70% 가량은 개발 중인 전자뇌관을 무상으로 가져와서 공사를 하는 바람에, 반입된 전자뇌관의 단가를 계산했더니 타 공구들보다 상당히 저렴했던 것으로 기억한다.

그 다음 공구의 경우는 자료상 당초 설계상의 슈퍼웨지 구간 240m 전체를 전자 발파로 변경하여 시공한 것으로 나타났다. 각각 180m와 60m의 2개 구간이었는데, 상단에 펜션 단지와 지방도가 있어 진동 피해를 줄이기 위해 무진동으로 설계되었던 것이다. 뇌관 반입단가는 23,000원이며, 발파당 뇌관 소요량은 190개 정도로 나왔다. 전체 설계 및 반입수량을 파악해 보니 각각 56,772개, 23,850개로서 42%에 불과했다.

뇌관수 부족의 진짜 원인

그런데 참으로 웃기는 것은 소음·진동을 줄이기 위해 전자뇌관을 사용한 전자 발파를 한 것으로 나타났고, 그 구간은 PD-5로 가장 약한 암반인 풍화암 구간이었음에도 발파 시 폭약은 고폭성 MegaMEX를 반입하여 사용하였던 것이다. 발파 효율을 극대화하기 위한 눈가림일 수도 있으나 지금 생각해 보니 굴진효율 극대화보다는 해당 암반지대가 당초 설계상에는 풍화암 지대였으나, 실제 굴착 중의 막장면 관찰 결과 경암이나 극경암인 2등급에서 1등급의 암반 지대가 아니었나 생각된다. 그래서 이 구간의 실제 공사는 PD-1이나 PD-2의 무지보 구간으로 시공하고서도 공사비만 상대적으로 비싼 당초 설계의 PD-5로 받아 간 것으로도 추측된다. 물론 당시의 바쁜 상황에서는 이런 생각을 할 겨를이 없었고, 다만 당시의 자료를 바탕으로 요즘 책을 쓰면서 재검토하는 와중에 드는 부질없는 생각일 뿐이다.

이 공구에서는 다른 재미있는 일화도 있었다.

아시다시피 전자발파를 할 때에는 심발부라고 해서 제일 중앙 부위에 자유면을 확보하기 위해 통상 362㎜ 구경의 선대구경을 먼저 천공해야 하는데, 이 선대구경 작업 증빙을 살피다 보니 전체 1,375m 중 100m만 천공하고 나머지는 실제로 천공하지 않았음에도 공사비는 전액 설계대로 기성금을 받아간 것으로 파악되었다.

해당 공구의 소장에게 이걸 어떻게 할 거냐고 물어도 별다른 대답이 없어 계속 추궁했더니, 뜻밖에도 "공사비 그거 물어내면 될 거 아닙니까?"라는 답변이 튀어나왔다. 그 바람에 비교적 우호적인 분위기 속에서 착착 잘 진행되어 나가던 조사가 갑자기 찬물을 끼얹은 듯 순식간에 분위기가 식어 버렸다. 이 말에 대부분의 사람들은 '점검할 때는 대답을 조심해야 한다.'라는 교훈으로 받아들이지만, 내 생각에는 '숨길 능력도 없는 사람들이 함부로 거액의 공사비를 빼먹다가는 뒷감당이 안 된다.'라는 교훈으로 받아들이라고 말하고 싶다.

그 덕분에 이 공구는 구간 전체에서 유일하게 선대구경 미시공 사실까지 적발되어, 전자발파 뇌관 차액 15억 원에다 선대구경 관련 공사비 11억 원이 추가되어 총 공사비 26억 원이 차감되었다. 물건을 훔치다 걸렸으면 그냥 '죄송합니다.' 하고 돌려주고 벌을 받아야 한다면 달게 받는 게 제일 값싼 처분인데, 관리도 안 된 현장을 억지로 모양새만 갖추려다 보니 이런 일이 생긴 것이다. 이러한 일들로 인해 업계 1위라던 그 회사는 체면을 상당히 구겼고 국내 건설사업을 접네 마네 하면서 몇 년간 고민했다고 하는데, 요즘 들어서는 다른 방법이 없던지 수주를 위해 열심히 노력 중이라고 한다.

마지막 공구는 당초의 설계는 무진동 165m와 전자발파 521m였는데, 무진동은 전액 삭감하는 대신 이를 전자발파로 변경하여 전체 640m가 전자발파 구간이었다. 그런데 막 공사를 착수한 상황이라 반입된 전자뇌관 수량도 얼마 되지 않아, 이번 조사에서는 일단 제외시켰다.

거 래 명 세 서						

기간	2015-02-26 ~ 2015-03-25					PAGE 1

공급자	등록번호	224-		공급받는자	등록번호	114-	
	상 호	(주) 공사			상 호	엔씨(주)	
	성 명				성 명		
	주 소	횡성군 횡성읍			주 소	서울 강남구	
	업 태	도매 건설	업 종 위막 발파공사		업 태	선실업	업 종 노공사

품 명	규 격	수 량	단 가	금 액	비 고
e-Dev	6m	300	21,000	6,300,000	
HD-LP1	4 5m(1#~10#)	488	1,400	683,200	
HD-MS	4.5m	704	1,400	985,600	
메가멕스	32mm(20kg/box)	28	45,150	1,264,200	
화이넥스1호	17mm(15k/box)	3	59,325	177,975	

원주-강릉 간 철도 현장에서 나온 거래명세서.
전자뇌관이 설계 및 기성 수량에 비해 크게 부족한 데는 위의 사진에서처럼
전자뇌관은 소량만 사용하고 대신 값싼 전기뇌관으로 공사한 것도 한 원인이었다.
이 경우, 사실상 소음·진동 억제 효과는 무늬에 불과하다.

이 원주-강릉 구간에 대한 점검은 7월 중순과 8월 말, 두 차례에 걸쳐 각 일주일간씩 진행되었다. 앞의 출장에서 워낙 강공으로 맥을 잡아 놓은 데다가 상황이 심각하다는 점을 인식한 철도공단에서 여러모로 도와 주어 비교적 짧은 시간에 핵심 위주의 조사가 될 수 있었다. 약 한 달 뒤에 실시된 두 번째 출장은 그동안의 점검 결과를 공단과 협의하고 필요할 때만 내용을 재검토하는 게 주 내용이었기 때문에 한결 여유로웠다.

어쨌든 조사 결과 이들 6개 공구에서 적발한 총 규모는 88억 원에 달하였다. 이 부분에서 나는 참으로 고민을 많이 해야만 했다. 점검이든 조사든 실적만 많이 내면 좋겠지만, 그것도 어디 써먹을 데가 있어야 실적도 효과가 있는 법이다. 그때 굴러가는 대로 놔뒀더라면 관성이 생겨 최소한 100억 원을 가볍게 넘기고 한참을 더 굴러갔을 터였다.

그러나 사실 혼자서 진행하는 조사에 100억 원 이상의 감당 못할 실적이 나오고 해당 회사들이 작당하여 모처에다 압력을 넣어 대면 귀찮은 건 나밖에 없었다. 그리고 나중에 보도자료를 낼 때 90억 원이 넘으면 기자들이 수백억이라고 쓸 가능성이 있었다. 그래서 그 실적 중 당초 내가 낸 전자발파와 선대구경 등으로 인한 88억 원 부분만 실적으로 잡게 된 것이다.

실제 현장조사에서 사용한 공책의 메모.
각 현장마다 공종별로 중요 사항을 뽑아 별도로 정리해서 비교해야 하기 때문에
상당한 시간과 함께 노고가 필요하다.
이런 점에서 보면, 조사 업무는 피조사자와의 싸움 이전에 조사자 자신과의 치열한 싸움이다.
그나마 성과라도 있으면 좋지만, 고생만 하고 빈손으로 물러서야 하는 경우도 허다하다.

설계보다 전자뇌관을 과소하게 반입 및 사용한 부분에서는 각 공구별로 적게는 4억 3,000만 원에서 많게는 31억 400만 원까지 합계 70억 3,500여만 원에 달했는데, 이 중 조사일 현재 기성금을 받아 간 것이 52억 3,100만 원, 미수령 상태가 18억 400만 원으로 분류되었다.

당초 설계인 슈퍼웨지 공법을 전자발파 등으로 설계변경하면서 특허사용료를 감액하지 않은 부분에 대하여는 4개 공구가 걸렸는데, 적게는 1억 원에서 많게는 3억 원까지 합계 6억 원이 적발되었다. 이외에 대어를 잡다 잡어가 함께 걸린 잡어 꼴이 된 선대구경 미시공은 1개 공구에서 11억 원이 부당하게 기성금을 받아 갔다가 적발되기도 했다.

이 구간에 대한 발주기관의 최종 환수내역을 살펴보니 총 111억 원이나 되었다. 당초 내가 조사했을 때보다 금액이 상당히 늘어난 이유를 알아보니 당시 막 전자발파를 착수한 곳이라 조사할 게 없어 처음부터 배제하였던 몇 군데 공구가 있었는데, 이들도 포함하여 전 구간에 대해 전자발파가 완료된 후 전자뇌관 반입분에 대한 정산을 실시하였다고 한다. 이 덕분에 두어 개 공구가 추가되고, 공사 기성금을 수령해 간 일부 공구에 대해 지연이자까지 차감하고 나니 총 공사비 차감액이 23억 원이나 늘어난 것이다.

각각 일주일씩, 단 두 번의 출장으로 6개 공구를 대상으로 88억 원의 공사비 편취 사실을 적발, 관련 업계에 대해 크게 경종을 울릴 수는 있었으나 혼자서 한 조사인데다 공사비 자체가 워낙 큰 대규모 공사장들이라 돌이켜 보니 그만큼 실수도 많았던 것으로 생각된다.

먼저 전자뇌관의 반입 가액이 개당 21,000~23,000원에 불과한데도 단가산출서상에는 일괄적으로 35,000원으로 계상된 부분과, 설계상 발파공을 상반의 경우 최고 340공으로 설계되었으나 실제는 140공에서 170공 가량만 천공하여 발파 시공한 부분에 대한 천공 비용 그리고 거기에 부수된 항목들에 대한 조사는 사실상 전혀 손을 댈 수가 없었다. 능력이 없어 못한 게 아니라 혼자서 도저히 어쩔 수가 없어서 빠진 것이니, 참으로 아쉬운 부분이 아닐 수 없다.

전자뇌관의 알려지지 않은 비화 한 가지

이 구간을 조사할 때의 비화 한 가지를 더 소개하고자 한다. 앞에서 어느 공구가 ㈜한화에서 개발 중이던 전자뇌관을 가져와 발파 데이터를 공유하는 대신, 무상으로 다량의 전자뇌관을 지원받아 전자발파에 사용하였다는 이야기를 한 적이 있다. 그런데 호사다마(好事多魔)라고 해야 할까. 누이 좋고 매부 좋은 이런 방법 때문에 그 후 ㈜한화의 전자뇌관은 상당한 기간 동안 오폭이 많다는 오명을 덮어써야 했다. 원래 이런 제품은 개발기간 동안은 수많은 시험을 거치고 거기에 맞춰 오류를 수정해 주어야 한다. 거기다 최신 발파공법에 사용하는 전자 칩이 내장된 뇌관이었으니 시험은 더욱 많았을 것이다.

그 현장에 반입되어 사용된 전자뇌관 중에 일부가 비정상적인 것이 있었던 모양이었다.

이때의 일부 비정상적인 뇌관의 기폭현상이 있었는데, '발 없는 말이 천리 간다.'라고 발파 참관자들에 의해 퍼진 이 소식이 여러 현장으로 흘러나가 나중에는 그쪽에서 조사 중인 내 귀에까지 들어왔다. 내가 누구를 비호할 생각은 추호도 없지만, 개발 단계에서 이런 오류 없이 바로 신제품을 개발한다는 것은 현실적으로 거의 불가능하다고 본다. 그리고 이런 것들이 나쁜 소문으로 돈다는 것은 또한 적어도 내 상식으로는 절대 정상이 아니라는 점은 분명히 말해 주고 싶다. 오죽하면 현재까지

이 전자뇌관 개발에 성공한 나라가 5개국에 불과했겠는가를 보면 잘 알 수 있을 것이다.

전자뇌관의 개발은 1980년대부터 시작되었으나,
성능 면에서 쓸 만한 제품이 나온 것은 2000년대인 만큼 개발에 많은 시간과 노력이 필요했다.
사진은 ORICA의 노천발파용 전자뇌관인 uni tronic 600 발파장면이다.
사진 출처: orica.com 홈페이지

어찌되었든 ㈜한화에서는 그 후 이러한 결점을 바로잡아 신뢰성이 향상되자 2016년도 초반부터 이 전자뇌관을 HiTRONIC이란 상표로 정식으로 출시하여, 현재 여러 현장에서 사용 중이라고 한다. 들리는 소문으로는 국내 전자뇌관 시장 점유율이 60%라고 하기도 하고, 최고 80% 정도라고 이야기하는 사람도 있었다.

또 최근에는 이를 더욱 발전시킨 형태의 전자뇌관을 개발, HiTRONIC Ⅱ란 이름으로 시판 예정이라고 한다. 조만간 현장에 나가면 이 진화된 뇌관의 성능도 눈으로 볼 수 있을 것도 같다.

다만 이 분야를 집중 조사해 본 나로서는 출시 당시의 가격과 관련해서 조금 아쉬운 부분이 있는데, 그것은 공급가를 너무 담합하여 올린 것 같다는 점이다. 내가 토목업계를 변화시킬 천금 같은 기회를 만들었는데, 이 기회를 활용하여 신제품을 출시한 건 좋았으나 출시가격과 관련해서는 경영진의 전략적인 마인드가 다소 부족하지 않았나 싶다. 물론 이것은 순전히 내 개인적인 생각이다.

이 원주–강릉 철도 구간의 전자발파 조사 이야기는 워낙 현장에서 광범위하게 소문이 나 있으므로, 더 이상의 이야기는 하지 않아도 될 것 같다.

2편. 점검하기 무안했던 모범적인 현장

앞에서는 주로 할일을 제대로 못한 현장들의 관리자, 즉 현장을 제대로 관리하지 못해 거액의 공사비가 새어 나간 공구나 감리단장의 개인적인 일탈 등에 대한 이야기를 다루었지만, 이번에는 공사현장 감사에서 모범적인 사례를 다뤄 보기로 한다.

▌반 여행 삼아 나간 현장조사

부패척결단의 국책사업점검단에서 국책사업2과장을 하면서, 저 아래 어느 지방의 어느 복선철도 구간을 점검할 때의 이야기이다. 대규모는 아니었으나 값비싼 무진동 공법이 설계에 반영되어 있어 공사비 편취가 의심되는 몇 개 구간을 순차적으로 점검하기로 했다. 척결단에 와서도 그동안 수도권고속철도 현장 점검을 통해 200억 원대 공사비 편취현장을 두 곳이나 적발하여 검찰에 수사의뢰하는 한편, 철도공단에다 감사까지 의뢰해 둔 상태라 한결 홀가분한 심정으로 나갔다.

이쪽 건설 구간에는 무진동 공법 이외에도 지나치게 민가나 축사 등 보안물건과 가까워 비교적 값비싼 공법이나 암질이 좋은 것으로 판단되는 등 의심스런 공구가 서너 곳이 있었으나, 세 자리(100억 원대) 이상의 실적을 낼 만한 곳은 없는 듯했다. 그래도 그중에서 비교적 가능성이 높아 보이는 두 개 공구를 점찍어 출장을 나갔다.

현장에 나가면 일단 분위기부터 챙겨 본다. 대기업 그룹의 자회사인 시공사와 우리나라 설계 및 감리업계에서 제일 규모가 크다는 회사에서 감리하고 있는 현장이었다. 통상 점검은 현장에 나가기 약 일주일 전에 공문으로 통보하고 동시에 현장에서 점검할 분야와 준비할 관련 서류 목록을 통보한다. 그래야만 점검시간을 최대한 절약할 수 있기 때문이다.

점검 차 현장에 나가 보니 감사장 책상 위에 요구했던 자료가 거의 산더미같이 준비되어 있었다. 같은 목록을 주고도 이렇게 많은 서류를 준비해 주는 현장은 이곳이 처음이었다. 어느 정도 연륜과 경험이 있는 듯 보이는 감리단장과 조금은 젊어 보이는 현장소장을 불러 인사를 하면서, 짧은 시간에 많은 자료들을 준비하느라 고생하셨다는 말부터 건넸다. 이들은 인상부터가 장난하고는 상당한 거리가 있어 보였다.

감리단장은 내가 그동안 전국 여러 현장에서 아주 특이한 것만 보고 다니며, 작은 건에 대해서는 관대하지만 비교적 큰 사안에 대해서는 정말 야차같이 칼을 들이 댄다는 것도 이미 풍문으로 들어 잘 알고 있었다.

티타임이 끝나고 준비된 서류를 하나씩 점검하는데, 직원들이 먼저 놀라 이것저것 보고하기 시작했다. 다른 현장 같으면 며칠이 걸리고 요구를 수십 번이나 해야 나올까 말까 한 그런 자료들이 모두 준비되었다는 것이다.

무슨 소리냐 싶어 나도 발파보고서나 시험발파보고서, 슈퍼웨지 구간 검측서 등 서류를 몇 시간 동안이나 찾아보았으나 전혀 흠잡을 데가 없었다. 검측서에 첨부된 사진대지까지도 각 공종별 4매 이상의 사진으로, 총 16~20장의 사진으로 되어 있었다. 사진이나 자료를 재활용한 게 아닌지를 박 감사가 집중적으로 검토했는데, 그 결과에도 재탕 사진은 한 장도 없었다는 보고를 받았다.

현장마다 엉터리 검측서류나 재탕 삼탕 한 사진대지만 보다가 여기 와서 보니, 이게 과연 가능한 일일까 하는 의심부터 들었다. 의심이 나면 직접 물어보는 것이 상책. 다른 공구에서는 의심이 곧 공법조작, 즉 실적 발견이 우선이었지만, 이 공구는 말 그대로 호기심 그 자체였다.

현장교육 장면.
관리가 잘된 현장에서만 2시간짜리 교육을 해 주었는데, 기대 밖으로 현장의 반응이 좋았다.
사진은 광양시 국도대체 우회도로 중군-진정 현장에서의 교육 장면이다.

성실한 감리단장과 현장소장

감리단장에게 물어보았다. 각 공종마다 현장을 어떻게 감리하고 감독하는지. 이 공구에서 자료가 이렇게 방대한 것은 실제로 그렇게 하는 꼼꼼하고 좋은 습관을 가진 사람들만이 할 수 있는 것이라고 판단되었기 때문이다. 즉, 그런 습관이 몸에 밴 사람이 아니라면 막상 이야기의 앞뒤가 맞지 않을 때가 많고, 거짓말이 금방 탄로나기 때문에 감리단장에게 먼저 질문을 던져 보았다.

그런데 이 감리단장은 성격도 워낙 꼼꼼한 것 같은데다가, 실제로 현장 관리 역시 철두철미하게 진행하는 것 같았다. 준비된 자료의 구석진 부분까지 질문해도 기억을 잘 반추하여 성실하게 대답했다. 그동안 내가 여러 현장에서 적발했던 락볼트나 강관다단, 슈퍼웨지 공법, 하다못해 선대구경 천공 등, 내가 아는 것 모르는 것 다 합해서 물어보았으나 보수교육이 잘된 것인지, 평소에 공부를 열심히 하는 것인지 공법에 대해서도 비교적 소상하게 잘 알고 있었다.

뿐만 아니라 어느 현장이나 대체로 취약했던 자재관리와 세금계산서 등 수불관리도 상당히 잘되어 있었다. 준비된 세금계산서와 거래명세서, 송장 등을 뒤져 봐도 위·변조의 흔적이 있는 것들은 나타나지 않았다. 정말 단 한 군데도 흠잡을 데가 없었던 것이다.

이날 오후 세 시가 넘어가자 내가 슬슬 할 일이 없어지기 시작했다. 슈퍼웨지 작업구간을 뒤져 봐도 전혀 이상한 구간을 발견할 수 없었고, 락볼트와 강관다단 쪽의 자재까지 가져와 위·변조의 흔적을 찾아보고 계산기로 합산해 봤으나 별다른 차이가 없었다. 설계변경 내역까지 받아 검토했으나, 결론은 딱 필요한 부분에 필요한 만큼만 변경되어 있었다.

그러던 차에 직원이 서류 중에 눈에 익은 내용이 있다며 이게 뭐냐고 하면서 물어 왔다. 자세히 살펴보니 공문과 첨부된 자료들이었는데, 그동안 내가 다른 여러 현장에서 락볼트, 강관다단, 슈퍼웨지, 전자발파 등을 적발하고 다니자 한국철도시설공단 본부에서 현장 감리단에 주요 지적사항 등을 요약해서 각 현장에서도 검토하여 문제가 있으면 공사비를 차감하는 등의 조치를 취하라는 내용이었다. 물론 이런 서류나 공문은 다른 현장에서도 동일하게 받았는데, 지금까지 다른 현장에서는 검토를 제대로 해서 결과 보고를 한 곳은 거의 찾아볼 수 없었고 대부분 형식적으로 서류를 검토하여 별다른 이상이 없는 것으로 결과 보고를 한 것으로 안다.

　그런데 유독 이 현장에서만 공문의 지시 내용에 따라 해당 공구의 상황과 대비하여 검토하고, 필요하면 관련 공사비를 미리 차감했던 것이다. 락볼트도, 강관다단도, 슈퍼웨지도 검토해서 공사비를 차감하고 그 사실을 보고한 자료가 많았던 것은 그 이유였다. 정말 한마디로 모범적인 감리단장과 감리직원이었던 것이다.

　이번에는 현장소장을 불렀다.

"현장관리가 아주 잘되어 있습니다. 그동안 제가 돌아다닌 많은 현장 중에서 제가 이렇게 이야기한 곳이 지금까지 전혀 없는데 말입니다."
"다 단장님이 밤낮없이 노력해 주신 덕분입니다."
"그런데 단장님 성격이 워낙 꼼꼼하셔서 시공사로서는 부담이 되겠어요?"
"앞 소장도 그렇다고 하고 저도 역시 그랬지만, 그 점 때문에 처음에는 고민이 참 많았습니다만, 그런데 권익위에서 여기서 그리 멀지않은 현장에 나와 슈퍼웨지 때문에 관계자들이 대거 경찰에 불려가 조사를 받고 또 일부는 구속되는 등으로 난리 났다는 소식을 들었습니다. 수도권 쪽에서도 두 군데 걸려 검찰 특수부에서 수사를 받는다는 얘기도 들려오고, 여기저기서 전해 듣는 소식 때문에 요즘엔 몸은 고생이라도 마음은 외려 훨씬 편합니다."
"그래도 감리단장이 너무 꼼꼼하면 시공사 입장에서는 그동안 불편이 상당히 컸을 텐데요?"
"예전에는 그렇게 생각도 했지만, 조금 전에 말씀드렸듯 서기관님이 현장을 돌면서 여러 현장에서 거액의 공사비를 빼먹다 걸렸다는 소식이 들리자 회사에서도 큰 관심을 가지고 조마조마한 심정으로 지내 지금은 우리가 행운이라 생각합니다. 저도 단장님 덕에 현장 관리 방법을 따라서 배우는 중이고요. 그리고 우리 단장님은 철도시설공단에서도 알아주는 분이고, 절대적으로 신임하는 분이에요. 장난질 같은 건 애초에 배우질 못한 분이라…….”

소장의 말에는 진심이 묻어 있는 듯했다.

이번에는 다시 감리단장과 직접 티타임을 빙자하여 대화를 시작했다.
“단장님. 그동안 현장 관리하시느라 고생이 엄청 많으신 것 같습니다. 그런데 실제로 이런 관리가 현장에서 가능하던가요? 시간도 노력도 엄청나게 필요할 텐데요?”
“저는 원래부터 이렇게 관리해 왔습니다. 처음에는 좋지 못한 소리도 많이 들었지만, 그동안 아무런 사고도 없었기에 결과는 항상 좋았습니다.”
“그래도 엄청난 시간과 노력이 필요했을 텐데요?”
“근무시간이 끝나면 현장숙소에서 기거하면서 직원들과 자료를 검토하고 보완하면서 해 왔는데, 직원들도 일 배운다고 좋아합니다. 더구나 조사관님이 여기저기서 락볼트와 슈퍼웨지, 전자발파 등을 손댄다고 공단 본부로부터 공문이 내려와 재검토하라니, 수십 년 만에 다시 공부를 하게 됐습니다. 좋은 기회를 주신 조사관님께 오히려 제가 감사를 드립니다.”

기꺼이 해 주는 현장 특강

그렇다. 그동안 몇 년 동안 못된 버릇만 배운 현장을 돌아다니면서 관계자를 혼내 왔는데, 도저히 이 현장은 내가 어찌할 대상이 아닌 것 같았다. 일과 종료까지 두세 시간이 남아 보너스로 현장 관리요령과 소음·진동계측기 센서 설치 방법에 대해 특강을 해 주겠다고 제의하니 모두들 환영해 주셨다. 시공사와 감리단에서 한두 사람씩만 남겨 현장을 순찰하도록 하고, 나머지 직원들을 모두 교육에 참석시켰다. 물론 하청업체 소장과 간부들도 와서 들도록 했다.

8. 조사 사례 및 자료 설명

❖ 락볼트는 왜 자꾸만 샜는가?
❖ 공구간 자재 반출입
❖ 위조에 집중한 이유
❖ 세금계산서 및 송장 위조 실체
❖ Super-Wedge 조사
❖ 전자발파, OBM(Orchestra Blasting Method)
❖ 튜브형강관락볼트(Swellex Bolt)
❖ 지질자원연구원 자료

현장 교육 자료의 한 장면.
여러 현장을 돌면서 취약하다고 보였던 부분을 골라내 현장에서 얻은 자료로 교육하였다.

졸지에 공구 상황실은 화이트보드가 설치되었고, 먼지가 쌓여 있던 프로젝터도 먼지를 털어내 전원을 연결하여 교육장으로 변했다. 직원 30명 남짓을 대상으로 그동안 내가 현장에서 적발하였던 락볼트와 강관다단, 슈퍼웨지 및 전자발파 공법 등에 대해 보드에 그림으로 그리고 세금계산서 위조사례와 같은 사진들은 프로젝터를 통해 보여 주면서 기분 좋게 강의를 해 주었다. 관리자들을 위해서는 양떼 500마리 이야기와 어떤 공구에서 감리원 신발 검사까지 한 이야기까지 곁들여 해줬다.

강의를 마치니 퇴근할 시간이 다 돼 가는데, 감리단장이 마지막으로 강의장을 나가면서 한마디 건네신다.

"다른 건 다 알고 또 이해가 가는데, 소음·진동계측기 센서 설치 방법과 세금계산서 위·변조 이야기는 그동안 숱하게 보수교육을 받았고, 환갑이 다 되어 가도록 현장을 지켰지만 저도 처음 들어보는 이야기였습니다. 사기꾼들만 잘 잡는 줄 알았는데 강의도 잘하시네요. 정말 고맙습니다."

일찍 마치고 숙소를 정한 후 직원들과 저녁을 먹으러 나갔더니, 직원들이 이런 우수한 현장관리자는 전례대로 막걸리 한 사발은 대접해야 하는 것 아니냐고 우겨 댄다. 그동안 각 현장들을 돌아다니면서 비교적 잘 관리되고 있는 현장들은 소장 단장들과 함께 함바집에서 점심 식사를 하면서 막걸리로 한잔씩 건배 제의하는 선례 아닌 선례가 있었는데, 직원들도 이것을 기억해 낸 것이다.

안주를 조금 넉넉하게 시키고 단장께 전화를 드리고 취지를 설명했더니 오시겠단다. 멀지 않은 거리라 금방 찾아오셔서 오랜만에 기분 좋게 막걸리 건배를 했다. 정말 기분 좋은 날이었다. 지금은 다시 현장을 나간다 해도 부정청탁금지법 때문에 좀 곤란할 것 같지만, 돌아보니 그 시절이 정말 그립고 또 아쉽다.

그해 연말이 다가오자 표창할 대상자를 추천하라는 지시가 내려왔다. 우리 과에서는 수도권고속철도 2공구를 수사하면서 몇 달 동안 집에도 거의 들어가지 못하고 고생하면서 수사를 잘 마무리하였던 수원지검 성남지청의 홍 수사관과 발군의 노력으로 공사현장 감리업무를 잘하고 있었던 김 단장을 추천했더니 홍 수사관에게는 대통령 표창이, 김 단장에게는 국무총리 표창이 내려왔다.

어느 구석에서건 간에 자기의 맡은 일을 묵묵히 잘해 내는 사람들에게는 거기에 맞는 보상을 해 줘야 한다는 신념을 가지고 있던 터라, 내 손으로 조그만 상이라도 하나 챙겨 드릴 수 있게 되어 누구보다도 내가 기뻤다.

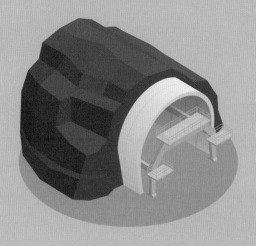

제6부
소음 · 진동 이야기

1편. 발파진동 때문에 송아지가 죽었어요

2015년도 터널 기획조사 할 때의 일이다. 강원도 모처에서 조사를 하는데, 여러 공구가 공사비를 크게 빼먹다 걸려 거의 줄초상이 나고 있었다. 워낙 단단히 코가 꿰어 드세기로 소문난 발주처도 제법 얌전하게 잘 따라와 주었다. 그래서 그들에게 추가적인 파악을 해 달라고 하고서 다른 확인이 필요한, 의심스런 두어 개 현장을 찾아 나가 본 적이 있었다. 당시에만 해도 내가 소음·진동에 대한 별다른 문제점을 많이 알지 못하고 있을 때였다.

▌▌공사장 인근 축사의 소음·진동 문제

어느 날 아침, 일찍 일어나 지역의 뉴스를 검색해서 읽어 보는데 조사 중인 구간의 한 현장과 관련된 기사가 떠 있었다. 건설 중인 철도 터널이 축사 인근을 지나가는데 키우던 송아지가 공사 소음으로 스트레스를 받아 죽었다는, 한 지방 인터넷 언론에 보도된 기사였다.

그때만 해도 나는 소음·진동 문제를 잘 몰랐지만, 언론기사를 통해 공사장 인근 양식장의 민물장어가 떼죽음을 당했다든가, 가축이 스트레스를 받아 불임 또는 바짝 말라 죽을 지경이 되었다는 등의 기사를 심심찮게 접했기 때문에 상당한 관심을 갖고 있었다. 이 현장도 혹시 그런 문제가 발생한 것이 아닌지 하는 의심이 들어 원인을 한번 조사해 보기로 했다.

우선 민원이 들어온 현장 사무실을 방문하여, 감리단장과 소장 둘을 불러 앉히고 는 조용히 물어보았다. 저 축사 근처에서 최초 설계내용은 어땠는지 그리고 실제로 는 어떻게 굴착하고 소음·진동 계측은 어떻게 했느냐는 등의 질문과 공사장 인근 주민들로부터 민원이 들어온 것까지 자료를 요구해서 살펴보았다.

이때도 좀 이상하게 느꼈지만, 현장소장과 감리단장은 말이 관리자이지 사실상 관리 능력은 많이 부족한 듯했다. 윗사람들이 이러니 물론 그 아래 직원들이라고 나을 게 하나도 없어 보였다. 이 말은 그들이 필요한 자격을 못 갖추었다는 뜻이 아니라, 정작 중요한 사항에 대해 필요한 전문지식이 없다는 뜻이다. 현장직원들 이 혹시 이 글을 보더라도 쓸데없는 오해는 좀 하지 말았으면 좋겠다.

어차피 감리단 직원은 물론 원청업체 직원들도 다 요즘에는 사실 관리 능력이 있 어야 한다. 통상 시공사라고 부르는 원청업체라도 실제 공사는 하청업체들이 하는 것이고, 시공사에서 실제로 직접 시공을 하는 경우는 적어도 지난 20년 이래 한 번도 없었다는 게 현실이니까 말이다. 물론 이 시공사들이 시공 자격이나 필요한 기술자를 제대로 확보하고 있느냐 하는 문제는 지금 논하는 것과 전혀 별개의 문 제다.

단장과 소장이 자료를 가져와 제법 성실하게 답변을 해 준다. 내용을 종합해 보 면, 2타입으로 발파굴착을 했고 소음·진동 계측은 하청업체에서 알아서 했다는 것이다. 공사 기록을 가져오라고 했더니 선선히 가져왔다. 이제 남은 건 자료 검 토다.

언론에 보도된 건설현장 소음과 진동 피해 집회 모습.
주민들은 공사로 인한 여러 가지 불편이나 재산 손실 등을 호소하지만,
대부분의 경우 감리단에서 보내 온 '법규정을 잘 준수하고 있으며
성실하게 시공하고 있다.'라는 내용의 공문 한두 장의 답변으로 끝난다.

출처: 창원일보 기사 캡처

미진동 발파 현장에 다이너마이트라니

그런데 자료를 검토하다 보니 조금 이상한 구석이 보인다. 축사와 폭원, 즉 발파지점과의 거리는 약간 비켜가는 것이지만 수평거리가 70여 미터이니 직선거리로 80m 남짓 되어 보였다. 2타입이라면 암반이 소위 경암이라는, 매우 단단한 곳이다. 천공장과 굴진장 역시 보니 3m 정도였고, 1회당 폭약 사용량을 봐도 160kg 정도 내외가 들어간 것도 보니 전형적인 2타입 굴착으로 보였다. 그 2타입으로 굴착설계가 된

그 일대에서만 4개월 가량 발파가 진행되었던 것이다. 이런 경우는 멀리서 발파진 동이 점점 가까워졌다가 거의 초주검을 만들어 놓고 슬슬 멀어지는 게 특징이다.

반입되어 발파작업에 사용된 폭약의 종류를 살펴보니 MegaMITE와 NewFINEX 라는 폭약이 반입돼 사용되었다. MegaMITE는 현재 생산 및 사용되는 폭약 종류 중 가장 폭발력, 즉 위력이 강한 폭약이다. NewFINEX는 터널의 외곽공을 따라 중 간 중간 삽입하여 외곽부위가 부드럽게 떨어져 나가도록 하는 목적으로 사용하는 소위 정밀폭약이다.

게다가 이 현장은 중간에 축사와 가까운 부분에 와서는 진동 문제로 진동을 저감 시키기 위해 굴진장 축소 등 방법을 사용한 것으로 나와 있다. 이런 부분을 조사할 때는 항상 긴장하여 설계도서와 실제 시공 기록 등을 꼼꼼하게 비교해서 검토해야 한다. 특히 폭약의 종류와 수량을 잘 체크하는 것은 필수적이다.

이런 경암 수준의 단단한 암반은 단단하여 굴진공사 시 붕괴 위험성이 낮아 안전 한 대신 약점이 있다. 웬만한 폭약으로 깨기 어려워 주로 고폭속의 니트로글리세린 계 폭약인 MegaMITE나 에멀젼계 폭약이지만 폭속이 이와 유사한 MegaMEX를 사용해야 굴진에 효율적이라는 점이다. 물론, 이 경우 인근에 미치는 부정적인 환 경요인, 즉 소음과 진동으로 인한 공해는 엄청나다.

실제로 이 현장에 반입되어 사용된 폭약 역시 일반적인 발파에 사용하는 에멀젼 계의 NewMITE가 아니라 경암이나 극경암 발파에 주로 사용하는 MegaMITE였 다니! 당초 가장 중요한 목표였던 소음·진동 저감의 목표는 사라지고 오로지 굴진 효율성 내지는 경제성에만 눈이 멀었다는 증거를 잡은 것이다.

노벨이 발명한 다이너마이트는 지금까지 150여 년 동안 여러 현장에서 사용된, 경제성 면에서 단연 으뜸인 폭약이다. 즉, 싼 값에 큰 효과를 낼 수 있는 폭약으로 요즘 말로는 가성비가 매우 높은 제품이다. 참고로 이들 폭약의 폭속은 MegaMITE가 6,100m/s, 에멀젼계가 보통 5,600m/s 정도이고, 에멀젼계 폭약이지만 위력을 강화한 MegaMEX가 6,000m/s 정도이다.

그런데 호사다마(好事多魔)라고, 장점이 많으면 단점도 그만큼 많은 법이다. 다른 폭약보다 안전도가 좀 떨어지는데다 역설적으로 너무 가성비, 즉 폭발력이 좋다 보니, 전문용어로 폭속이 높다고 하는데 시골 산골짜기 같은 데에서야 큰 상관 없지만 사람이 사는 인근에서 발파하게 되면 민원이 무지막지하게 발생하게 된다.

그래서 최근에는 이것보다 폭속을 상당히 낮춘 에멀젼계 폭약이 개발되어 소음·진동이 문제되는 대부분의 현장에서는 이걸 사용해야 한다. 이 폭약은 통상 미진동 폭약이라고 부른다. ㈜한화에서 나온 LoVEX와 ㈜고려노벨화약에서 생산한 New KINECKER 등이 여기에 속한다. 아무도 관심 갖지 않는 분야지만, 나는 이것도 머리에 쟁여놨다가 조사에 활용하자 싶었는데, 마침 이 현장에서 대량의 다이너마이트를 사용하여 굴착한 사실이 포착된 것이다.

▌벗겨지기 시작한 현장발파의 비밀 ◗

문제는 발파기록(Event Report)과 발파일지를 내놓지 않는다는 것이었다. 어르고 달래기도 하고, 정색하며 가져오라고도 해 봤지만 귓등으로 듣지도 않는 눈치였다. 겨우겨우 머리를 써서 우회하여 받은 자료가 검측서를 담은 월간보고서였는데, 물론 이 월간보고서에는 통상 해당 구간 감리보고서가 다 들어 있기 때문이다. 그러나 자료가 방대하여 통상 받기는 받지만, 보통 현장 점검할 때 실제로 그 내용물을 확인하는 경우는 거의 없는 모양이다.

컴퓨터에 월간감리보고서 CD를 넣고 검색해서 들어가 보니 발파일지는 찾았는데, 다른 자료들이 거의 없었다. 자세히 살펴보니 며칠만 빠진 것이 아니라 다른 달에도 똑같이 감리보고서서상의 검측자료 내용물들이 전혀 없었다. 아니, 전혀 없는게 아니라 사람이 워드 작성이나 시스템을 이용해서 입력하고 만든 것만 있고 계측자료나 공정별 필수 점검표, 사진 자료 등 중요한 원시자료들만 없었던 것이다. 발견한 발파일지에도 폭약의 종류와 폭원의 위치도 없었다.

그래도 이 자료 저 자료를 통해 종합하고 분석해 보니 한 가지씩 슬슬 비밀이 벗겨지기 시작한다.

우선, 설계에 잡혀 있는 에멀전계 폭약 대신 그 앞 구간과 동일하게 MegaMITE가 반입되고 사용되었다. 발파일지에 폭약 종류가 빠져 있는 이유가 여기에 있었다. 허가받은 이외의 더 고폭속의 폭약을 반입해서 발파를 했으니 그 후환이 두려웠던 것이었다. 어차피 내가 아니면 이런 자료를 달라고 해서 볼 사람도 없으니 대충 해 놨을 수도 있을 것이다.

다음은 소음·진동 저감이 필요한 구간에 정말로 설계대로 굴진장 축소나 비전기 뇌관을 이용한 다단발파, 선대구경 천공 등을 했는지를 점검했다. 처음 며칠간은 실제인지 어쩐지는 잘 모르나 굴진장을 축소한 것 같은 기록이 조금 나오는데, 언제부터인가 이게 슬슬 없어지고 2타입으로 한 번에 3m씩, 하루에 두 번씩 발파를 해서 하루 6m씩 착착 굴진해 나간 게 확인되었다.

그런데 아무리 찾아봐도 현장에서 소음·진동을 계측한 자료가 없다. 이럴 리가 없는데? 아무리 관리가 안 된 현장이라 하지만 이런 기본적이고 필수적인 점검항목이 빠질 리가. 그렇다면 그야말로 발파일지 등에 적혀 있는 발파성과, 즉 계측치는 그냥 소설로 쓴 것일 가능성이 높아 보였다.

이 일을 어찌한다. 슬슬 고민이 시작되었다. 차라리 못 봤으면 그냥 지나치면 될 텐데. 그렇다고 내 성질에 이런 불한당을 도저히 그냥 놔둘 수는 없고. 어차피 이렇게 된 상황, 도박을 한번 해 보기로 했다. 감리단장과 현장소장을 면담하고 싶다며 호출했다. 보통 때 같으면 커피 한잔 하자고 부를 때는 부르는 내게도 상당한 여유가 묻어 있었지만, 지금은 그렇지가 못했다.

평소처럼 별거 아닐 것이라고 생각하고 들어오던 두 사람이 내 얼굴을 보고는 단박에 표정이 굳어지며 눈치를 살피기 시작한다.

"이 공구에 반입된 폭약이 왜 저 모양입니까? 미진동 구간에 다이너마이트가 웬 말입니까? 누가 여러분들보고 서부영화 찍으라고 했습니까? 그리고 축사와 민가 근처에서 정말 굴진장 축소해서 발파한 거 맞습니까? 사용한 폭약량이 별로 차이가 없는 것 같던데요. 그러니 전자발파 했다고 해도 뇌관 숫자가 설계량에 비해 턱없이 부족한 것 아닙니까!"

이런 상황에서는 경험상 단도직입적으로 핵심을 파고드는 게 최선의 방법인 것을 나는 알고 있다. 필요한 자료도 거의 없는 빈껍데기 보고서를 가지고 압수수색 권한도 없는 내가 할 수 있는 게 이런 도박 말고는 뭐가 있겠는가?

"안 그래도 조사관님한테 먼저 말씀을 드리려고 했는데……."
"뭘 말입니까?"
"저, 축사 인근을 지나는 구간에 와서는 소음·진동 저감 공법을 사용하도록 설계가 되어 있었던 게 사실입니다만, 사실 공기에 쫓기다 보니 그냥 넘어갔습니다."

둘 다 고개를 푹 숙이더니 고해성사하듯 뇌까린다.
"당신들이 소음·진동 저감 공법을 알기는 합니까? 어차피 알아도 공사할 때 써먹지도 않을 거면서. 안 그런가요?"

이들의 한심한 대답 앞에는 묻는 내 입에서도 슬슬 비아냥이 묻어나기 시작했다.

"……."

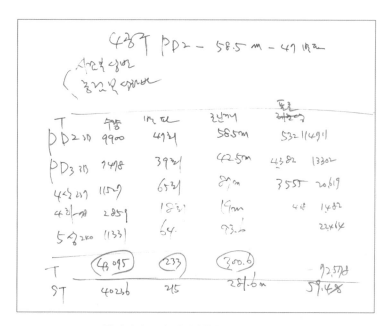

현장에서 조사 진행사항을 정리한 메모.
작업 물량(㎥)과 전자발파 횟수, 굴진거리 합계, 설계상의 뇌관수를 구해 합산하고 있다.
우측 하단의 비율은 전자뇌관 필요수량 대비 실제 반입한 비율로
설계량에 비해 59.4%가 반입되었다는 뜻으로,
다른 공구의 40% 선에 비해서는 상당히 양호한 수준이다.

결국 피해는 힘없는 주민 몫

"이보세요. 자격증을 몇 개씩 줄줄이 가지고 토목현장 생활 수십 년을 거쳐 오늘

이 자리까지 오르신 분들이 기껏 한다는 짓이, 그래 힘없고 빽 없는 촌구석에 사는 노인들을 저렇게 못살게 굴다니! 이래서 되겠어요? 저 사람들한테는 송아지 한 마리가 전 재산이에요. 그리고 그 정도면 축사뿐만 아니라 저 사람들 사는 집도 균열이 심해서 언제 무너질지 모를 텐데. 그런데 참. 혹시 저 집주인이 민원은 안 냈던가요?"

"직접 저를 찾아와 항의는 여러 차례 하던데, 민원은 따로 낸 게 없었던 걸로……."

"아니, 시청이나 군청에 문서로 내는 것만 민원이고, 찾아와서 이야기하는 건 민원이 아니오? 그럼 군청이나 면사무소에서는 저 사실을 아직 모릅니까? 그럼 발주처는?"

"저희한테만 항의가 들어왔지, 아직 아마 군청도 발주처도 민원을 받은 사실이 없는 걸로……."

"그걸 당신들이 어찌 그리 잘 압니까?"

"각 기관에서 우리 현장과 관련한 민원이 들어오면 저희 감리단에 보내 주게 되어 있는데, 그동안 그런 민원이 접수된 게 없었습니다."

"그럼 지역신문에 기사가 나간 이후 발주처나 기관으로부터 무슨 이야기가 없었나요?"

"경위를 파악한다고 해서 저희가 보고서 두어 장 메일로 보내고 나니, 그 후론 아무 이야기가 없었습니다."

"보고서를 무슨 내용으로 보냈기에, 송아지가 죽고 또 이런 기사까지 떴는데도 아무 이야기가 없었던가요?"

"규정대로 공사를 하고 있으며, 매번 측정한 소음·진동치도 관리 기준치 이하였다는 내용 등입니다."

"근데 사실은 규정대로 안 했고, 측정한 소음·진동치도 기준치를 한참 오버했을 텐데요?"

들다 보니 솔직한 심정으로는 내가 공무원만 아니었다면 이 두 인간을 그 자리에서 발로 차고 짓이겨 버리고 싶었다. 군청이나 발주처는 도대체 뭘 하는 집단인지. 그렇다. 그렇지만 내가 참아야지. 성질난다고 패 버리면 내가 덮어써야 하지 않는가? 뒤를 돌아보니 발주처 공사감독관이 한쪽 구석에서 스마트폰이나 만지작거리다가 놀라 눈치만 살피고 있었다. 바보 같은 인간. 그동안 이 친구는 공사감독관이라면서 도대체 뭘 하고 있었던 것인지.

어쨌든 일부라도 밝혀졌으니 한편 다행이지만, 이런 일은 뒤처리도 상당히 골치 아프다. 고민해 봐도 이런 무지막지한 인간들에게는 처벌할 마땅한 방법이 없어 결단을 내렸다.

"내 손에 고발당해 볼래요? 아니면 주인한테 죽은 송아지 값 변상할래요?"

양자택일하라고 했더니, 바로 죽은 송아지 값을 변상하고 금간 집도 수리해 주겠단다. 그 정도로는 내가 만족할 수 없다고 하자 다시 조금 시간을 달라며 의논을 하더니, 주인에게 좀 후하게 값을 쳐서 보상하고 위로금도 준비해서 사과까지 하겠단다.

가 봐야 할 곳도 많고 길은 멀고. 그래서 믿음은 별로 가지 않았지만 마지막으로 이 인간들을 다시 한번 믿어 보기로 했다. 여러 군데를 거쳐 그런 유사한 곳을 확인해야 해서 더 이상은 관여하지 않겠으니 공사감독관에게 감독 잘하라고 하고는 다른 현장으로 이동했다.

만약 지금 상황에서 걸렸다면 일단 계측자료들 다 받아서 불문곡직(不問曲直) 고발부터 했을 것이다. 다만 당시에는 내가 소음·진동 분야에 대한 전문지식이 부족했고 혼자서 열 몇 군데 공구를 한꺼번에 조사해야 하는데다 며칠 만에 전자발파한 공종에만 걸려든 공구들이 몇 곳 있는 등 정말 정신없는 판국이라, 그나마 당시로서는 내가 할 수 있는 최선의 선택이었다.

　이런저런 소음·진동에 관한 사건들 때문에 그 이후로는 내가 틈만 나면 각종 소음·진동 관련 논문이나 학회지를 검색해서 읽었다. 이런 습관이 계속되니 여기에 대한 실력이 부쩍 늘어 갔다. 지금도 소음·진동 관련 논문을 포함, 130편 정도를 보유하고 있는데, 틈나면 이런 자료들을 읽는 계기가 바로 이 공구 때문이었다. 즉, 내게는 또 다른 분야의 공부를 하게 된 계기가 된 것이다. 그나마 이 공구는 나중에 만나는 현장에 비하면 한편으로 좀 운이 좋은 편에 속한다.

　공직자가 몸이 편하면 힘없는 백성들이 고생한다. 조금 더 공부하고 눈을 돌려보면 그 이유를 알 수 있을 텐데, 다들 산골짜기 현장사무소에서 근무하면서 업무시간 끝나고 숙소에서 그 긴 밤을 뭘 하면서 보내는지 지금 생각해도 궁금하다.

2편. 폭음 소리에 일하던 소가 도망갔어요

본사 간부들이 총출동한 조사 현장

남쪽 지방 어느 시골 지역의 어떤 국도 이설구간 현장을 점검할 때였다.

택시를 잡아타고 현장사무소에 갔더니 눈앞에서 좀 황당한 일이 벌어졌다. 보통의 경우 점검에 착수하면 간부 소개와 함께 공사현황 등에 대한 브리핑부터 듣는데 이때는 현장소장과 감리단장, 공사관리관 그리고 공사부장 등 간부 몇 명만 참석한다. 그런데 이 현장에서는 작업복 대신 짙은 양복을 빼입은 환갑 정도 연배의 사람이 수하 몇 명을 데리고 참석해 있었다. 이런 상황이 처음이라 누구냐고 물어봤더니, 시공사의 본사 임원들이란다. 다들 한꺼번에 일어서더니 명함을 꺼내 바치면서 크게 허리를 굽혀 인사를 하고는 내게도 명함을 요청한다.

이런 모습이 처음이라 속으로 웃기는 현장이라고 생각하면서 명함을 주고받고는 이들에게 왜 왔는지 물어봤다.

"우리 회사가 조사를 받는 게 처음이라 제가 임원들을 모두 데리고 도우러 왔습니다."
"현장 조사에는 현장을 지키는 분들만 참석하시면 됩니다. 시공사라고, 본사에서 오셨다고 조사에 도움이 될 건 아무것도 없습니다. 관여해서도 안 되고요."

"그래도 우리 회사의 현장이 큰 조사를 받는데 본사에서 그냥 있을 수는 없습니다."

"저 혼자서 출장 와서 점검하는데 무슨 큰 조사라고요. 조사는 관계자 외에는 입회도 곤란합니다."

좀 황당했지만 내 스타일대로 현장을 지키는 인력 이외에 본사에서 왔다는 네댓 명을 감사장 밖으로 쫓아 버렸다. 당시에는 이들이 조사현장에 온 이유가 궁금했지만, 그 이유를 알아차리는 데에는 그리 오랜 시간이 걸리지 않았다.

점심시간이 다가와 구내식당, 그러니까 통상 말하는 '함바'에서 간단히 식사하고 좀 나른한 시간인데 터널에 발파가 있다기에 현장으로 나가려고 신발을 갈아 신는데, 감독관이 들어와서 보고를 하는 것이 아닌가.

"조사관님을 뵙자고 동네 주민들이 찾아왔습니다."

"허허허. 내가 여기 온 걸 현장 직원 몇 사람 말고 누가 안다고 주민들이 다 찾아와. 당신이 가서 자초지종을 물어보고 조치 좀 해 주시게. 우린 먼저 출발할 테니."

▌▌나팔 모양의 지형

나오면서 마당 쪽을 보니 5월 중순인데 논밭에서 일하는 모습 그대로 머리에 수건을 동여매고 괭이며 호미를 손에 든, 대부분이 할머니들인 남녀 농민들 10여 명이 마당에 세워진 두 대의 1톤 트럭에 탄 채 앉아 있었다. 보아하니 모양새가 꼭 아지랑이 하늘거리는 따뜻한 봄날 들판에서 마늘이나 양파 캐는 작업을 하다가 급한 일로 두 팔 걷어붙이고 온 모양새 같았다.

발파암을 그대로 성토한 모습.
조사 착수 직전에 촬영한 사진인데,
조사 중에 나가 보니 기계를 사용하여 30cm 이하로 잘게 부수고 있었다.

모른 체하고 지나 1km 남짓 떨어진 현장 쪽으로 가는데, 중간에 거치는 마을을 지나칠 때의 일이다. 커브길마다 신호수가 배치되어 빨간 깃발을 휘두른다. 어라? 싶은 마음에 유심히 살펴보니, 도로에 먼지가 나지 않도록 물을 뿌리는 물차도 지나간다. 조금 더 가다 보니 새로 성토 중인 곳에서 뿌레카 두 대가 딱딱 소리를 내며 미리 퍼부어 놓은 발파암을 유압해머로 때려 잘게 쪼개는 소할작업 중이고, 두세 명의 인부들이 그 속에서 폐전선 등 이물질을 가려내고 있었다. 어제는 물론 오늘 아침까지만 해도 전혀 못 보던 풍경이었다. 비로소 아까 사무실에 동네 주민들이 찾아온 이유가 어렴풋이 머릿속에 떠올랐다. 저절로 쓴 웃음이 나왔다.

갱구에 도착해서 한 바퀴를 돌아보니 기존 도로가 골짜기에서 오른쪽으로 돌아나가는 모양으로 되어 있고 그 아래에 40여 호 정도의 시골집이 남쪽으로 넓은 들판과 강줄기를 바라보며 오목하게 들어 있다. 옛날 말에 배산임수 지대를 집터로 고르라는 말이 떠오를 정도의 지형이다. 그런데 주위를 잘 살펴보니 한편으로는 갱구 입구가 양쪽 등성이로 인해 오목하게 꺼져 있는 소위 '나팔 모양' 지형이었다.

이어 안내를 받아 발파계측을 한다는 곳을 가 보았다. 먼저 건설한 다리 아래 꽉 막힌 곳에다가 계측기를 설치해 놨는데, 오목하게 들어간 곳이라 소음센서에 소음이 거의 잡히지 않게 되어 있었다. 진동센서를 보니 딱딱한 콘크리트 도로 위에 그냥 올려놓았다. 이상하다. 잠시 후 발파 경고 사이렌이 멀리서 울리더니 카운트를 하는 소리에 이어 발파음이 들려온다. 진짜로 소리는 거의 없었고 진동만 살짝 감지된다. 아하, 이 친구들이 또 이런 재주가 있었네.

이곳저곳을 구경하다 30여 분이 지나니 감리단장이 터널 환기가 대충 끝났다면서 터널 속으로 안내한다. 갱구에는 튼튼하게 만든 갱문이 설치되어 있었다. 앞뒤를 찬찬히 살펴보니, 두꺼운 문짝과 흡음판을 락볼트 몇 개로 용접해서 튼튼하게 만들었다. 락볼트의 새로운 용도를 하나 알아내고는 웃음이 나왔다. 지보 간격과 숏크리트 상태 등을 점검하면서 천천히 걸어 들어가 100m 남짓한 길이의 막장까지 갔다.

발파 직후 터널 막장의 모습.
정밀폭약과 무장약공을 잘 활용하여 발파 단면이 비교적 깔끔하게 나온 것으로 보아
발파기사인 화약주임의 실력을 잘 보여 준다.

방금 발파한 막장 단면의 사진을 찍으면서 살펴보니 굴착된 터널 상단의 외곽공 부위가 상당히 깨끗했다. 아까 사무실의 터널 검측자료에 붙은 사진대지에서 보니 갱구부에서는 무슨 쥐가 파먹다가 말았는지 우둘투둘한 모양이었는데, 방금 발파한 곳은 말끔하여 초보가 봐도 확연히 구분이 되었다.

▌ 겉보기에는 잘하는데 웬 민원이

"소장님. 혹시 터널굴착 시작하고 화약주임 교체했습니까?"
"그걸 어찌 아셨습니까?"

소장이 눈을 동그랗게 하고 되묻는다.

"아까 사무실서 본 갱구부 쪽 사진대지상 사진하고 지금 보는 터널 외곽공 상태하고는 발파 실력이 너무 차이가 나는 것 같아서 혹시나 해서요."
"처음 발파할 때 주민들이 난리가 났습니다. 그리고 민원도 너무 많이 들어와서 이래서는 안 되겠다 싶어 여기저기 물색해서 경험 있는 화약주임으로 바꿨습니다."
"잘하셨습니다. 이분은 실력이 좋은 것 같습니다. 외곽선에 무장약공 배치하고 중간중간 정밀폭약을 끼워서 발파한 거 흔적이 보이시지요? 이게 Line drilling이라는 방법인데, 이걸 잘 이해하고 경험도 가지고 계신 분 같습니다. 이렇게 해야 모암 손상이 적은데다 잔손질이 덜 필요하고, 무엇보다도 숏크리트도 훨씬 덜 들어가서 비용 상으로도 크게 유리합니다."

현장 소장과 감리단장이 서로 얼굴을 바라보더니 뭔가를 눈길로 교환하는 것 같았다.

"그런데 화약주임 월급은 얼마나 더 주셨나요?"

"이전보다 조금 더 줍니다. 이 현장은 주위에 대도시들이 있어서 인력 구하기가 생각보다 수월했습니다."

"월급 몇십만 원 더 주고 그걸로 세이브 되는 공사비는 적어도 거기에 동그라미 두세 개는 더 보태야 될 겁니다. 잘하셨습니다."

▌ 일하던 소가 도망가고 애 떨어질 뻔했다니

이것저것 느긋하게 현장을 두루 구경하다가 다시 사무실로 돌아오니, 아까 감독관이 겨우 진정시켜 돌려보냈던 마을 사람들이 또다시 쳐들어와 있었다. 주민들은 이구동성으로 발파 소리에 놀라 들판에서 일하던 소가 도망을 갔다고, 논에서 마늘 뽑다가 애 떨어지는 줄 알았다고 난리다. 현장 소장부터 감리단장과 직원들은 마을 사람들에게 거짓말이 심하지 않느냐면서 이들을 달래느라 한동안 시끌벅적하다. 구경꾼이 옆에서 보니 잘은 모르지만 뭔가 큰 문제가 있는 건 확실한 것 같았다.

감리단장을 불러 시험발파보고서와 화약류 수불부, 락볼트, 강섬유, 지보 등 반입 자료를 준비해 오도록 했다. 이것저것 자료를 뒤적이며 기다리는데, 화약류 수불 자료 등은 금방 가져왔으나 시험발파보고서는 나올 줄을 모른다. 두어 번을 불러 심하게 질책을 하고 나서야 감리단장과 소장이 풀이 죽어서 오는데, 시험발파보고서가 없다는 것이다.

"왜 시험발파보고서가 없어요? 분실했으면 회사에다 전화해서 이메일로라도 좀 받아 주세요."

"그게 아니라 발파를 안 했습니다."

"무슨 소립니까? 시험발파를 안 하면 필요한 화약량을 산출할 수 없을 테고, 그러면 현장에 화약류 반입이 안 돼서 공사를 못할 텐데요? 폭약은 어떻게 해서 현장에 반입해서 발파하셨나요? 그리고 소음·진동 계측은 어떻게 하고요?"

"폭약은 화약상에다 달라고 하니 주던데요? 그리고 화약류 사용허가증은 있습니다."

현장소장의 기어 들어가는 듯한 소리를 들으니 이 무슨 소리냐 싶다. 화약 사용허가는 그럼 어떻게 냈는지 의문은 점점 쌓여 갔다.

"화약류 사용허가증은 재작년 사면발파 할 때 낸 것이 화약량이 남아 그걸 사용했습니다."

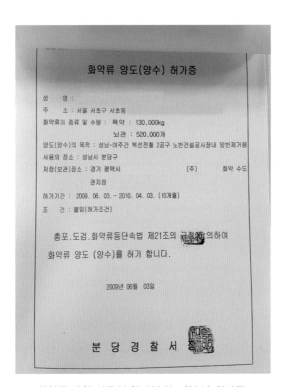

화약류 반입 서류의 하나인 양도(양수) 허가증.
폭약과 뇌관의 총 무게와 총 수량만 나와 있고 정작 중요한 폭약의 종류나 폭속,
뇌관의 종류 등에 대한 정보는 전무하다. (본문의 장소와 관계없음)

"거짓말하지 마세요. 화약류는 용도가 따로 있어서 사면발파용과 터널굴착용이 달라요."

"그래도 화약상에다 달라 하니깐 주던데요."

▌ 엇갈리는 질문과 답변

이상하게 자꾸 이야기가 엇나가는 느낌이라, 허가증을 가져오라 해서 보니 이게 웬일인가? 내 눈을 의심하지 않을 수 없었다. 화약류 허가서류에는 폭약의 종류나 폭속에 대한 언급은 전혀 없고, 뇌관도 종류 없이 그냥 폭약 킬로그램 수와 뇌관 개수만 적혀 있었다. 허가서류가 이러하니 지난번에 허가받은 사면발파용 폭약량을 기준으로 허가를 받아 놓고, 발파 후 남아도는 수량을 터널굴착용으로 돌려 사용해도 아무런 제지를 당하지 않았던 것이었다. 다만, 시험발파를 거치지 않는 등 소위 '개발파'를 하는 바람에 봄날 들판에서 마늘과 양파를 수확하던 동네 사람들과 애꿎은 소만 폭음에 놀라 생고생을 한 모양이었다.

그럼 이 현장은 시험발파도 거치지 않고 본격 발파를 해서 문제가 터진 곳인데, 어째서 감리단은 물론 시공사도 전혀 몰랐을까? 내 의문은 이 부분에 집중되기 시작했다.

통상적으로 보면, 토목현장에는 현장에 상주하는 상주감리와 필요한 경우에만 연락하면 와서 관리해 주는 비상주 감리가 있다. 터널담당 감리는 상주감리를 하나 터널작업이 시작되기 전에는 현장에 없다가, 작업을 약 한 달 정도 앞두고부터 현장에 상주하면서 시험발파와 향후 터널의 발파계획 등을 총괄하게 된다. 그리고 터널 작업이 끝나면 또 다른 현장으로 옮겨 배치된다. 그런데 이 현장의 경우는 다른 현장과 상당히 달랐던 모양이었다.

터널담당 감리원을 불러 왜 시험발파를 안 했냐고 물어보니 꿀 먹은 벙어리다. 처벌이 두려웠던 모양이었다. 사실 내가 그의 입장이라 해도 눈앞이 캄캄했을 것이다. 커피 한잔 같이 하면서 처벌은 안 할 테니 그 연유를 알고 싶다고 차분히 이야기하자 이 나이 지긋한 감리원은 조금씩 입을 열기 시작한다. 자신은 터널굴착 사흘 전에 이 현장에 배치되었는데, 시험발파 준비는 통상 한 달 전에 시작하기 때문에 자신이 오기 전에 그런 절차를 이미 다 끝낸 줄 알았단다. 폭약 반입을 위한 절차까지 다 밟아 놓은 상태라 생각하고 오로지 터널굴착 감리에만 매진했다는 것이다. 그러고도 그동안 별일이 없었다는 것이다.

왜 이런 일이 벌어진 것인지에 대한 실마리가 조금씩 풀리기 시작했다. 이 현장에는 터널담당 감리원 이외에는 터널 발파를 아는 사람이 아무도 없었다는 결론에 도달했다. 아무리 모른다고 하지만 그러면 어디에다 물어서라도 일을 해야지. 이런 바보 같은 사람들이 있나 싶었다.

터널 문외한들이 만든 무지의 산물

괘씸한 생각이 들어 이를 확인해 보고자 현장소장을 먼저 불렀다. 이런 '개발파'의 원인이 무엇인지에 대해 물으니 전혀 대답을 못하고 있었다. 다만, 내가 '현장소장이 터널 경험이 전혀 없었던 게 아니냐.'라고 물으니 '아무리 피감자 신분이지만 사람을 무시하지 말라.'라고 오히려 대든다.

공사부장을 불러 같은 질문을 던지자 그 역시 토목만 좀 알 뿐 터널에는 문외한이란 사실이 금방 드러났다. 하지만 터널굴착 경험에 대해서는 역시 입을 굳게 봉하여 계속 추궁해도 아무 말이 없었다. 감리단장을 불러 물어봐도 비슷한 상황이었다.

그렇게 이들과의 미묘한 대치상황이 이어졌지만, 나 역시 이런 기 싸움이라면 이골이 나 있는지라 만만치 않은 포스로 대적하고 있었다. 상황이 이쯤 되니 더 이상 버티기 힘들었는지 드디어 스스로 털어놓기 시작했다. 이 현장의 시공사 현장소장과 직원들도 터널이 포함된 공사를 처음 해 보았고 감리단장과 감리원도 마찬가지였다. 즉, 늦게 합류한 터널담당 감리원만을 제외하고는 모두가 터널 구경을 처음 하는 판이었다.

그동안 소장과 단장을 불러 직접 물어보니 '몇 개라고는 이야기하지 못하지만, 터널공사를 제법 해 봤다.'라고 했는데 이게 모두 거짓이었던 것이다. 터널 굴착에 대한 구체적인 사항을 물어보니 전혀 모르고 있었던 이유가 바로 그것이었다. 뭐라고 소리치기에도 내 자신이 너무 한심하여 대화 중에 '에이그.' 소리밖에 나오는 게 없었다.

게다가 시공사는 그동안 남쪽 지방에서 아파트와 상가건물만 좀 지어 팔다가 몇 년 전에 소규모 지방공단 조성 공사를 따 재미를 좀 보고 이후 토목 쪽으로 영역을 넓혔다는데, 이곳이 그 두 번째 현장이란 것까지도 파악되었다.

시공사는 터널을 처음 뚫어 보느라, 감리단장을 포함한 감리원들도 터널을 처음 구경해 봐서, 이런 터널에 대한 굴착 절차와 문제점들을 전혀 몰랐던 것이었다. 모르면 물어서나 하든지, 500억 원이 넘는 공사현장 시공과 감리가 이 모양이라니! 참으로 무식하고도 용감한 인간들이 만들어 낸 단순한 해프닝이었던 것이었다.

이 현장에서 터널을 구경해 본 사람은 결국 터널담당 감리원뿐이라니! 내가 할 수 있는 것은 고작 그를 불러 사정하면서, 부디 성실하게 시공하고 주민들에게 더 이상 소음으로 인한 민원을 발생시키지 말고 공사 잘하라는 것뿐이었다.

아울러 공사감독관과 감리단장을 불러 혼내서 절차 다 밟아서 하라고 지시하고는 주말이 다가와 조사를 마치고 올라왔다.

해당 지역의 지형 사진.
도로의 움푹한 곳이 터널 갱구부이며, 나팔 모양의 앞에 마을이 위치하고
아랫부분에는 넓은 들판이 위치하여 발파 소음이 나팔효과를 내며 전달되는 지형구조였다.
사진 출처 : 카카오지도 캡처

제 버릇 남 못 준다더니

그런데 내가 올라온 3일 후, 또다시 몰래 발파를 한 모양이었다. 들판에서 일하다가 발파 소리에 놀라 자빠진 동네 사람들이 흥분하여 이장에게 따졌고, 이장이 내게 연락해 줘 그 사실을 알게 되었다. 사실 현장 담당자들의 언행을 보니 도저히 믿음이 가지 않아 은밀히 동네 이장을 만나 명함과 전화번호를 알려 주고, 그동안 고생이 많았다는 위로와 함께 앞으로는 절대 그런 일이 없을 거라고 장담 아닌 장담까지 하고 올라왔던 터였다.

그런데 월요일 아침 10시가 넘자 바로 휴대전화가 요란하게 울렸다.

"조사관님. 아니, 터널에서 당분간 발파를 안 한다고 하시더니, 방금 이 발파 폭음은 뭔가요? 동네 사람들이 일하다가 또 난리가 났어요!"
"그럴 리가 없을 텐데요? 당분간 발파를 중지하고 준비해서 시험발파 후 허가내서 정상적으로 일을 하라고 신신당부를 해 놨는데."
"폭음 소리가 지난번하고 똑같아요. 어떻게 좀 해 주세요."

아차! 싶었다. 겨우 진정시켜 전화를 끊고는 현장을 담당하는 공사감독관에게 전화해서 이게 무슨 일이냐며 큰소리를 쳤다.

"감독을 어찌했기에 현장이 저 모양인가? 방금 또 발파해서 동네가 난리가 났다는데, 도대체 뭔가?"
"그럴 리가 없을 텐데요?"
"당신이 그렇게 물같이 현장을 감독하니 현장에서 공사감독관을 우습게 본 거예요. 확인해서 즉시 조치하고 연락 주세요."

간단한 사항이라 금방 연락이 올 줄 알았는데, 한 시간이 넘게 지나가도 소식이 없었다. 답답해서 전화를 해 봐도 전화를 받지 않더니, 점심시간이 다 되어서야 감독관한테서 전화가 왔다.
"조사관님, 시험발파해서 정식 허가 전에는 발파하지 않기로 했습니다. 다시는."

"그 바보 같은 사람들이 또 그런 재주가 있었구만. 정신 바짝 차리고 감독하세요. 내가 왜 이런 부탁을 하는지 아시지요?"

이렇게 내가 악다구니를 써서야 그 현장의 개발파는 중단되었고, 그 뒤로는 아무런 연락이 없었다. 나중에 들으니 시험발파를 거쳐 약 한 달 뒤 정상적인 공사가 진행되었다고 한다. 그 뒤로 다시는 동네에서 전화가 오질 않았다. 그동안 그 동네 주민들이 겪어야 했던 고통이 매우 컸으리라. 주민들의 공통된 이야기로는 집안에 있을 때는 발파음이 별로 크게 들리지 않는데, 들판에서 일할 때는 그 폭음이 엄청나게 컸다고 한다.

진동도 위험하지만 소음도 위험하다. 비록 그 동네의 나팔같이 생긴 지형이 문제였지만, 들판에서 일하던 소가 발파 소리에 놀라서 달아날 지경이면 이건 정말 인간에게도 위험하다. 현장 관리자들이 평소 주민들의 이야기에 조금만 더 귀를 기울였더라면 그리고 공사현장을 감독하는 공무원은 한번만 더 현장에 나가 보고 주민들 말을 조금만 더 새겨서 생각해 봤더라면 이런 일은 없었을 텐데. 노상 책상 머리맡에 앉아 고식적으로만 생각하니, 죽어나는 것은 힘없고 빽 없는 서민들뿐이었던 것이다.

이번에는 부패척결추진단의 국책사업 점검 팀에서 국책사업2과장으로 직원들과 일반철도 건설구간 현장에 출장 나가 눈앞에서 벌어졌던 생생한 소음 진동 계측 이야기를 하나 해 보고자 한다.

터널 입구에서 만난 계측 직원

한동안 터널 점검을 쉬다가 오랜만에 영남 지방의 어느 철도 건설 현장을 점검하러 나갔다. 현장 사무실에서 대충 브리핑을 받고 보니 이 공구에는 산악터널이 아닌 구릉지를 지나가는 복선터널이 하나 있었는데, 규모를 보니 개착구간 300여 m에 비개착 굴착구간 1,400m 가량이 있었다. 공사 진척도를 살펴보니 시점부에서 1,200m 가량을 굴착한 상태이고, 종점부에서 50m 가량을 굴착, 나머지 미굴착 구간 150m 가량을 시점부에서 종점부 방향으로 굴착하고 있는 상황이었다. 그동안 단단한 암반 위에 굴착하는 산악터널만 보다가 평지에 가까운 곳의 터널도 재미있을 것 같았는데, 조금 뒤 발파가 있다고 해서 우선 현장을 돌아보기로 했다.

감리단장과 함께 공사장 내 출입차량을 타고 종점부를 가 보니, 약 50m 가량 굴진한 상태에서 공사가 오래 전에 중단돼 있었다. 다시 돌아 나와 마을을 거쳐 시점부로 가는데, 지나면서 보니 그 동네는 옹기 굽는 특화마을이라고 되어 있었다. 즉, 옹기를 구워 만들 뿐만 아니라 전시해서 파는 곳이기도 했다. 옹기를 굽고 파는 현장이라니. 이런 곳은 다른 곳보다 소음·진동에 더 민감하기 때문에 공사할 때 특히 유의하고 감독해야 하는 곳이라는 생각이 앞섰다.

당시 현장 상황도. 계측지점이 옹기특화마을이다. 철도 터널은 고속도로와 거의 나란히 굴착이 진행되고 있었다.
사진출처: 구글 위성지도

약간의 긴장을 유지한 채 마을 골목길을 지나가는데, 어느 좁은 골목길 입구에 작업복을 입은 작업자가 시멘트 바닥에다 뭘 올려놓고 쪼그리고 앉아 있는 게 아닌가? 유심히 살펴보니 계측기 가방이 보이고, 앞에 시멘트 바닥 위에 덩그러니 놓인 진동센서와 그 옆에는 1m 가량의 거치대 위에 놓인 소음센서 그리고 그 아래로 소음·진동계측기가 보였다.

잠시 차를 세우고 내려가 작업자에게 물어보았다.

"여기서 뭘 하시오?"
"소음·진동 계측 대기 중입니다. 곧 터널에서 발파가 있어서요."

작업자가 엉겁결에 거수경례를 붙이면서 대답했다.

"아니, 조금 전에 사무실에서 브리핑 받기로는 여기 시점부에서 1.2㎞ 들어간 지점에서 발파할 거라는데, 왜 여기서 계측을 하지요?"
"예. 맞습니다. 종점부 근처에서 곧 발파가 있습니다. 그리고 저희는 굴착 초기 단계에서부터, 여기 이 자리에서 계측을 해 왔습니다."

이 작업자는 아무런 의심도 없이 자신이 알고 있는 내용을 그대로 설명하기 시작했다.

"아니, 처음에야 당연히 이곳 터널 시점부에서 발파를 시작했으니 근처 보안물건인 여기서 계측을 했겠지만, 터널굴착이 진척되어 지금은 갱구에서 1.2㎞나 들어가서 종점부 근처에서 발파를 한다는데. 그럼 종점부 근처의 보안물건을 찾아 계측을 해야 할 것 아니오? 또 계측을 하려면 제대로 해야지, 저렇게 시멘트 바닥에 센서를 놓고 재면 센서가 토끼처럼 뜀뛰기를 해서 제대로 계측치가 안 나와요. 그리고 센서 설치 방향도 터널 시점부 방향이 아니고 발파지점에서 90도 이상 틀어져 있는데, 이거 맞는 건가요? 도대체 누가 이렇게 가르쳐 줬나요?"

성실하게 답변하던 계측 직원은 갑자기 꿀 먹은 벙어리가 되었고, 함께 탔던 감리단장도 이게 무슨 상황인지 전혀 감이 안 오는 모양으로 눈만 껌벅인다. 곧 발파가 있다니 예정대로 진행하라고 했다. 잔뜩 긴장하고 대기하는데, 잠시 후 멀리서부터 희미하게 폭음이 들리고 진동은 어떻게 생겨먹었는지 전혀 감이 없었다. 계측 결과를 보니 소음은 물론 진동도 감지가 안 된다. 하긴 거리가 1.2㎞ 떨어진 곳에서 발파하니 소린들 진동인들 제대로 감지될 리가 없었다. 이걸 소음·진동 계측이라고 하고 있으니 할 말이 없었다.

30년 토목쟁이에 계측기 교육은 없었다니

생각한 것보다 값비싼 공법이나 속여먹을 만한 공종이 별로 없었기에 실적을 내는 일은 포기하고 일과가 어느 정도 끝난 후 4시쯤에 감리단과 시공업체 간부, 직원들을 모두 불러 모았다. 소음·진동계측 방법을 아는 사람이 있는지 손을 들어보라고 하니 손을 드는 사람은 아무도 없고, 서로 눈치만 살피고 있는 것이 아닌가? 어디서 교육받은 적이 없는지 물으니, 토목쟁이 노릇한 지 30년이 넘었지만 계측기 교육은 처음 들어 본단다. 쓴웃음이 절로 나온다.

프로젝터를 세팅하고 화이트보드를 가져오라고 해서 직원들을 시켜 교육 준비를 하도록 했다. 터널공사 현장 조사 대신 소음·진동계측기의 소음센서와 진동센서 설치 방법 그리고 측정된 데이터(event report) 활용하는 방법 등등 두어 시간 가량 설명해 주었다. 우리나라 현실에서는 규정의 준수 여부가 주로 1Kine 미만의 미세진동에서 결정되므로, 센서 설치 방법 중 모래주머니를 얹는 방법이 특히 중요한 듯해 이 부분을 특히 강조하여 설명했다. 화살표(⇒) 표시 방향과 수평 유지 등도 결부시켜 중점적으로 가르치고 그 외에 PPV와 PVS 적용 방법, 예상 가속도 수준에 따른 센서 설치 방법 등도 이야기해 주었다.

현장 교육 장면.
2017년 12월, 경북 경주에서 한국철도시설공단 영남본부 직원 및 시공사, 감리단 간부 등
약 200여 명을 대상으로 철도건설 현장에서의 문제점 및 개선방안 등에 대해 강의할 때 사진이다.

처음에는 모두들 부끄러워 얼굴들이 붉어지는 듯했지만, 어느새 반응은 진지해졌고 점점 강의에 빠져들었다. 그러다가 강의가 끝날 즈음에는 감탄사까지 연발한다. 교육 자료도 제대로 준비가 돼 있지 않아, 노트북 속에 들어 있는 다른 곳에서 강의하던 PPT 자료와 사진 파일, 논문에 삽입된 그림이나 사진파일을 찾아 프로젝터를 통해 보여 주고 칠판에 그림을 그려 가면서 얼기설기 엮은 응급성 강의였지만 그 반응과 열기만은 정말 대단했다고 자부한다.

서당 개 삼 년이면 풍월 정도는

강의가 끝나고 나가면서 모두 고맙다며 인사말을 건네는데, 소문으로 듣던 끔찍한 점검 대신 공짜 강의가 감사했는지, 아니면 미안한 생각이 들었던 것인지 감리단장이 한마디 한다.

"허~. 도대체 그걸 다 어디서 배우셨대요?"

"서당 개 삼 년이면 풍월을 읊는다잖아요. 터널 조사 삼 년이면 소음·진동 계측 방법과 현장 활용 정도는 알아야지요. 현장 돌아다녀 보니까 워낙 거짓말로 밥 지어 먹는 고수들이 많아 대화를 통해 뭔가를 캐치하려면 이 정도는 되어야지요. 그런데 다들 당연히 알고 있을 필수사항조차 아무도 모르고 있어서 논문 찾아보고, 계측기 회사마다 매뉴얼 수집해서 번역하고, 그동안 눈 빠지게 공부하느라 나도 고생깨나 했답니다."

현장에 나가서 큰 잘못이 있는 곳은 가차 없이 그리고 매몰차고 빡세게 조사를 했지만, 큰 잘못이 발견되지 않는 현장에는 이렇게 유익한 강의로 보답 아닌 보답을 해 왔다. 어차피 크게 혼날 곳은 크게 혼내고, 그 정도가 아닌 곳은 말로 하고 가르쳐 줘도 충분히 효과가 있어 보였기 때문이다. 어쨌든 이러한 현장교육으로 인해 여러 현장에서는 내가 한편으로는 공포의 마왕으로, 다른 한편으로는 열혈 강사로도 소문나게 되었다.

4편. 지금 생각해도 아찔한 민간투자 현장

이번 이야기는 저 남쪽의, 바다에 인접한 어느 지방에서 공사 중이던 터널 현장을 점검할 때의 이야기이다. 내용도 좀 복잡하고 사연도 제법 길지만, 이 사연이야말로 진동 충격으로 문제가 생긴 곳이자 해결책을 제시할 수 있는 현장이라는 걸 보여 주기에 적절한 소재라 여기에 소개해 본다.

▐ 슈퍼웨지 굴착인데 빌라에 왜 금이

더위가 한창인 여름, 더위도 느끼지 못한 채 한창 전국 터널을 돌면서 가속도가 붙어 현장의 잘잘못을 엄하게 꾸짖고 있을 때 어느 날 후배에게서 연락이 왔다. 지방의 어느 도시의 민간투자 사업현장에서 터널굴착을 하면서 갱구부 상단에 있는 다세대 주택이 진동충격을 받아 건물에 크게 금이 갔다고 민원을 냈는데, 혼자서는 자신이 없으니 도와 줄 수 있냐는 것이었다. 그때까지만 해도 내가 소음·진동 분야를 크게 알지는 못했지만, 그동안 슈퍼웨지를 발파로 굴착하고 공사비 빼먹는 몇개 현장을 적발했던 데다, 불러주는 지번을 바탕으로 위성사진으로 현장을 찾아보니 어느 정도 감이 와 같이 나가기로 했다.

먼저 후배를 시켜 설계내역과 함께 설계도서를 받도록 했다. 터널 갱구부 쪽은 슈퍼웨지 공법으로 굴진하여 지반고가 25m쯤 되는 곳에서부터는 굴진장 축소 다단 발파를 하게 되어 있었다. 겉보기에는 이 정도면 충격이 그리 크지 않으니 괜찮은 듯 보였지만, 문제는 어느 현장을 막론하고 설계대로 시공했다는 보장이 전혀 없다는 점이다. 민간투자사업 현장은 총사업비가 고정되어 있고 설계내역이 최소한 공사 착수 십여 년 전에 확정된 거라 공사 시점의 단가와는 큰 차이가 있으므로, 특히나 설계대로 시공된다는 보장이 더 낮은 편이었기 때문에 더욱 그러했다.

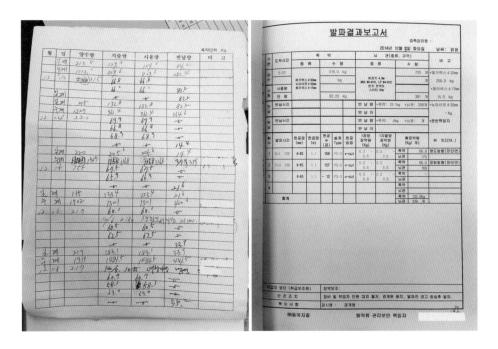

어느 현장의 폭약 반입 화약류 수불부(좌)와 발파결과의 보고서 모습.
오른쪽 사진 상단에 당일 반입 및 사용된 폭약이 고폭성의 메가멕스임을 보여 준다.
니트로글리세린이 주원료인 Dynamite(MegaMITE)와
위력을 강화한 에멀전계 폭약인 MegaMEX 또는 New Super Emulsion은
폭발위력 면에서는 별 차이가 없어 이들을 사용할 때는 항상 세심한 주의를 해야 한다.

도착해서 먼저 현장 주변을 돌아보니 거의 절벽같이 경사가 심한 사면에다 터널을 굴착하여 현재 150m 이상 굴진을 해 나갔다는데, 절벽 사면에 보이는 화강암

질의 큰 바위들로 볼 때 암질은 최소한 1타입에서 2타입에 해당하는 극경암이거나 경암으로 판단되었다. 즉, 생각보다 단단한 암질이라 설계대로 폭약을 사용할 경우 폭발력이 약해 암반이 제대로 절취되지 않을 가능성이 높아 보였고, 고폭성 폭약의 사용으로 인한 소음·진동의 피해 또한 상당할 걸로 예상되었다.

현장 조사에 착수하고 조금 있으니 터널에서 발파가 있단다. 출발에 앞서 감리단장에게 소음·진동 계측할 때 모래주머니로 센서를 덮고 계측하냐고 물어보았더니, 이 현장도 당연 그렇게 한단다. 계측하는 직원들이 계측기 센서를 모래주머니로 덮는다는 이야기를 안다는 데는 여기가 처음인지라, 유명 대기업이 시공하는 현장이 역시 다르구나 생각했다.

발파 계측장면을 구경하겠다고 요청해서 현장요원들을 따라 나서 보니, 이건 완전한 산동네에다 차량은 물론 사람도 좁은 골목으로 겨우 다니는 그런 곳이었다. 피난 시절 지은 집들이라는 것이 실감나는 동네였다. 그나마 민원을 낸 3층 빌라는 동네 초입에 있는 집으로 그 동네에서 상당히 괜찮은 집으로 보였지만, 이 집도 못해도 아마 30년은 족히 되었을 법했다. 이런 노후 주택들은 사실 충격에 매우 약하다. 그냥 서 있기도 힘든 상황인데, 지하에서 발파로 지반을 흔들어 대면 그 결과는 불 보듯 뻔한 것이다.

빙방사를 머리에 인 진동 센서

직원을 따라 열심히 산비탈을 올라갔다. 직원들이 계측기 박스와 장비를 지고 들고 꼬불꼬불한 골목을 한참 지나, 다 쓰러져 가는 블록으로 지은 어느 집 앞에서 멈춰 계측기를 내려놓는다. 시멘트 바닥에다 센서를 놓더니 어른 주먹 두세 개만한 모래주머니(정확하게는 겨울철 경사로 근처에 둬서 바닥이 얼면 한두 개 풀어 모래를 뿌리도록 한 빙방사)를 센서 위에 덩그러니 올려놓는다.

"이게 뭔가요?"
"모래주머니죠, 뭐. 보시다시피."
"평소에도 이렇게 모래주머니를 올리고 계측하시나요?"
"아뇨! 오늘은 감리단장님이 모래주머니를 올리라고 하셔서요."

시공사인지 하청업체인지 모르는 직원과의 무심한 대화는 이렇게 짤막하게 끝나고, 시멘트 바닥 위에 올려진 진동센서는 팔자에도 없던 자기 덩치보다 조금 더 큰 빙방사를 머리에 이고 그렇게 계측준비가 시작되었다. 잠시 후 몇 마디의 무전이 오가더니, 좀 더 기다리다가 약간의 진동과 함께 멀리서 약한 폭음이 들려온다. 물론 소음과 진동 모두 계측결과치는 기준 이하로 나왔다.

내려와서 다시 회의를 소집했다. 시청 건설국 과장과 계장 그리고 직원까지 합세하여 이야기를 하다 보니, 오전에 요구한 화약류 수불부부터 발파일지와 계측기록 등이 일부 나왔다. 3층 빌라 아래를 굴진할 때의 발파 기록을 달라니, 그 구간은 슈퍼웨지 구간이라 발파나 화약류 반입이 없었다며 내놓질 않는다. 겨우겨우 달래고 얼러서 추가 자료를 받아 확인해 보니 빌라는 앞뒤로 두 채였는데, 갱구부부터 두 건물 사이까지 슈퍼웨지로 시공했단다.

슈퍼웨지 공사 자료를 받아 보니, 뭐로 시공했는지는 나오지 않고 '굴착'으로만 되어 있다. 슈퍼웨지 공법을 물으니, 20년 전에나 간혹 사용되다가 요즘은 거의 사용하지 않는 어떤 공법이란다. 하루 굴진거리를 보니 매일 거의 균일하게 2m 정도로 나와 있다. 게다가 발파든 슈퍼웨지 굴착이든 간에 위치표시가 제대로 된 것이 별로 없었다. 딱 보니 이 구간도 그냥 발파로 튀겨먹은 것 같은데, 손에 잡히는 증거가 없으니 다그칠 수가 없었다.

책자로 된 실시설계보고서를 살펴보았다. 빌라가 있는 쪽에는 슈퍼웨지 공법과 제어발파 방법으로 굴착하는데 폭약은 에멀젼계 폭약으로, 뇌관은 비전기 뇌관을 각각 사용하는 것으로 되어 있었다. 또 제어발파 구간은 심발 부위를 baby V-Cut 으로, 장약밀도는 0.15~0.4kg을 기준으로 설계되어 있었다. '이 정도라면 웬만큼 예민한 곳이라도 별일 없을 텐데.' 하는 생각이 든다.

참고로 여기서 심발이라 부르는 제일 중심부 발파방법에 대해 약간의 설명을 덧붙이면, V-cut는 터널 발파에서 제일 가운데 부위, 즉 심발 부위를 발파하는 방법 중 하나인데, 주로 굴진장이 짧은 경우에 사용하는 방법 중 하나다. 폭약과 뇌관을 장전하는 형태가 단면도상 V 자 모양이어서 이런 이름이 붙었다. 그리고 굴진장이 긴 경우에는 주로 실린터 컷(Cylinder-cut)이라는 방법을 사용하는데, 이는 장약공을 수평으로, 원통 모양으로 장전하기 때문이다.

발파공법 관련 설계도서를 보니 해당 부위의 막장면 암질은 2타입이었고, 따라서 시공한 지보패턴도 2타입이었다. 갱구부 강관다단 구간을 막 벗어난 곳이 이 정도라면 암질은 정말 좋았지만, 반대로 이 단단한 암반을 깨서 굴착하려면 폭약 소모량이 상당히 많았을 테고, 따라서 소음과 진동은 필연적으로 문제를 일으킬 수밖에 없는 곳이라는 생각이 들었다.

이 구간의 시험발파보고서를 달라고 하여 살펴보니 P-3S, 공수 160공에 전단면 발파다. 앞뒤가 맞아 들어가지 않는 걸 보니, 필시 뭔가 조작해 둔 느낌이 팍 든다. 촉이 온 것이다.

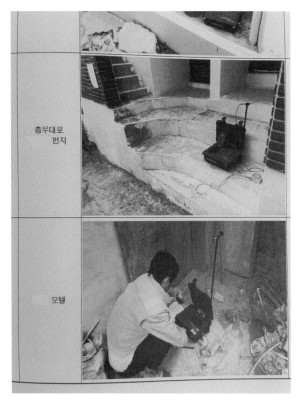

충무대로
번지

모텔

시험발파보고서에 첨부된 사진 대지.
소음·진동계측의 위치선정은 물론 진동센서가 규정과는 달리 지반에 고정되지 않았다.
제대로 설치할 줄 아는 기술자가 전무하고, 관련 교육프로그램도 없다 보니
굳이 이 현장만 이렇게 잘못된 것은 아니었다.

피난민촌 발밑에서 고성능 폭약이라니

발파결과보고서를 제출받아 해당 일자를 찾아보니 폭약의 경우 MegaMEX와 NewMITE 그리고 파이넥스 등 합계 215kg을 양수받아 이 중 132.8kg을 당일에 사용하고, 남은 82.2kg을 반납한 것으로 되어 있었다. 뇌관은 비전기 뇌관 720개를 건네받아 당일 현장에서 339개를 사용하고 남은 381개를 반납한 것으로 되어

있었다. 통상 하루에 두 번 발파를 하는데, 한 번 발파에 폭약 67kg과 뇌관 170개 정도를 사용한 것으로 일단 추정되었다.

또 다른 추정을 하자면, 돌발 상황이 생기지 않는 한, 현장에서 당일 받아 온 폭약이나 뇌관이 이렇게 많이 남는 경우는 드물다. 대부분 그동안의 발파 등 경험과 설계도를 바탕으로 발파계획서를 작성하고, 거기에 따라 그날에 사용할 폭약과 뇌관을 신청하고 수령하기 때문이다. 이 현장에서 그날 화약 등이 이렇게 많이 남게 된 것은 당초 계획과는 달리 점검이 진행 중이므로 폭약과 뇌관 사용량을 크게 줄여서 발파한 것도 한 원인으로 짐작된다.

그런데 자세히 살펴보니, 반입된 폭약의 종류는 폭속 면에서 다이너마이트와 유사한 MegaMEX 200kg과 정밀폭약인 파이넥스 15kg이었다. 이 중 파이넥스는 통상 정밀폭약이라고 부르는데, 터널 외곽부에다 장약하여 잘려 나가는 경계를 확정 짓는 용도로 사용되는 폭약이다.

상표명으로 봐선 뭐가 뭔지를 구분하기 곤란하겠지만, MegaMEX는 ㈜한화에서 생산되는 폭약의 제품명으로, 폭속 6,000m/s에 달하는 고폭성 폭약 제품이다. 폭발 위력 면에서 보면, 폭약 중 가장 폭속이 높은 다이너마이트 계열 MegaMITE의 폭속 6,100m/s과 거의 유사하다. 이들은 폭발력이 제일 좋은 대신 소음·진동 역시 제일 심해 도심지 인근에서는 사용하지 못하고, 인가 등이 없는 산골짜기에서나 제한적으로 사용하는 폭약인 것이다. 이게 도심 한가운데서, 더구나 지은 지 수십 년 된 피난민 마을 발밑에서 터널발파에 사용되다니. 대체 이걸 누가 믿겠는가?

화약류 수불부와 발파일지를 보니, 앞부분이 있음에도 불구하고 발파로 된 부분의 기록만 가져왔다. 발파일지에는 발파위치도 없다. 이런 자료들은 대개 자기들 입맛에 맞게 미리 짜 맞춰 놓은 것들인데, 실제 자료를 보면 딱 그런 생각이 든다.

소음·진동을 계측한 자료인 발파성과보고서도 함께 살펴본다. 아까처럼 그렇게 엉터리로 잰 계측 결과치라 대부분이 규제수준 아래일 것이라 생각하지만, 관리 기준인 진동속도 0.3kine(㎝/sec)을 상회하는 것이 생각보다 많이 눈에 띄었다. 이런 피난민촌은 수십 년 전에 블록으로 지은 집들이라 진동에 매우 취약한데, 어찌 보면 0.3kine의 기준도 과한 수준이었다. 개인적인 생각이지만 이런 곳은 문화재와 같은 수준인 0.2kine으로 관리하는 것이 옳다고 본다.

더구나 계측기록지의 X, Y, Z축의 파장 그래프를 보니 그래프 자체가 소위 Slippery 현상이 있었음을 보여 주었는데, 이는 센서를 매립하지 않거나 단단한 바닥 등에 충분히 고정하지 않은 경우 또는 모래주머니로 센서 전체를 충분하게 덮어 눌러 고정하지 않은 데에서 나타나는 전형적인 모습 그대로였다. 보나마나 이것들도 아까 측정할 때처럼 규정에 맞게 진동센서를 매립하거나 센서 위에 25파운드(12kg)짜리 모래주머니를 덮지 않고 그냥 시멘트 바닥에다 대충 올려놓고 재서 저 정도 나왔을 건데, 저걸 만약 규정대로 12kg짜리 모래주머니를 덮어씌우거나 센서를 매립하고 측정했다면 어떻게 되었을까? 이런 현장에도 감리단은 있지만 실은 없는 것보다 별반 나을 게 없는 상황이다. 그래서 이런 엉터리 작업이 가능했던 것이고, 그 바탕은 수년간 한솥밥을 먹는 이른바 유착 때문이다.

일단 필요한 부분을 모두 스마트폰으로 찍어 둔다. 뭐라고 해 봐야 알아들을 인간들도 아니고 마땅히 알아들을 현장 사람들도 없으니, 이런 자료들을 모아서 한꺼번에 혼을 내는 수밖에 없다.

이렇게 확보한 자료를 하나하나 노트북으로 옮겨서 프로젝터에 띄워 보여 주면서 좌중들에게 설명을 해 나간다. 먼저 감독관청의 눈먼 관리행정부터 질타한다. 어차피 공무원들은 아는 게 없으니 지나가는 개나 고양이조차도 겁을 안 낸다. 이런 미물들을 닮고 약아빠진 시공사나 감리단 직원들이 겁낼까?

'엉망진창'인 시공사와 감리단에게 제대로 한 방

다음은 시공사와 감리단 차례다. 먼저 엉터리 소음 계측한 걸 바탕으로 감리단장을 추궁한다. 코가 석 자쯤 빠지면 타깃을 옮겨 시공사 소장을 추궁해 본다. 보나 마나 일단 모두들 모른다고 발뺌이 우선이다. 하지만 그냥 놔둘 수도 없어 다시 감독관청에게 의견을 묻는다. 이쯤 되면 시청 공무원들도 마땅한 대안이 없다. 그리고 뭐가 잘못된 건지도 모르니 그저 눈만 멀뚱멀뚱 눈치만 본다. 대충 물어보다가 결정타를 날렸다.

"발주처는 저 엉터리 공사 인력들 모두 경찰에다 고발하세요."

단호하게 치고 나갔더니, 순식간에 분위기가 확 얼어붙는다. 잠시 침묵이 흐르더니 여기저기서 웅성거린다. 이쯤 되니 이판사판이라 생각했던지, 아니면 목구멍이 포도청이라 자리보전하는 게 급선무라 생각했던지 시공사 소장이 용감하게도 총대를 메고 분위기를 잡는다. 이때는 순간 잘못되면 고양이와 쥐 입장이 서로 뒤바뀌어 버리기도 한다. 정신을 똑바로 차려야 하는 찰나의 순간이기도 하다.

"조사관님, 말씀 너무 함부로 하십니다. 그거 아세요?"
"나는 지금까지 현장에 나와 남들처럼 함부로 헛소리를 하든가, 공갈 친 적이 없어요. 아직까지 제 이야기를 못 들으셨나 본데, 조금만 더 있으면 자연히 아시게 될 겁니다. 아까 내가 사진 찍고 증거 확보하는 거 못 보셨나 보지요? 증거가……."
"증거가 있으면 어서 내보시든가요. 감옥을 가든지, 말든지 하겠습니다."

소장의 입에서 서서히 비아냥이 묻어 나온다.

"조금만 기다려 보세요. 내가 증거를 보여 드릴 테니. 지금까지 제가 거쳐 온 각 현장에서도 발단은 고맙게도 현장 스스로가 만들어 줬습니다. 내가 보니 이 현장도 딱 그 수준으로 보입니다. 일단, 공사 감리 보고서가 엉터리입니다. 그리고 폭약 설계량보다 장약량이 더 많았고요. 그러고도 발파보고서에는 그 사실을 숨겨 왔지요. 게다가 소음·진동계측기 측정값도 엉터리입니다. 아까 진동 센서에 12kg짜리 모래주머니 대신 1kg나 될까 말까 한 빙방사를 갖다 올려놓고 쟀지요? 그리고 계측 결과 기준을 오버했으면 다음 발파 시에는 장약량을 줄여서 조절해야 하는데. 맞지요?"

"당연하지요. 그런데 우리 현장에 어디 이상한 데 있었습니까?"

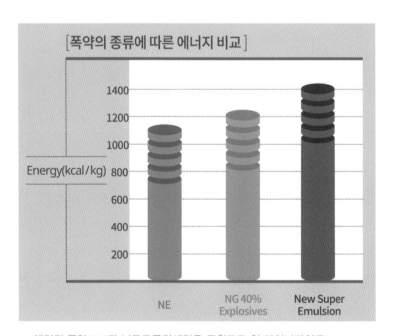

에멀전 폭약(NE)과 니트로글리세린을 주원료로 한 다이너마이트(NG계열)
그리고 폭발력을 대폭 강화한 에멀전계 폭약의 위력을 설명한 도표.
현장에서 주로 사용하는 일부 에멀전계 폭약이 위력 면에서
다이너마이트를 훨씬 능가한다는 사실을 보여 준다.
출처: (주)고려노벨화약 제품설명서

"소장도 눈이 있으면 보세요. 화면에 나오는 이게 이 현장 자료가 맞지요? 화면

에 나오는 11월, 이날의 진동계측치가 분명히 규정보다 오버했지요? 그런데 다음 발파 보세요. 왜 앞보다 폭약을 5kg 더 넣었나요? 과장약 맞지요? 그리고 이건 도대체 뭡니까? 실시설계서에는 분명히 에멀젼 폭약을 사용한다고 되어 있지요? 날 보지 말고 화면을 보세요. 그런데 현장에는 왜 MegaMEX가 반입된 겁니까? 에멀젼 폭약하고 니트로글리세린을 사용하는 MegaMITE나 MegaMEX의 차이는 입만 벌렸다 하면 건설 경력 30년 운운하는 당신들이 더 잘 알 터이고, 당신이 모르면 누가 일어나서 변명 좀 해 보세요. 이 부분이 맞는 건지 어쩐지. 그리고 폭약을 설계와는 달리 허위로 신고하고 반입해서 발파하면 총포화약도검법상에 처벌 수준이 뭐죠? 수십 년간 이렇게 엉터리로 발파하고도 아직 처벌을 받아 본 적이 없어서 모릅니까?"

"......."

이쯤 되니 현장소장도 더 이상 이야기할 밑천이 떨어졌던지, 아니면 일말의 양심은 있었던지 더 이상 아무 대꾸가 없이 고개를 푹 숙이고 있다.

"저 해진 성냥갑 같은 빌라가 금이 가서 기울어진 건 이러한 설계 밖의 고폭성 폭약 사용과 과장약 같은 불법으로 인해 크게 초과된 진동 때문으로 생각됩니다. 그리고 자료에는 갱구부터 빌라 두 채 사이까지 심도 16m까지는 슈퍼웨지로 설계되어 있었는데, 검측사진에는 할암봉 사진이 몇 장 붙어 있더군요. 암반이 경암이나 극경암이라 폭약도 일반폭약으로는 위력이 부족해 최고 폭속의 고성능 폭약을 썼는데, 할암봉으로 세월아 네월아 하면서 작업했을 리도 없겠고요. 내가 보기엔 그것도 발파로 시공한 게 분명해요. 똑똑한 당신은 그렇다 치고 그동안 감리는 뭘 했고, 수년 동안 수십 차례 민원을 받았을 시청 공사감독 공무원들은 대체 뭘 했나요? 한번 말해 보세요."

조용하던 분위기가 다시 한번 웅성거린다. 이제 슬슬 패닉이 오는 모양이었다. 이런 상황에서 시간을 낭비하거나 그냥 놔두면 안 된다.

"할 말 없습니까? 시청에서 나온 공무원들, 모두 손 들어 보세요. 당신들은 그동안 뭘 했냔 말이에요? 고개 좀 들어 보세요. 성냥갑 같은 저 빌라에 사는 민원인들이 당신들한테 수년 동안 수십 번이나 집에 금이 간다고, 누워 지내는 노인 환자가 집이 흔들려서 죽겠다고 고통 속에서 괴로워 민원 낼 때 도대체 뭘 했냐고요? 전화 민원은 민원이 아니라고 답변하고 끝냈나요? 일어서서 누가 이야기 좀 해 보세요."

꿀 먹은 벙어리가 된 시청 직원을 재촉하다 말고 다시 화살은 감리단장으로 건너뛴다.

"감리단장, 일어나 보세요. 당신 아까 내가 진동계측기 센서에 모래주머니 올려놓고 재느냐고 물어보니 그렇다고 해서 현장관리 좀 하는 줄 알았는데, 이게 뭐예요? 뭐? 지난겨울에 쓰다 남은 빙방사를 기사한테 들려서 보내? 장난 그따위로 칠 거요? 지금까지 내가 여러 현장들 돌며 호통치고 다닐 때, 당신네 현장은 민투현장이라 상관없다고 생각했습니까?"

돌아가면서 제대로 한 방씩

좋은 이야기를 해 줄 때는 말하는 사람이나 듣는 사람 모두가 기분이 좋지만, 빈틈만 있으면 거짓말을 해대는 현장 사람들에게 이골이 나 있던 터라 돌려가면서 한 방씩 먹이고 나니 사방이 조용해졌다.

"그리고 소장. 대충 내 이야기가 끝났으니 이제는 당신이 아까부터 치던 큰소리나 계속 쳐 보세요."

막상 이야기해 보라니깐 아무도 이야기하는 인간이 없었다.

돌아가면서 한소리씩 쳐대고 나서 목이 말라 물을 마시면서 문득 고개를 돌려 좌중을 한 바퀴 돌아보니, 제대로 고개를 들고 있는 사람은 민원인 대표로 참석한 두 사람과 후배 조사관뿐이다. 이 분위기에 짓눌려 민원인 대표 두 사람도, 후배 조사관도 안색이 영 불편한 듯했다. 쓴 웃음이 절로 나왔다.

잠시 타임을 걸고 커피 한잔 들고 나왔다가 마시고 들어가니, 조금 진정은 되었는지 자기들끼리 회의를 하겠단다. 어차피 상종 못할 인간들이라 또 어떤 짓을 할지 몰라 후배한테 회의하는 걸 잘 감시하라고 지시했다. 바닷가를 한 바퀴 돌며 풍광을 구경하고 들어오니 두어 시간 가까이 걸렸는데, 그동안 계속 회의를 하다 막 쏟아져 나오더니만 후배가 결론이라며 가져온다. 회의 결과 요약을 대충 살펴보니, 민원인들이 요구하는 9가지 요구사항 중 한 가지만 빼고 나머지를 모두 들어주겠단다. 후배한테 이만하면 됐냐고 물으니, '민원인 대표들도 찬성한다.'라면서 킬킬대며 웃는다. 그냥 두었다가는 침도 안 바르고 또 거짓말을 할 것 같아 시청 직원들까지 끼워 서면으로 확약서를 받았다. 물론 조만간 정식으로 합의서를 작성한다는 조건을 걸고서.

참고로 이때 들어줄 수 없었던 요구사항 중 한 가지는 터널굴착 때 나온 발파암의 매각대금을 민원인들에게도 분배해 달라는 요구였다. 이건 규정에 따라 공개 매각하여 공사비에 충당하는 방법 이외에는 달리 방법이 없었다. 골재 값이 비싼 당시에 이 발파암 매각대금도 상당하였는데, 이 현장의 경우 암반이 경암 내지 극경암으로 아주 우수한 골재원료라 비싼 값에 매각한 것으로 안다.

세상에는 참 심성이 나쁜 인간들이 많다. 대도심지 노후주택 밀집지역의 발밑에서 터널을 굴착하면서도 초입부터 다이너마이트로 뚫는 간 큰 인간들이 있다니! 우리나라 공사현장에서는 다른 건 몰라도 폭약 관리는 제대로 하는 줄 알았는데, 막상 이 현장에 나와 보니 너무하다는 생각이 든다. 물론 나는 이 현장의 경험으로 인해 각 현장을 돌면서 그동안 챙겨 보지 못한 부분까지 챙겨 볼 수 있었다.

지금도 그때 생각에 움찔

피난민촌 빌라 바로 아래서 다이너마이트로 발파가 뭐야. 시공사야 돈 되면 동물원 호랑이 눈썹이라도 빼서 팔아먹을 인간들이라 그렇다 쳐도 현장을 감시하라고 붙여 놓은 감리단은 뭘 했는지, 그리고 발주처인 시청은 뭐 하고, 폭발물을 감독하는 경찰은 도대체 뭘 하고 있었는지?

대낮부터 크게 한 판 하고 나니 시간도 많이 남아돈다. 멀리 간 김에 신나게 한 바퀴 돌고 싶지만 움직일 차가 없어 포기하고는 일찌감치 근처의 모텔을 잡아 놓고, 홀가분한 마음에 걸어 나가 횟집에 가서 맛있는 회나 실컷 먹으면서 오랜만에 후배와 둘이서 낄낄거렸다.

몇 년이 지났지만 그때를 생각하면 지금도 등골이 오싹해진다. 고성능 폭약인 다이너마이트를 무슨 초등학생들이 갖고 노는 종이 화약 정도로 알고 있으니, 도대체 이게 수십 년 경력의 전문가들이고 기술자들이 할 짓인지? 감리단장이야 현장과 유착 가능성이 높아 그렇다고 쳐도, 발주처 공무원과 경찰 생활안전계 쪽은 뭘 하고 있었는지 정말 모르겠다.

제7부

소음 · 진동 계측과
폭약 사용의 문제

한숨 나오는 현장의 소음 · 진동 계측

앞서 소음 · 진동으로 문제가 된 몇 군데 현장의 사례를 살펴보았는데, 이번 편에서는 그 원인과 처방을 나름대로 강구해 보는 순서가 되겠다. 그중에서 제일 문제는 현장의 시험발파와 소음계측 문제 그리고 폭약 사용의 문제가 되겠다.

▌▌보상받기 어려운 건설현장 환경 분쟁

내가 건설현장의 소음과 진동, 특히 발파와 관련된 이러한 문제를 좀 더 깊게 탐구하는 유인책이 된 것은 조사 출장 전 그 현장에 대한 기본사항을 조사하는 단계에서부터였다. 보통 현장을 점검하려면 사전에 자료 분석을 거쳐 대상 공구를 선정해야 하고, 일단 대상으로 선정되면 최소 3~4일, 통상 일주일 정도 앞서 조사출장 예고 통지를 한다.

자료 분석은 대부분 발주처를 통해 현장의 자료를 제출받아 분석하지만, 이것만으로 부족하여 인터넷 등을 통해 뉴스나 그 현장과 관련된 정보들을 수집해서 같이 분석하는 것이다. 그런데 이런 정보수집 단계에서 가장 많이 접할 수 있는 것이 현장과 관련된 민원들이며, 특히 언론이나 블로그 등에 나타난 터널현장의 경우 거의 단골처럼 따라붙는 문제가 발파로 인한 소음과 진동 문제였다.

현장의 소음·진동 계측장면.
국내산 계측기의 경우 사용자 지침서에 센서 설치 방법을 설명한 곳이 전혀 없다 보니
계측기를 작동시키는 방법은 알았으나, 센서 설치 방법을 아는 현장의 인력은
지금까지 만나 본 적이 없었다. 참고로 현장에서 희귀하게도 모래주머니(사실은 빙방사)를
얹은 이 장면도 계측장소는 물론, 모래주머니의 무게와 덮는 방법 그리고 마이크로폰의
지향 방향 등이 엉터리로 눈가림에 불과한 계측이었다.

우리는 이러한 민원이 나오는 곳에 대하여는 해당 면사무소나 지도를 검색하여 나오는 인근 식당 등의 전화번호를 이용하여 주민들에게 탐문해 보는 형식으로 그 민원의 내막을 파악했는데, 이러한 방법은 실제 그 지역에서 함께 고통을 받는 사람들이라 생생한 정보이기도 했거니와 신뢰성도 높은 정보였다. 다만, 이 방법의 단점이라면 초면에 접근이 쉽지 않아 속내를 잘 파악하기 어렵다는 점이다. 이럴 때는 직접 현장 인근 지역으로 출장 나가 직접 살펴보고 접촉해 보는 수밖에 없었다.

조금 더 나눠 살펴보면 대부분이 진동으로 인해 가축이나 양식 어류, 주택 또는 기타 구조물 등이 피해를 보았다는 재산상의 피해였고, 나머지는 그동안 잘 사용하던 지하수가 터널 발파 및 굴착 이후 고갈되거나 흙탕물이 나오는 경우 등 불편사항이었다.

이러한 피해를 보았더라도 일부 어류 양식장이나 축사 등은 그나마 그동안 생산 실적 등을 바탕으로 재산손실을 가늠할 수 있어, 전문가를 섭외하여 환경분쟁조정위원회 등의 기관을 통해 어느 정도 피해를 보상받을 수 있었다. 물론 이 경우는 정말 운 좋은 경우였고, 현장에서 만난 대부분의 사람들은 이러한 사실을 잘 모르고 있었다.

대부분의 경우 피해를 보고도 보상이나 위로를 받지 못하고 있었고, 다수는 정작 큰 피해나 고통을 당하면서도 단독 또는 소수이거나 재산피해가 돈으로 환산하기 곤란한 지하수 고갈, 주택이나 구조물 손상, 소음공해 등 불편사항은 거의 도움을 받지 못하고 있었다.

이러한 문제는 내가 그동안 점검해 온 터널현장 등 대규모 사회간접자본(SOC) 건설현장에서만의 것은 아니었다. 요즘에는 도심지의 대규모 터파기 현장이나 소규모 공단이나 산업단지 조성 현장 인근에서도 발파로 인한 민원 사례들이 빈발하고 있다. 대부분 공사장 인근 주택이나 아파트 등의 건물 벽면에 발파 충격으로 인해 금이 간다거나, 발파 소음에 불안을 느낀 사람들이 불편을 호소하는 것들이었다.

이러한 민원에 대해 해당 시·도 등의 행정기관이나 발주처 등에서는 사실상 거의 대처를 하지 못하는 것으로 보인다. 이들 기관 대부분이 자체 소음진동측정기를 보유하고 있음에도 계측방법을 모르거나 귀찮아하여, 현장에서 엉터리로 계측하여 제공한 자료를 바탕으로 또는 진동계측치가 관리 기준 이하라는 현장의 답변만 듣고는 민원인들에게 단순히 알려 주는 정도의 처리에 불과하였다. 또한 자체 계측을 한다 하더라도 계측지점 선정이나 센서 설치 방법이 엉터리라 정확한 계측은 물론, 이를 바탕으로 민원을 해결한다는 것은 애초부터 불가능한 것으로 보였다.

현장의 소음 · 진동 문제 대처 방안

동해안 어느 지역에서 조사할 때의 일이다. 터널을 발파하면서 상부에 있던 어느 사찰에서 건물과 구조물의 손상은 물론, 대웅전에 있던 목불에 금이 갈 정도의 발파충격이 가해졌지만, 공사할 때는 피해를 파악해서 보상해 주겠다고 약속했던 시공사가 터널공사 끝나자마자 아무도 모르게 지분을 정리하고 철수해 버렸다. 그리고 이런 '개발파'의 주범 중의 하나였던 하도급 업체 역시 그에 앞서 터널 굴착공사가 끝나자마자 온다 간다 소문도 없이 현장을 정리하여 사라져 버렸다.

E 주민들은 많은 주민이 아파트와 동전산단 터 밑에 이어진 암석이 있다고 했는데도 산단 조성사를 하도록 한 문제도 제기했다.

▲ 창원시 북면 동전일반산업단지 조성을 위한 암석 발파작업과 관련해 주민들이 진동과 소음으로 말미암은 불편을 호소하고 있다. 20일 시청 관계자와 공사 관계자들이 발파 시 발생되는 소음과 진동을 측정하고 있다. /박일호 기자 iris15@idomin.com

어느 신문 기사에 나오는 계측장면.
이 경우, 계측지점이 구조물로부터 너무 떨어진데다, 진동센서도 전혀 고정되지 않아
계측결과를 신뢰하기가 상당히 곤란하다.
출처: 경남도민일보

이 사찰에서는 변호사를 선임하여 몇 년째 시공사 등 공사관계자를 상대로 민사

소송을 벌이고 있었다. 그러나 내가 파악해 본 바로는 이 현장의 시공 관련 기록이 설계도서의 내용과 판이하게 달랐고, 남아 있는 자료도 내용이 없는 빈껍데기에 불과하여 이 소송의 앞날도 순탄하지는 않을 것으로 생각된다.

원래 이 사찰 인근을 굴착할 때는 슈퍼웨지 공법으로, 그 전후 일정 구간은 제어발파(다단발파)와 굴진장 축소 등 소음·진동 저감공법으로 설계되었으나 시공사가 이 구간 모두를 일반발파로 시공했기 때문이다. 그리고 흔적을 남기지 않기 위해 현장에서 소음·진동계측 자체를 하지 않거나 발파기록 등 실제 공사 기록을 모두 폐기했기 때문에, 소음·진동 문제를 다루기는 애초부터 불가능했다.

최근에 끝난 이 현장에 대한 형사재판의 판결문에는 이 구간이 발파가 아닌 기계굴착을 한 것으로 되어 있어 더욱 황당한 생각이 들었다. 그럼 그 터널 현장에 반입되어 발파에 사용되었다는 수 톤의 고폭성 폭약들은 어디에 사용되었다는 것일까? 혹시 이 폭약을 분해해 뒀다가 밤참으로 라면을 끓여 먹을 때 연료로라도 사용했다는 말인가. 정말 이해가 안 가는 판결이 아닐 수 없다.

현장의 엉터리 계측, 모두가 심각하게 인식해야

국책사업 등으로 추진되는 철도나 고속도로는 대부분이 산간오지를 지나기 때문에 각 사업구간(공구)마다 이러한 터널굴착 시 소음·진동과 관련된 민원이 특히 많다. 그럼에도 불구하고 우리 현장의 시공사나 감리단, 발주처 등의 이에 대한 관심이나 이해 수준은 어떤가? 내가 현장에서 본 사례를 이야기하라면 하룻밤을 새고도 남을 것이다. 어느 특정 지역이나 공구를 굳이 지칭할 필요도 없이 전국 대부분의 광범위한 현상이므로, 발주처나 현장 관계자들은 물론 관할 지방자치단체 등은 이 점에 대해 스스로 부끄러움을 느끼고 반성해 주기를 바란다.

내가 현장의 소음과 진동에 대한 문제점과 이에 대한 최소한의 대처방안을 만들어야 한다고 생각하게 된 것은 이러한 현장의 문제점들을 해결하면서 쌓은 경험에서 비롯된 것이다. 그러나 내가 이 분야에 문외한인데다 국내에서는 이 분야에 대해 자문을 얻을 전문가도 별로 없는 상황이라 어려움이 컸다. 그렇다고 현장의 이 상황을 빼 버리기에는 너무 아까운 주제라, 그야말로 최소한으로만 이 책에서 언급하고자 한다.

　현장에서 근무하는 분들의 생각은 어떠한지 잘 모르겠으나, 적어도 발파로 인한 소음과 진동 부분만 따로 떼 내어서 생각해 보면, 우리 현장의 이에 대한 수준은 정말 한숨이 나올 정도로 그 대응이 원시적이라는 점이다. 앞부분에서 다룬 몇 가지 사례는 그저 예시용 몇 가지에 불과하다는 점을 우선 밝혀 두고자 한다.

　우선 우리 현장의 가장 시급하고 부족한 점은 본 발파는 물론 시험발파 때부터 잘못 사용하고 있는 폭약과 소음·진동 계측기 사용에 관한 무지를 먼저 꼽지 않을 수 없다.

계측기와 센서에 대한 현장의 사례들

║ **모래주머니 사진에서 시작된 센서에 대한 관심**

내가 현장의 소음·진동계측기와 센서에 관심을 가지게 된 시점은 2015년 여름, 원주–강릉 철도를 점검하면서부터였다. 이 당시 한 현장에서 내가 조사에 착수하기 몇 달쯤 전에 인근 터널굴착 현장 인근의 축사에서 송아지가 죽었다는 언론보도를 조사하면서였다. 이 현장에서 보여 준 계측기록에 상당한 의문을 품었으나 곧 다른 일로 바빠 흐지부지되었고, 그로부터 얼마 뒤 남쪽 지방의 한 민간투자사업 현장의 터널 관련 민원을 조사하면서 조금 깊이 알게 되었다.

당시 민원조사를 주관하는 후배에게 소음·진동계측에 문제가 있을 거라고 이야기하며, 출장 전 사전에 현장에다 계측관련 자료를 받으라고 하고서는 계측기의 센서설치 방법도 찾아보도록 했다. 이때 확보한 자료 중의 하나가 캐나다산 Instantel사에서 만든 Blastmate Ⅲ 계측기의 영문으로 된 사용자 지침서였는데, 이 자료에 의하면 일반적인 센서 설치 방법으로 아래와 같이 네 가지로 설명되어 있었다. 참고로 이 방법은 1990년대 당시의 기준으로 현재 사용하는 방법과는 약간의 거리가 있다.

부드러운 지반에서는 땅을 파고 센서를 묻는 '매립법'과 스파이크를 끼우고 지반에 단단히 밀착하는 'Spiking법', 시멘트, 콘크리트 등 단단한 지반 위에서는 볼트로 조여 센서와 지반을 밀착하는 '부착법', 마지막으로 12kg 이상의 모래를 느슨하게 채운 모래자루로 센서 전체를 덮는 '모래주머니로 덮는 방법'(Sandbagging법)이다. 이 중 마지막 방법은 매우 낮은 진동속도의 경우에 사용하도록 되어 있었다.

이 중에서 유독 눈에 띄는 방법이 모래주머니로 덮는 방법이었다. 부드러운 지반에서야 매번 땅을 파고 묻으면 되나, 요즘은 대부분의 지반이 콘크리트나 아스팔트로 포장되어 있으므로 이 경우 규정에 따르면 여기에 모르타르로 고정한 볼트를 미리 설치하고 계측 시 센서를 볼트로 고정하고 계측 후 철거한다는 것은 번거롭기 짝이 없어 보였고, 현장에서는 별로 선호되는 방법이 아닌 것으로 생각되었다.

그리고 이 모래주머니를 덮는 방법은 우리의 현장에서 주로 문제가 되는 1kine 미만의 미진동 계측 시에만 사용하는 방법이었기 때문에, 매립이나 고정 등의 방법보다는 대부분의 현장에서 이 방법을 사용하는 것으로 일단 추정하였다. 그래서 우리나라 현장에서 계측 시 촬영한 계측기와 센서의 모습을 찾고자 하였으나 둘이서 사흘간 인터넷을 뒤졌음에도 모래주머니를 사용하는 모습은 딱 한 장만이 발견되었고 나머지는 부드러운 토양 위에서든, 단단한 아스팔트 위에서든 간에 그냥 센서를 놓고 계측하는 장면들만 있었다.

심각한 문제점을 제기한 현장에서의 계측 비교 실험

물론, 이때 유일하게 발견된 모래주머니를 얹고 계측하는 사진도 사실은 모래주머니를 '머리에 이고' 계측하는 장면이었을 뿐, 우리가 원하던 '5~12kg의 모래를 느슨하게 채운 모래주머니로 센서를 덮고' 계측하는 장면은 아니었다. 하여간 이때부터 현장에 나가면 발파 시 어떻게 진동을 계측하는지에 대하여 관심을 가지고 살펴보게 된 것이다.

점검 과정에 어느 현장에서 뜻하지 않았던 계측기의 센서 설치 비교 실험 기회도 있었다.

진동계측기의 비교 센서 설치 및 계측장면.
점검 중 부산외곽순환고속도로 한 현장에서 실시한 비교 계측장면.
사진 상 왼쪽이 부드러운 흙 위에 센서가 그냥 방치되는 등 비정상적으로 설치된 데 비해,
15㎝ 이상 흙을 파내고 수평과 방향을 규정에 맞춰 설치하였다.
당초 설치된 계측기는 센서의 방향과 계측기 위치도 틀려 촬영 직후 계측기의 위치도 옮겼다.
당일 비교 측정은 폭원과의 거리가 590m나 되어 기준치 0.3kine에 크게 미달되었으나,
비정상적으로 설치한 센서에서는 0.002Kine(0.02㎜/s)이 나온 반면,
규정대로 설치한 센서에서는 0.02Kine(0.2㎜/s)이 나와
센서의 설치 방법에 따라 진동감지 수준이 크게 다르다는 점을 일단 확인할 수 있었다.

2015년 가을, 부산외곽순환고속도로를 점검할 때였다. 한 현장에서 장대터널을 굴착하고 있었는데, 발파가 있다고 하여 해당 공구에 연락하고 현장에 나가 보았다. 터널이 지나가는 인근에 오래된 보육원 건물이 있어 처음부터 계측을 실시하여 왔고, 우리가 나갔을 때는 이 보육원 건물과의 이격거리가 590m나 된 지점에서 발파가 진행되었음에도 여전히 계측을 하고 있었다. 공사 관련자들이 이렇게까지 소음·진동에 신경을 쓴 현장은 그동안 처음이었던지라, 그간의 고생을 치하하고 멀찍이 떨어져 구경하기로 했다.

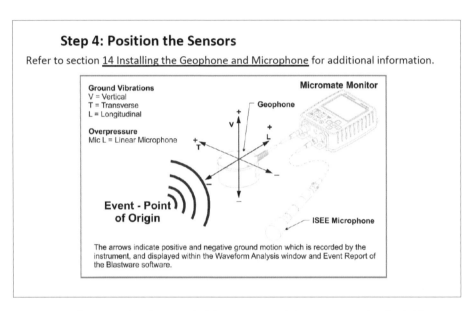

각 계측기 제작 회사마다 제품에 사용된 센서의 특성과 설치 방법 등에 관한 설명은
기본이라고 생각되지만, 공신력 있는 일부 제품을 제외하고는
이 중요한 설명에 대한 언급이 별로 없는 것 또한 현실이다.
출처: Instantel사의 Micromate 사용자 설명서 캡처

그런데 막상 현장에 도착해서 설치된 계측기를 보니 엉망이었다. 스파이크도 끼우지 않은 진동 센서를 숲속의 마사토질 흙바닥 맨땅에다 덩그러니 올려놓고 발파 계측 대기 중이었는데, 폭원 쪽으로 지향하도록 된 X축(L축)의 방향도 180도 반대로 되어 있었다. 센서 커플링도 엉터리였지만, 반대 방향으로 놓인 센서에다 폭원

쪽에 계측기 본체와 계측요원이 자리 잡은 것이었다. 기가 막혔지만 이 사실을 아무도 모르고 있기에 내가 나서서 잔소리를 하다 보니, 갑자기 좀 엉뚱한 생각이 들었다. 위기는 곧 기회가 아니던가?

진행되던 발파를 잠시 미루도록 하고, 현장에서 사용하던 계측기와 동일한 사양의 계측기를 한 대 더 가지고 오라고 했다. 당초 설치된 계측기는 그대로 두고, 새로 가져온 계측기는 바로 옆에다 펴서 15㎝ 이상 땅을 파서 바닥을 평평하게 고른 뒤 센서를 묻고 그 위를 다시 흙으로 덮고 발로 밟아 단단히 다진 뒤 계측하도록 했다. 최대한 규정에 맞게 설치하고 보니, 앞에 설치한 것과는 센서의 지향 방향이 정반대가 되었다. 직원과 간부들은 처음에는 당혹해 하였지만, 내가 앞장서 땅을 파고 흙을 긁어내는 등으로 작업에 나서자 영문도 모른 채 잘 따라서 이 작업을 도와 주었다.

이렇게 해서 준비된 후 발파가 실시되었다. 폭원과의 거리가 워낙 멀어 애초부터 소음·진동의 관리 기준치와는 관계가 없으리라고 생각되었기에, 그 결과에 실망하지는 않았다. 나는 최소한 계측기에 감지되기만을 바라는 심정으로 이 과정을 지켜보고 있었다. 이격거리가 590m라면 솔직히 말해 원자폭탄이나 MOAB를 터뜨리지 아니하는 이상, 진동규제 수준인 0.3kine을 넘기는 건 고사하고 유사한 값이 나올 리가 없었기에 다른 의미 있는 결과를 얻고자 했던 것이다.

그런데 그 결과는 뜻밖이었다. 비정상적으로 설치한, 그러니까 지면에 역방향으로 그냥 자유롭게 올려놓은 센서에서는 최대 진동속도가 0.02mm/s, 즉 0.002kine이 나왔다. 반면, 15㎝ 이상 흙을 파내고 평평하게 바닥을 고르고 정리한 후 방향을 맞춰 매립하고 다져 설치하는 등 최대한 규정에 가깝게 설치한 센서에서는 0.2mm/s, 즉 0.02kine이 나왔다. 계측 결과는 정확하게 10배나 차이가 있었던 것이다.

물론, 비정상적인 설치에서는 폭원 쪽으로 지향하도록 되어 있는 X축이 반대 방향으로 되어 있었고, 규정대로 설치한 센서도 원칙대로라면 스파이크를 부착하여 매립해야 했으나 당시 두 계측기 모두 스파이크가 없어 부득이 그냥 매립하고 그 위를 잘 다져 계측할 수밖에 없었던 점은 일단 예외로 하고도 말이다.

가장 흔히 볼 수 있는 계측장면 사진.
가장 신뢰성 있는 장비임에도 불구하고 이 사진대로라면 계측 위치가 부적합하고,
센서의 coupling이 규정과 크게 달라 그 측정값을 신뢰하기 곤란하다.

같은 센서에서 측정치가 10배나 차이나는 이유

왜 이렇게 큰 차이가 나는지에 대해 여러모로 궁리해 보기도 했고, 이곳저곳에

자문도 구하기도 했으나 매우 아쉽게도 이에 대한 명쾌한 답을 알려 주는 곳이 그동안에 한곳도 없었다. 당시에는 대수롭지 않게 여겨 그 계측자료를 가져오지 않은 것이 실수였다.

지금에 와서 그동안 쌓은 관련 지식을 총동원해서 살펴보면, 동일 기종에 동일한 센서로 같은 곳에서 동시에 계측한 계측값이 10배나 차이나는 이유는 크게 두 가지 이유로 일단 집약되었다.

먼저 짚이는 것은 센서의 커플링 내지는 고정 문제이다. 반쯤 마사토질의 토양에다 방치된 센서는 진동가속도가 높은 수준이든 아니든 간에 지반의 진동을 최대한 센서에 전달했다는 보장이 없다는 점이다. 따라서 매뉴얼에 따라 정상적으로 설치한 센서의 측정값과는 상당한 괴리를 불러왔을 것이라는 것이 내 생각이다. 다만, 이 경우에도 절대로 10배나 차이나는 주요 원인은 아닐 것이라는 것 또한 내 생각이다.

이런 큰 차이의 두 번째 원인으로 짚이는 것은 이때 사용한 계측기의 센서의 특성과 방향성, 즉 폭원과 180도 뒤집힌 방향으로 설치된 사실과 큰 상관관계가 있을 것이라는 점이다. 이때 사용된 국산 계측기 2대에 사용된 진동센서는 제조사에서 공개한 적이 없지만 Transducer라는 통상적인 진동센서 지칭 대신 Accelerometer라고 하는 것으로 보아, 진동속도를 재는 센서라기보다 진동가속도를 재는 센서를 사용한 제품으로 보인다.

더구나 과거에 그 제조사의 간부와 센서에 대해 통화한 적이 있었는데, '(우리 제품은 센서가) MEMS 소자로 되어 있어, 센서의 방향이나 고정 같은 건 필요 없이 대충 재더라도 정확하게 계측된다.'라는 취지로 이야기했던 부분이 생각나 이를 상기할 필요가 있었다. 종합해 보면, 이 계측기에 사용된 센서는 진동가속도용

MEMS 소자라는 이야기가 되었다.

Instantel사에서 공개한 바에 따르면, Blastmate Ⅱ와 Blastmate Ⅲ 제품에 사용된 센서는 렌츠의 법칙에 따른 유도전류 방식의 진동속도를 재는 것이었다. 원리상 보면 이 센서는 원통형으로 감긴 전선의 내부에 영구자석이 왕복운동을 하도록 만들어졌고, 그 왕복운동에 따라 형성된 유도전류의 전압차를 감지하여 진동계측에 응용한 것이었다. 이 소자는 구조상 단순하고 견고하며, 양방향 어느 쪽이나 진동이 감지되면 같은 값으로 감지된다.

이에 반하여 가속도센서는 여러 가지 소자가 개발되어 있으나, 주로 1880년대 발견된 Piezoeffect(압전효과)라는, 즉 어떤 재료로 만든 소자가 누르는 힘이 작용하면 그 세기에 따라 전압차가 발생하는 현상을 이론적 바탕으로 하여 만들어진 것이다. 이 소자는 대부분의 가속도 센서에 사용되는 것으로 알려지고 있다.

이 압전소자의 특성 중 하나가 특정한 한 방향으로의 방향성이라고 한다. 즉, 특정의 정해진 방향으로 센서를 배치하는 경우에는 정밀하지만, 이 방향이 틀어지거나 역방향인 경우에는 신뢰할 수 있는 측정값이 나오지 않는다고 한다. 이 소자의 MEMS 형태의 경우 그 방향성이 더욱 심하다고도 한다. 어쩌면 제조회사에서 압전현상을 이용하여 MEMS 형태로 제작한 이 가속도 센서 소자의 약점을 미리 간파하고 이 점을 제품 홍보에 써먹었는지도 모른다는 생각이 든다.

그동안 거의 모든 현장에서 센서를 제대로 고정하지 않고, 폭원 쪽으로 지향하도록 된 설치 방향을 전혀 지키지 않고 계측하였던 이유를 한번 생각해 보았다. 물론, 단순히 그들이 센서 설치 방법을 몰라서 그랬을 수도 있었다는 생각이 먼저 든다. 그러나 나와 통화했던 분은 이 분야 전문가로서 관련 논문 여러 편을 낸 사실이 있다. 최소한 그들이 센서 설치 시 기초 사항인 수평유지와 폭원 쪽으로의 지향 등 센서 설치에 관한 기초상식을 몰랐다고는 절대로 생각되지 않는다. 그리고 왜 유독 이 회사의 계측기들만이 현장에서 센서의 방향이 틀어지는 사례가 많았을까 의문도 여전히 남는다. 단순히 많이 팔렸으니 그런 것일까?

누군가는 이 부분을 연구해서 좀 더 명쾌한 결론을 내려주기를 바라는 마음이 간절하다.

▌한 유명 외국 논문이 알려 준 충격적인 사실

통상 우리가 알기로는 센서를 제대로 고정(논문이나 사용자 지침서 등에서는 Coupl -ing이라고 한다)하지 않을 경우, 측정치가 정상보다 높게 나온다고 알고 있고 다들 그렇게 예측했다. 일부 논문이나 사용자 지침서의 경우, 실제 값보다 더 높게 나올 수 있다고들 되어 있었다. 물론, Instantel사에서 나온 여러 계측기와 다른 계측기의 사용자 지침서에서도 실제 이런 문구가 나와 있었다. 그러나 내가 경험한 실제 현장에서의 계측결과는 전혀 딴판으로 나왔던 것이다.

이렇게 이론과 현실, 즉 실제 비교계측 결과가 차이가 나는 이유에 대해 나름대로 생각해 보기도 하였으나, 당시에는 내가 이에 대한 지식이 전무한 상황이라 원인을 파악하다가 지쳐 한동안 이 사실을 내버려 두었다. 그러다가 이 책을 쓰면서 다시 생각해 보니, 어느 정도 그 원인이 무엇에 있는지가 가늠이 되었다.

그동안도 이러한 센서 설치 방법에 따른 비교 실험이 있었음은 여러 논문에서 확인되었다. 대표적인 것이 2005년도에 인도 국립암역학연구소(NIRM, National Institute of Rock Mechanics)에서 낸 『최종보고서 – 지반 진동에 대한 발파 설계 파라미터의 역할과 표면구조물의 발파 손상에 대한 진동 수준의 상관관계』(Final

Report － Role of blast design parameters on ground vibration and correlation of vibration level to blasting damage to surface structures)라는 논문이다.

이 논문에서는 센서 커플링을 ① 지표면에 (고정 없이) 자유롭게 놓아두는 방법, ② 모래주머니로 덮는 방법, ③ 스파이크를 장착하여 지반에다 박아 고착하는 방법, ④ 토양에 완전히 매립하는 방법 등 네 가지 방법으로 설정하여 나란히 설치하고 14회의 발파를 실시하여 그 결과를 모니터링한 것이었다.

비교 계측결과는 ①번의 경우 측정치의 괴리가 가장 큰 것으로 나타났고, ②번과 ③번의 경우에도 실제보다 더 높게 나타나거나 낮게 나타나는 등의 괴리 경향이 있는 것으로 나타났다. 따라서 결론은 ④번의 경우처럼 매립하는 방법이 가장 확실하다는 것으로 귀착되었다.

이 논문은 우리나라의 대부분인 터널발파 사례와는 달리 탄광에서의 소음·진동 문제를 바탕으로 한 실험이라 암반조건 등의 제반 상황이 우리와 크게 다를 수 있음에도 불구하고, 그 결과는 우리에게 시사하는 바가 크다 하겠다. 왜냐하면 우리나라 현실에서는 거의 대부분 현장에서 센서를 가장 신뢰할 수 없는 방법인 ①번과 같이 사실상 아무런 고정도 없이 방치한 상태로 계측하고 있으며, 심지어는 기본인 X축 방향을 폭원 방향으로 지향하지 않고 계측하는 경우 역시 허다하기 때문이다.

국내 현장의 계측기와 센서 설치 방법에 대한 인식 수준

현장을 돌아다니다 보니 센서 설치 방법은 고사하고 최소한의 기본인 센서의 수평 유지와 X축의 폭원 방향으로의 지향 등이 거의 지켜지지 않고 있었다. 그 이유

를 찾기 위해서 국내 유통 및 현장에서 사용 중인 각 소음·진동계측기의 사용자
지침서를 구해 보았는데, 놀랍게도 Instantel사 제품을 제외하고는 센서 설치 방
법에 대한 언급이 전혀 없거나 어느 논문에서 그림 자료로 만든 내용만 달랑 퍼 옮
겨 놓은 경우만 겨우 찾을 수 있었다.

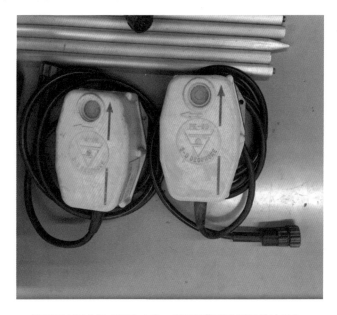

THOMAS VMS 2000 소음·진동계측기의 진동센서 모습.
사용자들이 센서의 설치방향 및 수평을 쉽게 맞출 수 있도록 강조된 화살표 표시와
수평을 맞추기 위한 Level이 부착되어 있다.
출처: ebay.com 캡처

하도 답답하여 현장에서 제법 많이 사용되는 어느 국산 계측기의 제조회사와 통
화한 적이 있었는데, 이들은 자신들이 만들어 파는 제품의 센서가 무슨 원리를 바
탕으로 제작되었는지에 대해 전혀 지식이 없었을 뿐만 아니라 설치할 때 X축을 폭
원 쪽으로 지향해야 한다는 사실은 물론, 센서는 수평을 맞춰 설치해야 한다는 사
실도 모르고 있었다. 다만 공통적인 것은 자신들의 제품은 그냥 아무렇게나 재도
계측치가 아주 정확하며, 환경부의 형식승인을 받은 유일한 제품이라는 홍보만 하
고 있다는 점이었다.

이 분야에 정통한 몇 분을 만나서 들은 의견을 종합한 결과 우리나라에서 현재 국산으로 홍보하며 판매되고 현장에서 사용되는 3종류의 계측기들이 사실은 국산이 아니라는 사실도 알 수 있었다. 이 중 한 제품은 미국 회사에서 만든, 엘리베이터 및 에스컬레이터의 승차감 계측을 위한 계측기가 그 바탕이라는 것도 알 수 있었다. 다른 제품 역시 국산이라고 선전하며 현장에 제법 사용되고 있었는데, 이들 역시 사용자 지침서에 센서 설치에 관한 언급이 없거나, 있다 하여도 간략하게 형식적으로 몇 줄 나오는 정도에 불과하였다. 이들 제품 역시 계측기는 러시아에서 제작하여 들여온 것으로 알려지고 있다.

센서의 설치 방법과 관련하여 조금 덧붙여 이야기할 것이 있다. 나는 그동안 현장에서 관찰한 내용과 각종 연구논문 등에서 본 내용을 바탕으로 가장 확실한 방법을 알아보고자 노력해 왔다. 그리고 왜 항상 X축을 폭원 쪽으로 지향하라고 했는지, 센서는 수평을 유지하도록 요구했는지를 물리학적 원리를 바탕으로 탐구해 보았다. 이 부분을 조금 더 설명하고자 한다.

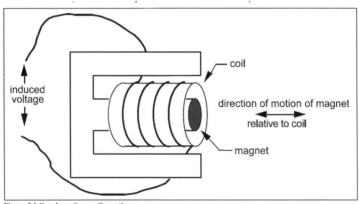

Figure 5.3 Geophone Sensor Operation.

캐나다 Instantel사 Blastmate III의 센서 작동원리 그림.
렌츠의 법칙에 따른 유도전압을 바탕으로 계측기가 작동함을 설명하고 있다.
지금까지 파악된 바로는 센서의 작동원리 등을 사용자 지침서에 안내하고 있는 것은
이 회사의 제품들이 유일한 것으로 나타났다.
출처 : Blastmate III 사용자 자침서 캡처

센서의 수평 유지는 센서 소자의 물리적 특성과 관련되어 있었다. 현재까지 각 계측기 제작사에서는 자체적으로 센서의 원리를 밝힌 곳은 Instantel사가 거의 유일한 것으로 아는데, 이 회사의 진동측정 센서는 '렌츠의 법칙'이라는 물리학적 이론을 바탕으로 만든 것으로 밝히고 있다. 이에 반하여 다른 제조사들은 자신들이 만든 계측기의 진동센서가 무슨 원리를 바탕으로 제작된 것인지를 전혀 밝히지 않고 있다.

계측기 센서의 원리에 대한 탐구

이 물리학적 원리가 중요한 이유는 센서의 수평 유지 및 특정 방향 지향 이유와 그대로 연결되기 때문이다. 타 제작사들이 이 원리를 밝히지 못하는 이유도 사실 그들 자신이 이러한 중요한 원리를 모르고 있거나, 알더라도 신뢰성이 떨어진 것으로 평가받는 경우 등을 생각해 볼 수 있다. 내 짧은 생각으로는 이들 회사들은 진동속도를 재는 소자는 Instantel과 같은 원리를 바탕으로 하고 있거나, 아니면 진동가속도 측정용 소자에 주로 사용되는 piezo effect를 바탕으로 한 압전소자를 사용하고 있는 것으로 보인다. 이 압전소자는 흔히 IEPE 소자 혹은 ICP 소자라고도 부른다.

렌츠의 법칙을 바탕으로 한 소자는 원리상 방향성이 있는 유도전류로, 간단히 설명하면 주위에 코일이 감겨진 통 안에 영구자석이 들어 있어 진동을 전류로 바꿔주는 역할을 하고, 이 유도전류의 세기를 측정하여 계측에 활용하는 방법이다. 그래서 특성상 방향성과 수평유지가 정밀도에 큰 영향을 미치는 구조이다.

전자저울, 전자식 라이터의 부싯돌, 마이크로폰 제작 등에 주로 사용되는 압전소자 역시 원리상 방향 지향성과 수평유지가 중요하다. 방향을 정확하게 맞춰서 측정해야만 제대로 된 값을 얻을 수 있기 때문이다. 접시 위에 물건을 올려 무게를 재는 전자저울의 경우도 제대로 접시에 올려놓고 측정하면 정확하나, 이 저울을 옆으로 뉘거나 또는 거꾸로 매달아 놓고는 측정할 물건을 접착제로 붙인다 한들 정확한 무게 계측이 될 수가 없기 때문이다.

b. Sandbagging the Geophone – Low Velocity Levels Only
This method of installation should only be used where velocity levels will remain very low and direct bolting is not practical. The sand bag should contain at least 4.5 kilograms (10 pounds) of sand or similar material, that is large enough to completely cover the geophone.

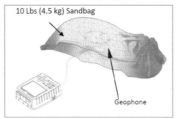

10 Lbs (4.5 kg) Sandbag

Geophone

Geophone Located Under Sandbag

제조사는 자사 제품이 최대한 정밀한 계측이 가능하도록
사용 방법을 사용자 지침서 등에서 충분히 설명할 의무가 있지만,
실제로 이를 제대로 설명하는 회사는 거의 없다.
이 점에서 보면 Instantel사의 사용자 지침서는 사진과 그림을 동원하여 매우 충실한 편이다.
출처: Instantel사의 Micromate 사용자 지침서의 모래주머니 덮는 방법 캡처

각각의 소자 원리나 장단점을 알고 이를 계측에 활용해야만 좀 더 정확한 계측이 될 수 있다고 본다. 이러한 기본원리를 모르고 단순히 수도꼭지를 틀듯 이런 계측기를 사용할 경우 자칫하면 전시효과에 그칠 수가 있기 때문이다. 계측방법이나 결과 활용도 중요하지만, 이런 부분도 따로 교육하게 되면 훨씬 정확한 계측에 도움이 되리라고 본다.

끝으로 특이한 현상 중의 하나는, 대부분의 현장에서 소음·진동을 계측하면서도 진동센서의 설치는 엉망이었지만 소음을 측정하는 센서의 설치는 대부분 잘하고 있는 것으로 보였다. 기본적으로 1m 이상 되는 스탠드가 제공되었기 때문인

지, 아니면 한때 유행하던 우리의 노래방 문화로 인한 순방향 효과였는지는 모르나, 하여간 마이크로폰을 폭원 쪽으로 지향해야 한다는 기본적인 사실들은 대부분 알고 있었다. 일부 특이한 지형이나 공간으로 인한 잘못된 사용도 간혹 보였지만 그리 큰 문제는 아닌 듯하여, 이 부분은 앞에서 적은 사례로 대신하고자 한다.

'눈 가리고 아웅' 식의 현장의 폭약 사용

재연은 고사하고 눈가림식인 시험발파의 문제

　현장에서의 가장 잘못된 두 가지 사례가 소음·진동 계측기 센서의 엉터리 설치와 미진동 발파 등에 있어서의 잘못된 폭약 사용 또는 이 두 가지 사례가 결합된 것이라고 앞서 설명한 바 있는데, 이번에는 폭약과 관련된 사례들을 중심으로 이야기하고자 한다.

　공사시방서 등에 의하면 주변에 보안물건인 민가, 축사 등이 있는 터널을 굴착할 때는 반드시 보안물건 부위 인근에서 시험발파를 거치도록 하고 있다. 이 시험발파는 매우 공정하고 엄밀하게 규정을 지켜 시행해야 함에도 향후 일감의 확보 등을 목적으로 수행하는 업체들이 이를 눈가림으로 하는 경우가 많다는 점이다.

　대표적인 시험발파의 눈가림 시행에는 소음·진동계측기의 엉터리 센서 설치와 미진동 발파 또는 소음·진동 저감 발파의 취지에 맞지 않는 일반폭약을 사용한다는 점이다.

　이 중에서 소음·진동계측기의 엉터리 센서 설치는 정말 심각한 문제여서 내가 별도의 장을 나누어서 관련 지침부터 논문, 계측기 회사의 사용자 지침서 등과 함께 국제발파기술자협회(ISEE)의 「현장 실무 지침」까지 번역해서 소개하였던 부분이라 이 지침만 잘 숙지해서 사용하면 향후 큰 문제가 없을 것으로 본다. 남은 문제는 시험발파 시 일반폭약을 사용하는 부분과 현장에서 폭약을 잘못 선택하는 부분만을 정리하도록 한다.

시험발파는 말 그대로 발파를 시작하기 전, 설계 제원대로 시험적으로 발파를 실시하여 계측된 소음·진동 결과가 현장에 맞는지를 판단하기 위한 것이다. 이를 바탕으로 설계상의 폭약 및 뇌관 수량을 변경하기도 하고, 취약점을 분석하여 더 낮은 소음·진동이 발생하도록 유도하는 기능을 한다. 이 시험발파의 공정성 확보를 위해 시공사와 감리단 직원뿐만 아니라 발주자 측과 인근 주민 대표, 관할 경찰과 군청 등 행정기관에서도 이 자리에 참석한다. 물론, 발파에 대해서는 백면서생(白面書生)에 불과한 이런 사람들을 참관시킨 것 또한 눈속임에 불과하지만 말이다.

그런데 현장에서는 온갖 자료와 자재를 동원하여 그야말로 현장에 아무런 문제가 없을 것같이 하지만, 본 발파만 하면 온갖 민원이 발생하기 시작한다. 뭔가 좀 문제가 있을 것 같지 않은가? 물론 이러한 소동의 주요 원인은 대부분은 굴착효율만을 최고선으로 여기는 시공사에 있지만, 시공사들이 모든 걸 제쳐두고 경제성만 따지는 인간들로 구성되었다는 이야기가 어디 어제 오늘의 이야기이던가? 그리고 오랫동안 그렇게 해 온 거라면 왜 그동안 이에 대한 대책이 전무하였는지 나는 그들에게 되묻지 않을 수 없다.

나는 그동안의 나의 경험상 그 원인 중의 큰 부분이 현장의 시험발파 업체와 시공사의 폭약에 대한 무지와 비양심에 있다고 단언한다.

첫째로 시험발파 업체의 문제점을 지적하지 않을 수 없다. 모든 관련 규정과 지침, 심지어 전공 초보들의 교과서에도 소음과 진동 문제가 예견되는 경우, 저폭속 폭약을 사용하라고 규정되어 있다. 그리고 오래 전부터 각 화약류 제조업체에서 미진동 발파용 저폭속 폭약도 출시하고 있다. 상표명으로만 본다면 폭속 3,400m/s의 제품인 ㈜한화의 LoVEX, 폭속 2,500~3,000m/s 정도인 ㈜고려노벨화약의 New KINECKER가 여기에 해당한다.

이런 저폭속의 미진동 발파용 화약을 쉽게 구해 사용할 수 있음에도 시험발파 현장에서는 실제로 어떠한 폭약을 사용하고 있는가? 내가 확보하여 살펴본 수십 종류의 시험발파보고서에는 시험발파의 목적이 '발파로 인한 소음·진동이 인접 보안건물에 미치는 영향을 파악하기 위한' 것이라는 점을 분명히 명시하고 있었다. 그럼에도 불구하고 반입 및 사용된 화약은 모두가 일단 'Emulsion 폭약' 또는 '에멀견계 폭약'이라고만 나온다.

그리고 실제 발파 시에는 대부분의 현장에서 폭속 5,700m/s의 ㈜한화에서 나온 상표명 NewMITE나, 폭속 5,900m/s인 ㈜고려노벨화약의 상표명 New Emulite를 발파에 사용하고 있었다. 심지어 일부 현장에서는 이보다 폭속이 더 빠른 6,000m/s의 고성능 폭약인 MegaMEX나 New Super Emulsion을 사용하고 있었다. 어떤 곳에서는 이보다 더 높은 폭속 6,100m/s인 MegaMITE를 사용하기도 했다. 이는 자신들이 보고서에 분명히 적시하였던 시험발파의 목적인 '보안물건의 소음·진동 영향 및 이로 인한 피해를 방지'한다는 것을 망각한 처사가 아닐 수 없다.

시험방식에서도 문제가 있는 것으로 보인다. 내 짧은 상식으로는 피해를 예방하기 위해서는 설계 또는 필요한 장약량보다 다소 적게 사용하여 우선 발파하고, 진동 측정치에 여유가 있는 경우 장약량을 조금씩 늘려 발파하여 최적의 폭약량을 산출하여야 할 것으로 보인다.

그러나 실제 현장에서는 설계치보다 상당히 높게 장약하여 진동치 등이 크게 초과한 경우에만 반대로 장약량을 조금씩 낮춰 다시 발파, 최대 장약량을 찾는 작업을 한다. 이 방법이 아니면 당초 설계와 함께 현장 상황에 대충 맞춰 몇 가지 발파 패턴을 정하여 우선 발파해 보고, 그 결과 중 가장 근사하게 나온 데이터를 바탕으로 자승근 또는 삼승근이라 불리는 계산 공식에다 대입하여 발파패턴을 추정하는 식으로 한다. 이러다 보니 이로 인한 피해 또한 적지 않은 실정인 것으로 안다. 이것은 시험발파에 대한 명백한 관리 부실로 보인다.

▌ 현장에서의 잘못된 폭약 선택과 사용

이러한 잘못된 시험발파와 그 결과보고서는 또한 현장에서 폭약을 선택하는 잘못된 기준으로 확고하게 자리 잡은 것 같다.

소음·진동, 특히 진동으로 인해 민원이 발생하거나 발생할 우려가 높은 몇몇 현장을 방문하여 관련 서류를 살펴보니, 해당 구간이 피해가 우려되어 소음·진동을 저감하는 공법으로 설계되었음에도 불구하고, 그 원인이 되는 폭약에 대해서는 전혀 고려하지 않는 '무늬만' 소음·진동 저감 공법을 적용하고 있다는 점이 공통적으로 확인되었다.

이런 구간에서는 슈퍼웨지 공법과 같은 무진동 암파쇄 공법이나, 발파공법을 택하더라도 선대구경 천공이나 무장약공 배치와 Line Drilling, 굴진장 축소, 저폭속 폭약의 사용, 다단발파 및 전자발파 등 소음·진동 감소를 위한 갖가지 비싸고 좋은 공법들을 채택하여 설계가 되어 있음이 확인되었다.

그럼에도 불구하고 이렇게 좋은 공법들을 공사비 편취의 수단으로만 활용하여 불법 또는 임의로 시공 방법을 변경하여 값싼 일반발파 등으로 시공하고 있었다. 그나마 설계가 워낙 비싸게 되어 있는 덕에 어느 정도 공사비를 빼먹고 값싼 발파로 시공한다 해도 흔적이 거의 남지 않았으며, 소음·진동 문제도 피해자들이 민원을 넣고, 문제가 확인될 시 보상을 받을 수 있다는 사실에 대해 거의 모르고 있던 터라 크게 문제가 되지 않은 곳이 많았다.

민원이 발생하였던 곳은 이런 '개발파'의 일부에 불과하였지만, 심각한 피해를 입히고 있는 것으로 파악되었다. 최근에는 터널 등 대규모 토목현장에만 이런 폭약의 문제가 생기는 것이 아니었다. 대도심지 등에서 쇼핑센터나 호텔 등 대형건물을 신축하기 전, 터파기를 하면서도 이런 발파로 인한 소음과 진동 문제가 더욱 크게 나타나고 있다. 이와 더불어 최근에는 계측을 엉터리로 하거나, 관리수준을 벗어난 계측치를 조작하여 감독기관에 제출하였다가 형사문제로 비화한 일부 현장의 이야기도 들려오고 있는 실정이다.

여기서 나는 모두에게 분명히 짚고 넘어가야 할 한 가지 숙제를 지적하고자 한다. 그것은 설계와는 달리 현장에 실제 반입되어 사용되는 폭약의 문제이다. 소음·진동으로부터 비교적 자유로운 산골짜기 같은 곳이야 어떤 종류의 폭약을 사용하든 간에 내가 관여할 문제가 아니니 일단 제외하더라도, 적어도 소음·진동 민원이 발생하거나, 또는 그러한 소지가 있는 현장만을 놓고 보면 대부분의 현장이 폭약선택에 있어서만은 소음·진동의 문제를 전혀 고려하지 않고 있는 것으로 보인다.

그래서 이들 현장마다 대부분 폭속 5,700m/s의 NewMITE나 5,900m/s인 New Emulite를 거의 표준인 것처럼 사용하고 있었고, 좀 더 염치없는 공구들은 폭속 6,000~6,100m/s 대의 최고 폭속인 MegaMITE나 MegaMEX, 또는 New Super Emulsion 등을 사용하는 것으로 나타났다. 소음·진동으로 인한 주민의 재산피해 등을 방지하기 위하여 값비싼 진동저감 공법으로 설계되었고, 이러한 목적에 맞는 비교적 많은 공법과 저폭속 폭약이 있음에도 말이다.

점검 중 한 현장에서 확보한 화약류 반입 세금계산서.
소음·진동 저감을 위해 당초 슈퍼웨지 공법으로 설계된 구간을 전자발파로 변경, 시공하였으나
주 폭약은 폭속 6,000m/s의 최고 폭속인
상표명 New Super Emulsion을 반입, 사용하였음을 보여 준다.

이 역시 오로지 발주처와 관리청의 관리부재로 인한 것이므로 계측기기 엉터리 설치와 함께 관련 규정을 개정하여 처벌 등 실효성을 확보하고, 기동성 있는 현장 점검반을 구성해 이러한 풍토가 이 땅에서 완전히 사라질 때까지 점검을 강화하여 위반자들을 현장에서 영구히 퇴출시키는 등 엄중하게 처벌하여야 할 것이다.

잘못된 소음·진동계측 관행

소음·진동과 관련하여 마지막으로 소음·진동계측기의 엉터리 계측을 이야기하지 않을 수 없다.

각 현장마다 몇 대씩의 소음·진동계측기를 보유하고 계측을 하고 있지만, 직원들이 정작 소음·진동 계측에 대한 기본지식은 고사하고 계측된 자료를 공사에 활용하는 최소한의 지식도 없었다는 점이다. 엉터리로 계측하다가 걸린 여러 현장들에서 물어보면 담당자들이 하는 한결같은 대답이 그저 '위에서 하라고 하니까 했다.'라거나 '선배 어깨 너머로 배웠다.'라고 대답하는 정도는 약과이고, 대부분은 '모르겠는데요.'라며 사실상 모르쇠로 일관하는 것이 현실이었으니 말이다.

　그동안 돌아다니면서 이러한 현장의 실상을 알고는 조사와 병행하여 틈나는 대로 그동안 장난치다 걸린 현장들의 관리상 여러 가지 허점과 함께 소음·진동계측기 센서 설치 부분만을 몇몇 계측기의 사용자 매뉴얼에서 발췌하여 현장관리자 등에게 교육하기도 했다. 물론 현장의 반응은 '태어나고 이런 강의는 처음 들어 본다.'라며 좋아했다. 이는 현장에서 정작 필요한 소음·진동 계측이나 센서 설치 방법에 대한 교육이 전무하였음을 여실히 보여 주는 한 증거이기도 하다.

　그러나 나는 현장에 대한 조사 및 점검에 있어 전문가일 뿐, 소음·진동 분야를 전공한 전문가는 아니었기에 현장에서 바라는 전부를 해결할 실력이나 능력이 한참 부족함을 느끼지 않을 수가 없었다.

　특히, 엉터리 발파 등의 공사 와중에 벌어진 민원을 무마하기 위한 눈속임용 계측과 그 원인이 된 발파계측 기록(event report)상의 각종 항목에 대한 내용은 현재 상황과 그 대책은 반드시 설명해 주고 싶었다. 그렇지만 이 부분은 내가 몰라서가 아니라 엄연히 그 분야는 해당 연구자 또는 전문가들의 영역이기 때문에 현장의 사례와 경험, 그리고 얄팍한 잡학으로 내가 설명할 사안이 아니라는 생각이 먼저 들었다.

　그리고 다들 아시다시피 현장의 전문가들이 많긴 하지만 그동안 나의 경험상 이런 현장의 현실을 제대로 아는 전문가 또한 별로 없다는 것도 더 이상 비밀이 아니지 않은가. 물론, 이 방면의 전문가라고 소개하거나 전해 들은 사람이 일부 있기는 했다. 그러나 이들 역시 내가 현장에서 겪은 바로는 엉터리 계측 원조 중의 한 사람들이었기 때문에 더 이상 이들을 신뢰할 수도 없었다.

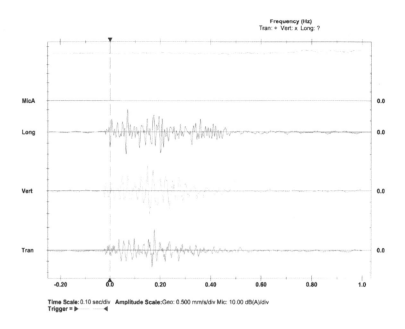

발파계측기록(event report)에 나타난 'walk' 또는 Slippery의 흔적.
진동센서를 견고하게 설치 또는 고정하지 않았을 때 나타나는 현상이다.
제대로 된 계측기 제조사의 사용자 지침서와 현장실무지침서 등에서는
특히 진동센서의 고정방법에 대해 자세히 설명하고 있다.

이러한 현실을 나 역시 애써 무시하고 넘어가기도 어려워, 몇 차례 실시한 강의에서 그동안 공부했던 자료와 논문의 내용을 아는 대로 설명해 주기도 했다. 그러나 부족한 시간을 따로 내서 강의를 통해 설명한들 대상 인원이 많아야 한 차례에 200여 명 정도에 불과한 실정이므로 확산하기에도 한계가 있었다.

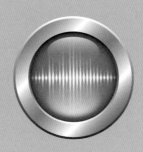

제8부
진동계측기 센서
설치 방법

연구논문과 규정에 나오는 센서 설치 방법

앞부분에서 현장의 잘못된 소음·진동계측기의 센서 설치 방법과 폭약문제를 많은 지면을 할애하여 설명하였다. 그동안 국내에서는 진동센서의 설치 방법 또는 센서 고정 방법은 거의 알려져 있지 않았던 부분이었다. 내가 이 부분 전문가의 글과 논문들은 어느 정도 접할 수 있었으나, 실제 만나 의견을 듣고자 하였음에도 이 부분 종사자들 중 이를 제대로 설명해 줄 사람이 아무도 없었다. 현장의 무차별적인 고성능 폭약 선호 및 사용 실태도 역시 마찬가지였다.

이런 상황을 감안하여 앞서의 현장사례와 더불어 그 개선 방안을 마련해 보고자 일부 지면을 할애하여 먼저 국내의 주요 연구 성과와 함께 관련 규정을 소개한다. 그리고 시차별로 몇몇 회사의 소음·진동계측기 사용자 매뉴얼에 나오는 센서 설치 방법을 발췌하여 소개하는 한편, 국제화약발파협회(ISEE)의 중요한 두 가지 지침 중 계측을 위한 지침인『소음·진동 계측 현장 실무 지침』2015년판에는 센서를 어떻게 설치하도록 되어 있는지를 소개하여 우리나라 현장에서 표준으로 삼고자 한다.

규정과 논문 편은 내가 이 방면의 논문을 찾으면서 제일 먼저 발견하여 '국내에서도 좋은 자료도 있었네.'하고 감탄하면서, 용어조차 생소한데도 몇 차례나 정독하였던 선우춘·류창하 박사의『발파진동 측정에 대한 고찰』과 류창하·최병희 박사의『발파진동 및 발파소음의 측정 및 자료처리』두 논문에서 진동센서 설치 부분만을 발췌하여 소개한다. 이 두 자료야말로 소음·진동 계측을 왜, 그리고 어떻게 하는지와, 이렇게 계측에서 얻은 자료들이 무엇을 의미하는지, 그리고 어떻게 해석해야 하는지 등등에 대한 좋은 교재가 될 것이다. 아울러 「도로공사 노천발파 설계 및 시공 지침」「표준시방서(터널공사 편)」은 국내의 발파 관련 중요한 규정이므로 같이 싣는다.

다음 편은 시중에 많이 판매되어 시대적으로 대표되는 몇 가지 소음·진동계측기의 사용자 지침서상의 센서 설치 방법이 각자 어떻게 규정하고 있는지를 살펴보기로 한다. 1990년대 나온 NOMIS NS-5400과 2000년대에 나온 white industrial seismology사의 MINI-SEIS III, 그리고 2010년대에 나온 Instantel사의 Micro-mate 세 기종을 대상으로 한다.

마지막으로는 국제적으로는 소음·진동 센서설치의 표준이지만 국내에서는 거의 존재가 알려지지 않아 모르고 있는 ISEE의 「발파진동(계측을 위한) 현장 실무지침(2015년)」을 가능한 한 원문 그대로 번역하여 여러분에게 소개한다. 이 자료도 여러분들이 직접 ISEE 홈페이지를 방문하여 원문을 내려 받아 공부에 활용했으면 좋겠다. 나도 이 방법이 현재로선 최선의 방법으로 알고 있으며, 상당히 상세하게 규정하고 있어 좋은 교육 자료이므로 이에 따르기를 권고하고자 한다.

위에서 나온 현장의 여러 문제점을 개선으로 연결하기 위해서는 우선 소음·진동 계측과 관련된 국내의 연구 성과와 관련 규정이 어떠한지를 먼저 살필 필요가 있는 것으로 보인다. 내가 그동안 현장에서의 이러한 문제를 해결하기 위해 참고한 논문과 관련 규정들을 먼저 살펴보고자 한다.

이들 자료들은 현재와 상당히 유사하기도 하나 다른 부분도 상당히 있어 각각 당시의 최신 이론을 반영한 것으로 보이나, 적어도 센서 설치 방법에 대해서는 조금

아래에 발췌, 수록할 연구 자료와 지침들.
좌로부터 「발파진동 측정에 대한 고찰」, 「도로공사 노천발파 설계·시공 지침」
「발파진동 및 발파소음의 측정 및 자료처리」, 「표준시방서(터널공사 편)」

씩 차이가 있으므로 참고로만 봐 줄 것을 당부 드린다.

우선, 「발파진동 측정에 대한 고찰」 논문에서는 지반에 어떻게 센서를 설치하는가를 발파진동 측정에서 가장 중요한 관건 중의 하나로 규정하고 있으며, 기본적으로 센서와 지반운동이 같이 거동할 수 있도록 지반 위나 구조물 상에 센서를 견고하게 고정시키도록 하고 있다.

설치 방법은 지반 등 상황과 관련하여 단단한 지반에서는 매립하거나 부착된 스파이크(spike)를 이용하여 지반에 설치하는 법, 연약한 지반에서는 부착용 철판을 사용하여 설치하는 법과 센서의 스파이크가 지반에 삽입되지 않을 경우 모래주머니를 사용하는 방법 등을 제시하고 있다. 이외에도 (측정)장소 선정과 관련, 구조물의 진동응답을 대응할 수 있는 장소에 설치할 것과 설치장소, 설치 방법 등을 보고서에 명시해 둘 필요성 등을 언급하고 있다.

이 논문과 관련하여 주의할 것은 논문이 작성된 시점이 2000년으로 거의 20년 전의 표준이었으나 현재는 다른 다양한 연구 결과로 인해 센서 설치 방법에 변화가 있으므로 당시의 표준을 현재에 그대로 반영해서는 안 된다고 생각되며, 이 부분에는 약간의 주의가 필요한 것으로 본다.

「도로공사 노천발파 설계·시공 지침」은 2006년도 당시 국토해양부가 만든 지침으로 이에도 진동측정과 관련하여 측정 방법과 센서 설치 방법 등에 관해 간략하게 규정하고 있다. 측정 시 수직 방향과 진행 방향, 접선 방향의 3성분을 동시에 측정하여야 한다는 점과 함께 센서와 지반운동이 같이 거동할 수 있도록 지반 위나 구조물상에 센서를 견고하게 고정하도록 하고 있다.

그리고 센서 설치 방법으로 단단한 지반에서는 센서에 부착된 스파이크를 이용하여 지반에 견고하게 설치하도록 하고 있으며, 진동수준이 높지 않은 곳에서 스파이크가 지반에 삽입되지 않을 경우에는 모래주머니를 이용하여 센서를 완전히 고르게 덮어 주도록 하고 있으나, 모래주머니의 최소 무게 등에 대한 규정은 별도로 없었다.

다음은 「발파진동 및 발파소음의 측정 및 자료처리」인데, 이 논문은 전체가 버릴 것이 전혀 없는 정말 좋은 논문이다. 특히 발파진동 계측부분뿐 아니라 계측된 자료의 해석과 활용부분인 뒤편의 자료처리 부분은 정말 몇 번씩 정독하여 실제 현장에서 활용하기를 바란다.

이 논문에서는 센서 설치 방법으로 자세한 설명은 없으나, 전반적인 설명이 잘되어 있고 견고한 지반이나 암반이 아닌 경우에는 스파이크와 모래주머니를 활용하여 지반과 센서가 일체화되는 방법을 권고하고 있고 계측 결과는 파형관찰을 통해 shift현상 발생 여부 등에 대해 반드시 확인하도록 하고 있다.

마지막으로 국토교통부의 「표준시방서」(터널공사 편)에서도 지반진동 측정과 관련하여 개략적으로 규정하고 있다. 센서 설치 방법에 대하여는 구체적으로 나오지는 않지만, 발파원으로부터 가장 근접한 구조물의 기초 부위에서 측정하도록 하고, 여건상 이것이 불가능한 경우에는 이에 근접한 지표에서 측정할 수 있도록 규정하는 등 계측기 센서 설치 장소와 관련하여 참고할 자료가 될 수 있다고 판단되기에 관련 부분을 발췌하여 부록에 수록한다.

이 분야에 대해 문외한인 내 생각과 주장이 과연 옳은 것인지의 논의를 떠나 좀 더 객관적으로 이 문제를 보고 또한 이해를 돕기 위해서 가급적 논문 등의 해당 부분을 그대로 옮겨 부록에 수록한다. 그러한 이유로 논문의 자세한 내용은 생략하고 소개 정도로 그치는 것이니, 시간이 있다면 가급적 이 논문과 자료들 전체를 구해 정독해 줄 것을 권고하고 싶다.

계측기 사용자 지침서에 나타난 센서 설치 방법

　이번 편에서는 현재 현장에서 사용 중인 몇 종류의 소음·진동계측기별로 제조회사에서 만든 사용자 매뉴얼을 중심으로 그동안 센서 설치 방법이 어떻게 변화해 왔는지를 살펴보기로 한다. 이 목적에 맞는, 구할 수 있는 자료가 그리 많지 않았다. 일단 대상은 1997년 4월경 만들어진 미국산 NOMIS NS5400 모델과 2009년 5월인 white industrial seismology 사의 MINI-SEIS III 모델, 그리고 2016년판 INSTANTEL사의 Micromate 모델의 사용자 매뉴얼을 기본으로 각각 검토해 보기로 한다. 센서 설치 방법의 표준이 무엇인지 그리고 시기적으로 이 센서 설치 방법이 어떻게 변화하여 발전되어 왔는지를 비교해 볼 수 있는 좋은 자료가 될 것으로 보인다.

　또 2000년대 초반부터 현재까지 ISEE를 중심으로 계측기의 센서 설치 방법에 대한 많은 논의가 이루어졌다고는 하는데, 과거에 표준이었던 것이 요즘에 와서는 방법상 다소 변경된 것이 있으므로 옛날의 방식을 그대로 현장에서 사용해서는 안 된다. 예를 들면, 과거에는 센서 설치의 4가지 방법 중 토양에 센서를 그대로 매립하는 '매립법'이 2000년대 중반 이후부터는 센서에 스파이크를 장착하여 바닥에 눌러 고정시킨 후 매립하도록 하는 것이다. 그리고 과거에는 스파이크를 장착하여 부드러운 지반에 눌러 설치하던 'spiking법'이 요즘에 와서는 별도의 센서 설치 방법에서 삭제된 것이 그 대표적인 사례일 것이다.

가능하면 이들 이외에도 여러 계측기의 제조사 홈페이지에 들어가면 사용자 지침서의 원문을 구할 수 있을 것이므로, 이를 정독해 보는 것이 최선의 방법일 것 같다. 다만, 1990년대부터 최근까지 센서 설치 방법에 대한 격한 논쟁이 있었음을 감안할 때 과거의 매뉴얼 상에 나오는 방법을 너무 맹신할 필요는 없으며, 단지 참고로만 알아 두기 바란다.

참고로 하나 더 알아둘 것은 자료나 논문 등에서 geophone, sensor, sensor block, transducer, transducer block 등으로 다르게 부르고 있으나 이들 모두가 진동속도를 재는 것으로서, 우리가 흔히 '진동 센서'라고 알고 부르는 것이므로 사실상 동일한 의미로 알고 이해해도 될 것으로 보인다.

요즘 생산되는 국내산과 일본산 계측기들은 진동속도 대신 진동레벨을 측정하도록 되어 있었는데, 진동레벨은 일종의 진동가속도에 해당하여 진동가속도를 재는 센서를 부착하여 이 센서들은 특별히 accelerometer로 표기하는 것을 볼 수 있었다.

미국 NOMIS사의 NS5400 사용자 지침서

이 기종은 1990년대에 생산되어 국내에 반입, 여러 현장에서 사용되던 소음·진동계측기이다. 내가 구한 사용자 지침서 중 제일 오래된 것이며, 제조회사 홈페이지를 방문하여 다운로드받아 영문으로된 원문을 해석하였다.

사용자 지침서 '8. SPECIAL NOTES' 편의 '8.1. TRANSDUCER PLACEMENT PROCEDURE'에서 센서(transducer block 또는 transducer)의 설치 방법을 설명하고 있다.

진동센서의 설치 방법으로 기본적인 매립법(Burying)과 볼트로 고정하는 방법(Bolting), 스파이크로 고정하는 방법(Spiking) 및 모래주머니로 고정하는 방법(Sandbagging) 등 4가지 설치 방법을 소개하고 있다. 이 중에서 매립법이 가장 바람직하며, 볼트로 고정, 스파이크로 고정, 모래주머니로 고정하는 방법 순으로 권장 방법을 제시하고, 비교적 구체적으로 각 센서의 설치 방법을 설명하고 있다.

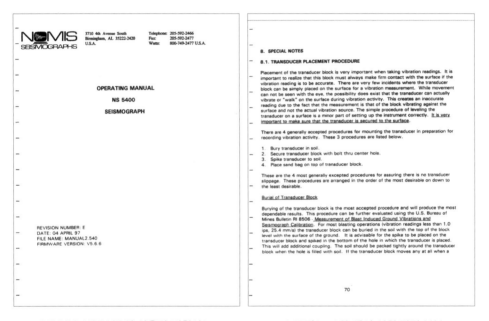

NOMIS NS5400의 사용자 지침서(Operating Manual) 표지(좌측)와 센서 설치 관련 부분.

조금 상세하게 들어가 보면, 센서(transducer block)를 고정하는 가장 좋은 방법으로 추천하는 매립법에 있어서는 대부분의 발파작업(진동 기록 값이 1.0ips, 즉 25.4 ㎜/s 미만인 경우) 시에는 센서의 상부가 지면과 일치하도록 해서 토양에 묻도록 하고 있지만, 이보다 더 큰 발파진동의 경우에는 센서를 땅에 더 깊이 묻는 것을 고려해야 한다고 하였고, 적어도 6인치 깊이의 구멍을 파서 센서를 놓고 상부를 토양으로 되메우는 것이 바람직한 것으로 권고하고 있다.

토양이 아닌 경우에는 바위나 콘크리트 표면에 볼트로 고정하는 것이 바람직하며, 이들 표면에 앵커를 설치하고 센서의 가운데에 있는 구멍을 이용하여 볼트로 단단히 결합할 것을 권한다.

스파이크를 사용하는 방법에 있어서도 이를 진동수준이 0.25ips(6mm/s) 미만일 경우 이 방법에 의한 설치가 적절한 것으로, 그리고 이 수준을 초과하면 센서를 매립하는 방법을 고려하도록 권고하고 있다.

모래주머니로 덮는 방법에 있어서도 설명하고 있는데, 이는 매립 또는 볼트로 고정하거나 스파이크를 이용하는 방법이 곤란한 경우에 고려하는 방법이라는 설명과 함께 진동수준이 높을수록 모래주머니가 무거워져야 하며, 진동수준이 1ips(25.4mm/s) 미만인 경우 15파운드(7kg)의 모래주머니가 적절하다고 제시하고 있다.

미국 White industrial seismology사의 MINI-SEIS Ⅲ 사용자 지침서

미국산 소음·진동계측기로, white industrial seismology사의 홈페이지에서 2009년 5월 19일 작성된 MINI-SEIS Ⅲ의 사용자 지침서를 다운로드하여 검토에 활용하였다.

사용자 지침서 'Chapter 3. Setup and Operation의 Field Installation'에서 계측기의 진동센서와 마이크로폰 설치에 대한 기본 사항을 간략히 설명하고 있으며, 아울러 센서 설치에 관하여는 ISEE의 「발파진동 계측 현장 실무지침」에 따를 것을 강력하게 권고하고 있다.

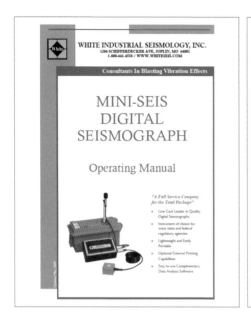

white industrial seismology사 제품인 MINI-SEIS Ⅲ 진동계측기
사용자 지침서(Operating Manual)의 표지(좌측)와 센서설치 관련 내용.

초포화토(super-saturated soil)를 제외한 토양에서는 센서(transducer package)
의 매립을 권장하며, 매립 시에는 먼저 스파이크를 연결하여 약 6inch(약 15cm) 깊
이의 구멍을 파서 바닥을 평평하게 하고, 센서 상단의 화살표를 폭원 쪽을 향하게
하여 센서를 구멍 하부로 눌러 설치하고, 센서 주변과 상부를 조심스럽게 흙으로
채우도록 하고 있다.

또한, 토양 조건이 좋은 지면에 스파이크를 이용하여 설치할 때는 먼저 스파이크
를 연결하고 센서 상단의 화살표를 폭원 쪽으로 향하게 한 후 센서를 단단히 눌러
지면에 박도록 하고 필요시 모래주머니를 덮도록 하고 있다.

콘크리트(같이 단단한 매질)에 센서를 설치할 경우, 접착제 등을 이용하여 센서

를 고정하는 방법을 권장하고 있으며, 적정한 커플링을 주지 않고 단순히 콘크리트 위에 센서를 놓아서는 안 된다고 되어 있다.

그리고 지반과 센서의 커플링은 가속도가 0.2g에 가깝거나 초과할 경우, 매우 중요한 문제가 된다고 경고하고 있는 등 진동속도 계측에 있어 센서의 고정방법을 진동가속도와 연관시켜 강조하고 있다.

미국 Instantel사의 Micromate 사용자 지침서

미국 Instantel사는 대표적인 소음·진동계측기 제조 회사로, 국내에서는 Micromate 이전부터 Blastmate Ⅱ와 Ⅲ, 그리고 Minimate 등을 통해서도 그 성능의 우수성 등이 잘 알려져 있다. 물론, 각국에서 사용 중인 동사의 제품들은 캐나다에 소재한 공장에서 생산되므로 실제로는 캐나다산 제품이다.

이 회사의 대표적인 최신형 소음·진동계측기인 Micromate 제품의 2016년에 출판된 사용자 지침서를 홈페이지에서 다운로드하여 분석에 사용하였다. 이 회사 제품의 사용자 지침서들은 내가 입수하여 분석한 것들 중 내용이 가장 상세하고 방대한 편이어서 Micromate의 경우 표지 포함 148쪽에 달하였고, 많은 수의 사진과 도표, 그래프 등을 사용하여 전체적으로 상세히 설명하고 있으며, 특히 센서의 작동 원리까지 상세히 설명되어 있었다.

Instantel사의 계측기는 Blastmate Ⅱ와 Ⅲ를 거쳐 현재 Mimimate Pro와 Micromate 등이 출시되어 널리 사용 중에 있지만, 비싼 가격에도 불구하고 과거부터 신뢰성이 높기로 소문이 나 있어 요즘도 현장에서 가장 많이 사용하고 있는 것으로 안다. 이러한 공신력에 걸맞게 사용자 지침서도 타 회사와는 달리 사진과 삽화를 포함하여 굉장히 상세하게 잘 만들어져 있다.

---

9) Start recording your vibration and overpressure data.

14. INSTALLING THE GEOPHONE AND MICROPHONE

14.1. Micromate Geophones

The Micromate geophones are dedicated and calibrated to a specific Micromate unit. This means that geophones cannot be interchanged between different Micromate units. Before connecting a geophone to a Micromate unit, be sure to check that the serial number on the geophone matches the serial number of the Micromate unit. Additionally, geophones and units are calibrated to meet either the ISEE or DIN standard. Make sure the specific model will meet your monitoring requirements.

The geophone is used to detect ground vibrations and then transmit related vibration data to the Micromate unit, via a cable. If the geophone sensor is not located in close proximity to the unit extension cables may be used. These extension cables can be up to 1000 meters (1Km) in length regardless of the geophone model. Refer to the Micromate accessory parts list in the appendix for standard extension cable lengths and part numbers.

Connecting Geophone to Micromate:

The geophone cable connector has a blue "GEO" label with an arrow indicating how the connector will mate with the connector on the Micromate unit. The dust cap and connector on the Micromate are also labeled as "GEO". The geophone port is labeled and color coded blue on the keypad above the geophone connector.

Geophone Cable Connector   Geophone Dust Cap   Geophone Connector

Geophone Connected to the Micromate

14.2. Installing the Geophone

The geophone installation procedures are based on ISEE field practice guidelines for blasting seismographs (2009 Edition). This section illustrates the installation procedures recommended by Instantel. Your particular monitoring activities may employ one, or a combination of all of the following procedures. It is important to securely attach the geophone to the surface you intend to monitor to ensure reliable monitoring results. The arrow on top of the geophone must be pointed in the direction of the vibration source that is to be monitored to ensure the proper orientation of the three orthogonal geophone sensors located inside the housing. The geophone must be level after it has been installed. An optional leveling plate with an integrated bubble level is available to assist in the geophone installation. It is up to you to check the surface and mount the geophone sufficiently to ensure reliable monitoring results.

14.2.1. Soft Material Installations

In soft materials, such as earth, the best monitoring results will be from a geophone with the spikes installed and buried at least 15 centimeters (six inches), three times the height of the sensor, in an undisturbed location. The excavated material should be firmly compacted around and overtop of the geophone to ensure adequate coupling to the ground. If insufficiently coupled, the geophone will move independently of the surrounding material resulting in distorted, often higher, monitoring results.

a. Spike and Bury the Geophone

1. Screw the three ground spikes into the bottom of the Geophone and tighten. Do not over-tighten the ground spikes as this can damage the geophone casing.
2. Dig a hole at least 15 cm (6 in.) deep ensuring the bottom is level.
3. Aim the arrow on the top of the geophone in the direction of the vibration source.
4. Firmly press on top of the geophone to push the spikes fully into the ground. Check the geophone to ensure it is securely in place and level.
5. The ground must be hard and compact with no loose material between the geophone and the ground material.
6. Compact the material around the geophone while back filling to secure it to the surrounding ground material.
7. Ensure that the geophone cable is securely attached to the Micromate.
8. Press the Sensor Check key on the Micromate ensuring the sensor is properly attached, level and all sensors are passing.

Geophone - Spikes Installed   Geophone - Spiked in Ground   Geophone - Partially Buried

---

14.2.2. Hard Surface Installations

When the geophone is to be installed on a hard surface such as rock, concrete or solid ice, the preferred installation method is to bolt the geophone directly to the surface. This will provide the best coupling. If bolting the geophone to the surface is not practical and the anticipated vibration level is low, refer to the ISEE field practice guidelines for blasting seismographs for the suggested limits, the use of a sand bag may be acceptable.

a. Bolting the Geophone Directly to a Surface

The preferred method for hard surfaces installation is to bolt the geophone directly to a surface using the thru-hole in the center of the geophone. If the geophone cannot be kept level with this single bolt, an optional leveling plate is available. If the hard surface is in the vertical orientation an optional wall mount kit is also available.

1) Drill a hole into the surface to be monitored. Insert a 6.4 mm (¼ inch) bolt or threaded rod. Refer to Section 19.6 Torque Specifications and Guidelines.
2) The bolt or threaded rod must extend at least 65 mm (2.5 inches) above the surface to accommodate the geophone.
3) Place the geophone on the bolt with the arrow pointing at the vibration source.
4) Place a washer, lock washer and nut on the bolt and carefully secure the geophone. Do not over tighten the bolt.

Geophone Bolted to a Floor   Geophone Mounted with a Leveling Plate

Geophone with Wall Mount Bracket   Geophone Mounted to the Ceiling

---

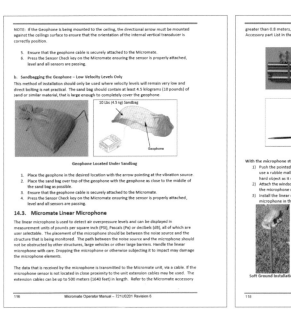
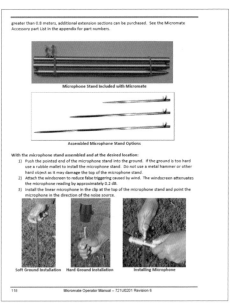

INSTANTEL사의 Micromate 제품의 사용자 지침서(Operator Manual) 표지와 내용.
사진과 삽화 등을 다수 활용하여 센서 설치 방법을 설명하고 있어,
가장 완성도가 높고 충실한 지침서로 보인다.

센서와 마이크로폰의 현장설치 방법은 '14. INSTALLING THE GEOPHONE AND MICROPHONE'의 '14.2. Installing The Geophone'과 '14.3. Micromate Linear Microphone'에서 사진 또는 그림과 함께 잘 설명되어 있다.

전체적으로 보면, 센서의 설치 방법은 ISEE의 『발파진동 계측 현장 실무지침』 (2009년판)에 기초한다고 밝히면서 부드러운 지반에는 스파이크를 끼우고 매립하는 매립법을, 단단한 지반에는 암반 또는 콘크리트 표면에 직접 고정하는 방법과 모래주머니를 얹는 방법을 각각 규정하고 있다.

다소 특별한 내용은 다른 자료들과는 달리 모래주머니로 덮는 방법의 경우, 진동

속도 수준이 매우 낮고, 직접 볼트로 고정하는 작업이 어려운 경우에만 사용하도록 정하고 있을 뿐 아니라 모래주머니 크기도 지오폰을 완전히 덮을 수 있을 정도로 커야 하며, 모래나 유사한 재료로 최소 4.5kg(10파운드) 이상으로 할 것 등을 권장하고 있다. 즉, 토양과 같은 부드러운 지반에서는 센서의 매립이 원칙이고, 단단한 바닥이나 모암 위에 부착할 경우 볼트로 고정하도록 되어 있으니, 현장의 특별한 사정으로 인해 이 두 가지 기본 방법으로는 센서 설치가 곤란한 경우에만 제한적으로 이 모래주머니를 덮는 방식을 사용하도록 권고하고 있는 것으로 보인다.

참고로 이 모래주머니의 최소 무게는 Blastmate II와 III, Minimate 사용자 지침서에서는 25파운드(12kg) 이상으로 규정하였으나, Micromate에 와서는 10파운드(4.5kg)로 하향 조정되었다. 사용자 지침서상에는 그 이유가 설명되어 있지 않으나, 아마 ISEE의 「발파진동 계측 현장 실무지침」의 규정을 준수하다 보니 여기에 통일시킨 것이 아닌가 추측된다.

이외에도 센서를 벽면에 설치하는 방법과 천장에 설치하는 방법 등에 대한 설명도 그림 또는 사진을 활용하여 상세하게 설명하고 있으므로, 현장 실무자들에게는 좋은 교재가 될 것으로 믿는다.

ISEE의 「발파진동 계측 현장 실무지침」 소개

앞서 설명한 일부 회사의 사용자 매뉴얼에 보면, 근래 들어 공통적으로 ISEE의 「Field Practice Guidelines For Blasting Seismographs」, 즉 「발파진동 계측 현장 실무지침」(이하 '현장 실무지침')에 따르도록 하고 있음이 발견된다. 그래서 이 번 글에서는 ISEE의 「현장 실무지침」에는 센서 설치 방법 등과 관련하여 어떻게 규정하고 있는지를 가장 최근 버전인 2015년판을 기준으로 살펴보도록 한다.

ISEE의 「발파진동 현장 실무 지침」 2015년판
(Field Practice Guidelines For Blasting
Seismographs 2015)의 표지 모습
출처: isee.org 홈페이지

미국에 본부를 둔 '국제발파기술자협회'(ISEE, International Society of Explosives Engineers)란 비영리단체가 있다. ISEE 홈페이지를 통해 나타난 정보로는 1974년 발족하여 현재 전 세계 90여 개국에 4,000여 명의 회원을 거느리고 있는, 명칭에서 보듯 폭약 및 발파와 관련된 국제적으로 상당히 명성 있는 단체이다. 그리고 무엇보다도 ISEE 표준위원회의 목표를 '모든 발파진동 계측에서 나타나는 지반진동과 발파 풍압의 정확한 기록을 보증하기 위한 것'임을 밝히고 있다는 점에서 전문성과 신뢰성이 매우 높다고 하겠다.

이 단체에서는 1999년부터 매 5년 정도의 간격으로 두 가지 중요한 기준을 정하여 공표하고 있다.

하나는 발파 소음·진동을 계측하는 기술자들이 계측할 때 지켜야 할 기준인데 위에서 언급한 「발파진동 계측 현장 실무지침」(Field Practice Guidelines For Blasting Seismographs)으로, 현재 최신 버전은 2015년에 공표된 2015년판이다.

다른 하나는 진동계측기를 제작하는 업체 등에서 준수해야 할 사항을 정한 「발파진동 계측기 성능 사양」(Performance Specifications For Blasting Seismographs, 이하 '성능 사양')인데, 현재로서 최신 버전은 2017년도에 공표된 2017년판이다.

현장 실무지침(2015년판)은 세 파트로 나누어져 있다.

1부(Part 1) 일반지침(General Guidelines)에서는 사용설명서를 정독하고 장비 작동법에 익숙해지라거나, 진동센서는 매년 검교정을 권하는 내용, 적절한 발파진동 기록 유지, 케이블 고정 등 계측을 위한 기본적이고 일반적인 사항을 정하고 있다.

2부(Part 2) 지반진동 계측(Ground Vibration Monitoring)에서는 센서의 위치, 장소, 수평 유지 등 진동센서의 배치와 센서의 매립 또는 부착, 모래주머니를 덮는 방법 등 Coupling 방법에 대해 규정하고 있는데, 사실상 이 지침의 핵심 부분에 속한다.

3부(Part 3) 발파풍압 계측(Air overpressure Monitoring)은 발파풍압을 재기 위한 마이크로폰의 배치, 눈 또는 비 등이 올 경우 마이크로폰을 보호하면서 효과적인 소음 계측 방법 등을 규정하고 있다.

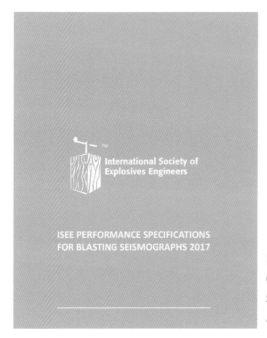

ISEE의 「진동계측기 성능 사양」 2017년판 (Performance Specifications For Blasting Seismographs 2017)의 표지 모습. 사진 출처: isee.org 홈페이지

성능 사양(2017년판)의 주요 내용은 1부 일반지침에서 기기의 디지털 샘플링 속도와 작동 온도 범위 등을 규정하고 있고, 2부에서는 지반진동 센서의 주파수 범위, 정밀도 등을, 3부에서는 발파풍압 계측기의 주파수 범위와 정확도를, 4부에서는 검교정(Calibration)과 관련된 내용을 각각 규정하고 있다.

소음·진동에 대하여는 이 부분이 실제 현장에서는 어떻게 적용되고 오용되는지에 대해서는 나도 120여 현장을 돌면서 직접 보고 들은 한심한 행위들이 많아 정말 할 말은 많지만, 아무래도 이 분야 전문가가 아닌 내가 광범하게 다루기는 곤란하여 이 분야에 대한 연구와 토론은 일단 전문가들의 영역으로 남겨 두고자 한다.

대신 현장에서 정말 아무것도 모르고 계측하다가 적발되어 물으면 그저 '위에서 하라니깐 하는 것'이라고 응답했던 많은 분들을 위하여 최소한의 소음·진동 계측기의 센서 설치 방법에 대한 것만이라도 여기에서 간략하게 정리하고 넘어가기로 한다. 물론 그 기준은 ISEE의 「발파진동 계측 현장 실무지침」이 될 것인데, 필요하다면 책받침 같은 것으로 인쇄하여 원하는 분들에게 돌려 읽게 해 주고 싶으나 엄연히 저작권까지 등록되어 있어 요지만 간단히 적어 두고 전문은 번역하여 부록에 싣기로 한다.

이 지침의 서문에 보면, 1994년경부터 발파진동 계측기로부터 얻은 데이터의 정확성, 재현성 및 방어 가능성에 대한 의문이 제기되었고, 이로 인해 ISEE에도 「발파진동 표준 소위원회」를 구성했다는 표현이 있을 정도로 이 시기에 이와 관련된 많은 논의가 진행되어 온 것이 감지되므로 우리도 그 흐름을 알고 이해할 필요가 있기 때문이다. 위에서 표본으로 삼은 각 계측기 회사에서 만든 매뉴얼 또한 이러한 시대 변화를 거의 그대로 읽을 수 있어 좋은 교재가 될 듯하다.

ISEE의 「현장 실무지침 2015」에 의하면, 동 협회에서 현재 권고하는 지침에는 센서 위치는 구조물과 3m 또는 폭원과의 거리의 10% 이내, 토양은 단단하게 채워진 것일 것, 센서의 수평 유지, 종방향 채널(X축)을 폭원 쪽으로 향할 것, 구조물에 접근이 불가능한 경우 폭원 쪽에 더 가까운 곳에 (센서를) 설치할 것 등을 정하고 있다.

센서의 커플링 방법에 대하여는 매립 또는 부착하는 방법과 기타의 방법으로 우선 분류된다. 매립 또는 부착하는 방법은 ① 토양에 센서를 매립하는 매립법, ② 기반암에 고정하는 기반암 고정법, ③ 구조물의 기초에 고정하는 기초 고정법 등이 있으며, 각각의 방법과 주의사항에 대해 설명하고 있다. 기타의 방법으로는 스파이크를 사용하는 방법, 모래주머니를 사용하는 방법에 대해 각각 설명하고 있다.

여기서는 이『현장 실무지침』중 진동센서의 설치와 관련된 Part Ⅱ 지반 진동 모니터링 부분의 센서 위치와 센서 커플링 방법만 요약하여 제시하고자 한다. 다만, 이『현장 실무지침』은 지침내용 전체에 걸쳐 하나도 버릴 것이 없다 할 정도로 모두가 중요하여, 별도 편집이나 개인적 생각의 가감 없이 가급적 원문 그대로 번역하여 부록에 싣도록 하니, 부디 현장의 여러 실무자들은 반드시 해당 지침의 내용을 충분히 숙지하여 현장에서의 계측에 활용하여 주기 바란다.

A. 센서 위치

센서는 폭원 방향으로 구조물 옆의 지면이나 지중에 설치해야 하며, 구조물은 가옥, 파이프라인, 전신주 등은 될 수 있으나, 진입로, 통로 및 슬라브 등에서의 계측은 피해야 함.

1. 구조물 관련 센서의 위치는 지반으로 전달되어 구조물이 받는 진동수준을 충분히 대표할 수 있는 자료를 얻을 수 있도록 설치하되, 센서와 구조물과의 거리는 3m(10ft) 이내 또는 폭원과의 거리의 10% 미만 중 적은 값을 취하여 설치해야 함
2. 토양 밀도를 평가하되, 원상토이거나 단단하게 채워진 것이어야 하며, 느슨하게 채워진 물질, 다져지지 않은 토양, 피복된 화단 등은 기록의 정확도에 악영향을 끼치므로 피해야 함
3. 센서는 수평을 유지할 것
4. 통상적인 경우 종방향 채널(X축)이 폭원을 향하게 설치
5. 구조물 또는 사유재산에 대한 접근이 불가능한 경우, 폭원에 가능한 더 가까운 교란되지 않은 토양에 설치

B. 센서 커플링

진동가속도가 0.2g를 초과하면 센서의 디커플링(非同調化)이 발생할 수 있으므로 예상되는 진동가속도 수준에 따라 스파이크를 이용해 지오폰을 설치하거나, 매립 또는 모래주머니를 올리는 것이 적절함

1. 예측되는 진동가속도 수준이
   a. 0.2g보다 적은 경우 매립이나 부착이 불필요
   b. 0.2g에서 1.0g 사이인 경우 매립 또는 부착이 좋으며, 스파이크를 이용할 수 있음
   c. 1.0g을 초과하는 경우 매립 또는 견고한 부착이 필요
2. 매립 또는 부착하는 방법
   a. (매립법) 센서 높이의 3배 이상 깊이로 구멍을 파고, 스파이크를 부착하여 구멍 바닥에 센서를 설치하고 주위와 상부에 흙을 단단하게 채워 넣을 것
   b. (기반암에 고정법) 기반암에 부착하는 방법은 센서를 암석 표면에 볼트로 고정하거나 클램프로 조이기 또는 접착제를 사용하여 부착
   c. (기초에 고정법) 구조물 기초가 지면의 ±30㎝ 내에 위치하는 경우, 구조물의 기초에 부착할 수 있는데, 이 방법은 매립이나 스파이크 또는 모래주머니를 실제로 사용하기 곤란한 경우에만 사용해야 함
3. 기타 센서 설치 방법
   a. 위의 매립법보다 깊지 않은 매립은 모두 '얕은 매립' 방법(이므로 피해야 한다)
   b. 스파이크를 이용하는 방법은 토양을 최소한으로 교란시키면서 잔디를 제거해야 하고, 센서와 부착된 스파이크를 땅속으로 견고하게 밀어 넣어 설치해야 함
   c. 모래주머니로 덮는 방법 역시 토양을 최소한으로 교란시키면서 잔디를 제거해야 하고, 제거된 지면 위에 모래주머니를 올려놓아야 함. 모래주머니는 크기가 커야 하며, 모래 약 4.55㎏을 느슨하게 채워야 한다. 센서 위에 올려놓을 때는 가능한 높이가 낮고 옆으로 넓게 하여 센서가 지면에 최대한 견고하게 접촉하도록 해야 함
   d. 스파이크와 모래주머니를 함께 사용하면 훨씬 더 확실한 커플링이 됨

제9부

하고 싶은 말,
남기고 싶은 이야기

이제 글이 마무리로 접어든다. 이번 편에서는 그동안의 점검 과정에서 내가 각 현장에다 쏟아냈던 쓴 소리와 현장에서 즉석으로 해 줬던 강의, 그리고 내가 현장에 부족함을 느꼈던 부분과 이들에게 바라는 조그만 희망 이야기를 확대하여 독자 여러분들에게 해 보고자 한다.

그동안 내가 다닌 현장은 극히 일부를 제외하고는 대부분 공구당 공사비 기준 최소 1,000억 원, 많게는 3,000억 원 넘는 철도 및 고속도로 건설 현장들이었다. 시공사들 역시 이름만 대면 모두 알 수 있는 곳이었다. 언론을 통해 공표되는 연간 토목 도급순위를 기준으로 하면 최소 15위권에 든다는 이야기다.

그런 다수의 현장에서 나는 권익위나 국무조정실 부패척결단의 이름으로 혼자 또는 두어 명의 직원들과 함께 토목분야 공사비 부패와 정면으로 대결했다. 결론적으로 보면 엄청난 서류와 씨름하느라 두 번씩이나 망막염에 걸려 한 번에 두어 달씩, 잘 보이지 않는 눈으로 정말 무지막지하게 고생을 해 가면서 버텨 냈다. 그리고 당초의 내 전략대로 공사비를 크게 빼먹다 걸린 현장만을 골라 가차 없이 공사비를 환수하고, 또 일부는 수사기관을 통해 법대로 처벌하기도 했다.

모두가 나의 노력 덕분에 현장의 분위기가 이전에 비해 크게 변했다고들 말한다.

어떤 강의를 나갔더니, 현장 분위기와 감리단의 위상을 좀 더 제자리로 돌려줘서 고맙다며 생면부지임에도 악수를 청하는 분도 있었다. 심지어 강의할 때 락볼트 미시공을 줄이기 위한 방법의 하나로 강관다단 하부와 천단부 그리고 용수구간이나 단층파쇄대에서의 락볼트는 swellex-bolt를 사용하는 방법을 강구해 보라고 조언했더니, 이 방법이 자재구입 비용은 조금 더 들었지만 생각보다 작업도 간편했고 현장의 반응도 좋았다면서 실질적으로 유익한 내용을 알려 줘서 고맙다는 인사를 해 온 곳도 있었다. 또 락볼트 반입 가격이 이전의 절반 가격으로 떨어져 현장에서 좋아한다는 이야기도 해 주었다.

어느 고속도로 건설구간의 터널자재 정산현황.
실제 수량과는 상당한 차이가 있는 것으로 추정되었으나,
직원들이 매몰자재에 대한 정산까지 챙기기 시작하는 모습을 보고 안심할 수 있었다.

2017년 초겨울에 마무리 공사 중인 고속도로 건설현장을 나가 봤더니, 감독직원들이 락볼트와 강관다단, 강섬유, 지보 같은 자재들에 대해 '정산'을 하고 있었다. 예전에는 말만 있었지 실제로 정산할 엄두조차 내지 못하고 있었는데, 다소 서툴고 초보적이었지만 이제 직원들이 스스로 정산까지 챙길 수 있게 된 것이었다.

물론, 이 초보적 수준의 정산은 실제 수량정산에는 턱없이 부족해서 나도 당시 '이걸 다시 한번 손대 볼까.'도 고민했었고, 직원들도 '쳐서 실적 한번 내 봅시다.'라고 했지만, 결국 더 이상 손대지 않았다. 대신 내가 보기에 부족한 부분을 정리하여 현장 강의 두 시간으로 대체해서 정산의 실효성을 좀 더 높이도록 해 주었다. 현장을 지키는 직원들의 실력배양이 우선이지, 내가 점검해 혼낸다 한들 그 효과가 미미할 수밖에 없기 때문이었다.

그러나 그동안 이러한 노력에도 불구하고 현장에서는 아직 변하지 않은 분야가 있어 이것마저 좀 더 개선하고자 한다. 그리고 내가 하고 싶은 말은 반드시 해야 할 것 같다. 이하의 글은 그러한 목적을 바탕으로 현장에다 하는 쓴 소리에 불과하니 여러분들이 읽기가 다소 거북한 표현이 나오더라도 인신공격이나 또는 문법과 문맥상의 오류, 오타 같은 것을 바탕으로 공격하는 일이 없기를 바란다.

국책사업과 소음 · 진동 문제

내가 앞부분에서 많은 지면을 할애하여 엉망인 여러 현장들의 소음 · 진동 계측 등 현황과 개선방안을 나름대로 나열했다. 그러나 소음 · 진동 센서의 거치문제는 중요하지만 이것만으로는 현장의 문제를 일부밖에는 해결할 수 없다고 생각된다.

현재 소음 · 진동과 관련한 중심 법령인 「소음 · 진동관리법」의 맹점을 먼저 짚고 넘어가야겠다.

먼저 이 법은 인체를 대상으로 하고 있고 평가 척도도 진동 크기를 가속도 단위의 일종인 진동레벨(㏈)로만 정하고 있어 주로 문제가 생기는 재산피해인 건축물이나 기계류, 가축 등 다양한 대상에 대한 관리 기준으로는 턱없이 부족한 실정으로 보인다.

진동레벨을 진동규제 기준으로 정하는 것은 우리와 일본 등 극히 일부 국가에서만 채택하고 있는 것으로 안다. 반면 건축물 관련 관리 기준을 진동속도 단위인 kine(cm/s)으로 정하여 표준시방서 터널 편 등에서 규정하고 있지만, 이는 법령이 아닌 한참 하위의 규정이어서 현장에서는 권고 수준 정도에 불과한 것으로 치부하고 있어 실제 진동 규제에는 별다른 도움이 되지 못하는 실정으로 보인다.

어쩌면 이 문제는 환경부 관계자들의 이야기처럼 일반 소음·진동은 환경부에서 「인체 소음·진동관리법」으로 규제하고, 발파를 포함한 공사장 소음·진동은 국토교통부에서 별도로 만든 가칭 「공사 소음·진동관리법」에서 규제하고, 해변이나 해상에서의 소음·진동은 해양수산부에서 따로 만든 가칭 「해상 공사 소음·진동관리법」 등으로 각 관리 주체인 부처마다 소음·진동관리법을 하나씩 따로 만들어 관리하지 않는 한 별다른 규제나 효과를 기대하기 곤란한 것으로 보인다. 여러 부처의 겹치거나 얽힌 사안을 조정하라고 만들어진 국무조정실에서는 이런 현실에 대해 무슨 생각을 어떻게 하고 있는지 궁금하다.

중요한 소음·진동계측기의 형식승인 부분도 궁금하기는 마찬가지다.

도량형의 통일과 검정은 유사 이래 국가가 해야 할 가장 중요한 책무 중의 하나였다. 그래서 혼란기의 일부 시기를 제외하고는 왕조 시기부터 이 부분은 비교적 잘 지켜져 왔다.

지금은 어떤지 현실을 냉정하게 관찰해야 할 것이다. 시중에는 3개 회사, 몇 종류의 소음·진동계측기가 자사의 제품만이 국산제품이며, 환경부의 형식승인을 받은 제품이라는 사실을 내걸고 제품을 팔고 있고, 다수의 현장에서 국산품을 애용하자는 애국심과 함께 상대적으로 싼 값에 구입하여 사용 중인 것으로 알려지고 있다. 국산품을 애용하자는 구호도, 이왕이면 세계적으로 유명한 공신력 있는 제품보다는 형식승인 받은 제품을 사용하자는 구호도 물론 좋기는 하다.

구조물 손상에 대비한 기준으로 진동속도의 법제화 시급

그러나 현장에서 사용되고 있는 제품 중에서 유독 환경부의 형식승인을 받은 국내산이라는 3개 회사 제품과 일본의 1개 회사 제품 등이 모두 진동레벨 측정을 위한 진동 가속도 센서를 사용한 제품이며, 이들 센서가 방향성이 있어 조작에 사용될 수 있다는 현실은 주무부처는 어떻게 해결할 것인지에 대해 묻고 싶다.

늦어도 한참 늦지만 진동이 인체에 미치는 영향과 건물 등 구조물에 대해 미치는 영향은 다르다는 점을 지금이라도 깨닫고 관련 법령을 손질해 주길 바란다.

2006년 제정되어 배포된 당시 국토해양부의 「도로공사 노천발파 설계·시공 지침」에서는 이러한 문제점을 개선하기 위하여 예민한 건축물은 진동허용치를 0.2kine으로 하는 등 비교적 엄격한 진동속도를 규정하고 있다. 그러나 제목에서 볼 수 있듯이 대상이 터널과는 관계없는 노천발파가 주요 대상이며, 예상되는 각 사항을 충실하게 규정하지도 못했을 뿐만 아니라, 이 역시 법령보다는 한참 아래의 지침에 불과하여 이마저도 현장에서는 제대로 지켜지지 않고 있다.

그리고 2005년을 기점으로 전국 도로 등에서 터널로 굴착하는 사례가 크게 증가하여 현재 전국의 터널 현장이 500여 곳을 상회하는 것으로 추산되고 있음에도 불구하고, 주무부처인 국토교통부는 여기에 대해 별다른 관심이 없는 것으로 보인다. 이로 인해 각 현장마다 터널굴착으로 인한 엄청난 소음과 진동으로 인근 주민들이 큰 고통을 겪고 있으며, 나아가 국책사업 수행의 큰 장애물로 여겨지고 있기도 하다. 이 역시 법령 미비와 관리 및 감리의 부실에 따른 것이므로, 이에 대한 특별 교육이 필요한 것으로 본다.

점검 도중, 어느 터널 현장에서 이 규정을 내세우며 왜 지키지 않는지 물었더니 돌아오는 대답이 '그건 노천발파에서만 지키면 되고, 터널에도 지키라는 규정이 없다.'는 것이었다. 이는 지침을 만들 당시에는 터널 현장이 그리 많지 않아 그런 것 같은데, 어쨌든 그 뒤에 우후죽순처럼 크게 증가한 터널 현장의 발파로 인한 소음과 진동 문제를 효율적으로 규제하려면 터널에서의 발파 특성을 감안한 새로운 지침의 제정이 절실하다 하겠다.

터널굴착 현장 인근에서는 당초 설계 시에는 소음·진동 저감을 위해 값비싼 공법을 채택하여 시공하도록 되어 있음에도 실상은 이것들 모두 손쉬운 공사비 빼먹기의 대상이 되고 있는 실정으로 현장에서는 실제로 인근 주민들의 생명 및 재산권 보호 등과는 아무런 관련이 없는 것으로 나타났는데, 이 부분도 앞으로 감독을 강화할 필요가 있다. 규정은 만드는 것 자체만으로 아무런 효력이 없고 실효성 있는 점검을 통해서만 현장에서 지켜진다는 점을 명심해야 하겠다.

건설기술진흥법의 개정·시행

주요 국책사업을 점검하는 과정에서 수도권고속철도 수서−평택구간 노반공사 모 공구에서 슈퍼웨지 공법의 단일 공종으로는 역대 최대 액수인 182억 원의 공사비 편취사건이 부패척결단에 의해 적발되었다. 바로 이어 인근 공구에서도 슈퍼웨지 공법과 강관다단 미시공 등 2개 공종으로 254억 원으로 추산되는 공사비 편취

사건이 적발되기도 했다.

부패척결단에서 그 원인을 다각도로 분석해 본 결과, 그 바탕에는 본분을 망각하고 시공사와 서로 공모하였거나 부실 또는 고의로 허위의 서류를 만들어 이들의 범죄를 지원한 감리원들이 이 사건의 배후에 있음을 간파하였다. 그래서 긴급하게 국토교통부에 법령개정 등을 통해 이를 막을 수 있는 실효성 있는 대책을 요구하였고, 지속적으로 이 문제를 중요하게 취급하게 되었다.

그 결과, 2019년 7월 1일부터 시행되는 건설기술진흥법 제88조의 1의2호, 1의3호, 1의4호의 신설이다. 그동안 여러 현장에서 만연했음에도 불구하고 실질적인 점검이 전혀 이루어지지 않아 그 실체를 파악하지 못했던 검측서류의 허위 작성과 이를 거짓으로 작성한 건설기술인 등에 대한 처벌이 앞으로는 가능해지게 된 것이다.

건설기술진흥법 (2018. 12. 31. 개정으로 항목 신설, 2019. 7. 1. 시행)

제88조(벌칙) 다음 각 호의 어느 하나에 해당하는 자는 2년 이하의 징역 또는 2천만 원 이하의 벌금에 처한다.

1의2. 제39조제4항 전단을 위반하여 건설사업관리보고서를 제출하지 아니하거나 같은 항 후단에 따라 건설기술인이 작성한 건설사업관리보고서를 거짓으로 수정하여 제출한 건설기술용역업자

1의3. 제39조제4항 후단을 위반하여 정당한 사유 없이 건설사업관리보고서를 작성하지 아니하거나 거짓으로 작성한 건설기술인

1의4. 고의로 제39조제6항에 따른 건설사업관리 업무를 게을리하여 교량, 터널, 철도, 그 밖에 대통령령으로 정하는 시설물에 대하여 다음 각 목의 주요 부분의 구조안전에 중대한 결함을 초래한 건설기술용역업자 또는 건설기술인

입법 과정에서 전국 약 4만 5,000여 명의 건설 기술인들이 연명부를 작성, 대통령실과 총리실, 권익위, 감사원, 국회 등 다수의 기관을 대상으로 필사적인 법제화 저지에 나서기도 했다. 그러나 사상 최대의 공사비 편취사건에 감리원 및 감리단장들이 중요한 감리서류를 허위로 작성하거나 주요 서류를 아예 작성하지 않는 등의 방법으로 이들의 범죄를 크게 도운 사실이 재판 과정에서 속속 드러남에 따라 오히려 거센 여론의 반발을 가져오기도 했다.

마침내 이들의 작전이 무위로 돌아가고, 이들에 대한 사회적 분위기 또한 냉랭해지자 이 법률안은 마침내 2018년 12월 31일 국회 본회의에서 가결됨으로써 2019년 7월 1일부터 시행되게 된 것이다.

물론 이러한 법령개정의 직접 원인을 제공했던 수서-평택 간 고속철도의 두 공구 중 한 공구의 경우 이미 대법원 파기환송을 거쳐 수원고법에서 판결이 확정됨으로써 형사 처벌절차가 완료되었고, 다만 지금은 판결에 따라 편취한 공사비의 환수가 현재 진행 중이다.

인근 공구의 경우도 수사 초기, 수차례에 걸친 수사진의 교체로 수사가 부실해지더니 거기다 관련자에 대해 검찰의 두 차례 구속영장 청구가 모두 기각되는 등 우여곡절 끝에 공사비 223억 원을 편취한 혐의(사기 등)로 기소되어 재판에 회부되었다. 그러나 2018년 8월 30일 1심 재판 결과 무죄가 선고되었고, 현재 항소심 재판이 진행 중이다. 1심 재판에서 무죄가 선고된 큰 이유로는 이때 편취한 공사비 중 대부분인 190억 원을 수사 과정에서 반납했기 때문으로 보인다. 이 공구의 조사 이야기는 재판이 끝나 판결이 확정되면 추후 그 사례를 보완하고자 한다.

아울러 현재 또 다른 형사재판이 진행 중인 곳이 동해선 철도 포항-영덕 간의 1개 공구가 있는데, 대구지검 특수부에서 수사 후 기소하여 1심에서 관련자들이 실형을 선고받아 모두 법정 구속되었다가 2심에서 집행유예로 석방되었는데, 이에 대한 조사 사례도 향후 확정판결 이후 그 내용을 소상하게 설명할 계획이다.

▌공사민원에 대한 인식 전환

그동안 점검의 대상은 고속도로 건설 현장과 고속철도 및 일반철도, 도시철도 건설 등의 현장이 주류였고, 예외적으로 국도건설 현장과 소수의 지방도 건설현장이었다.

현장에서 공사와 관련된 많은 민원이 발생하고 있음에도 공사감독관이나 공사관리관들이 전문지식과 학습이 부족하여 이들 민원인들을 '단순히 금품을 목적으로 민원을 제기하는 주민들' 정도로만 치부하고 있었다.

한 현장에서는 조사 착수 직후에 동네 주민 십여 명이 현장사무소를 찾아와 데모를 하기에 공사감독관을 불러 물어보았더니, 대답이 기가 찼다. 대화 내용을 그대로 한번 옮겨 본다.

"주민들이 왜 항의하러 찾아왔던가?"
"공사 소음을 빙자하여 마을 발전기금을 뜯으러 온 모양입니다."
"지금 시기가 연중 제일 바쁠 때인데 돈을 뜯으러 와? 돈 뜯는 것도 한가한 농한기에나 할 일이지, 하필 이 바쁜 철에 호미와 광주리까지 안고 왜 왔을까?"

이런 점에 의문을 품고 직접 나가 확인해 보니 그 대부분은 현장에 그 원인이 있었다. 그리고 다수가 발파에 기인한 민원이었는데, 솔직히 말하자면 현장을 관리하는 이 친구들이 소음·진동 계측과 폭약의 종류 그리고 사용 용도만 제대로 공부했어도 이런 민원의 대부분을 사전에 예방하거나 사후에라도 바로 원인을 파악하여 더 이상의 확산을 막을 수 있었는데, 이 분야에 대해 아는 게 없다 보니 주민들과의 소통은 물론, 초보적인 원인규명과 해결조차 거의 못하고 있었다.

공사감독관이 그런 지식이 전혀 없다 보니 발파 폭음에 항의하러 온 주민들을 그저 '돈 뜯으러 온 거지' 취급을 한 것이었다. 이러니 민원을 인지할 수도, 민원이 풀릴 리도 없었다. 불쌍한 건 원주민들뿐인 것이다. 이게 공직자가 할 짓인지 되묻지 않을 수가 없다.

여러분들은 대한민국의 공무원이고 공직자이다. 아니면 대형 국책사업을 이행한다는 자부심으로 무장하여 현장을 지키며 성실히 해당 업무를 수행해야 할 기술자들이다. 여러분들의 무지와 게으름으로 인해 고통 받는 많은 사람들에게 어떻게 낯을 들고 다니며, 당신들의 이름 석 자를 내걸고 준공비를 세우고, 또 그들이 낸 세금으로 공사비를 받아 떳떳하게 월급을 받겠는가? 무식하고 모른다고 다가 아니다. 대충 근무하다가 퇴직 때가 되어 나가서 연금을 받고 안락하고 편안한 노후를 산다고 한들 그게 무슨 큰 의미가 있는가?

설계변경과 정산의 문제

국민으로부터 사랑받지 못하는 공직자는 존재 의미 자체가 없다. 지금이라도 정신을 제대로 가다듬어 국책사업으로 진행되는 고속도로와 철도 그리고 국도 등의 건설이 혹여 주민들에게 불편을 끼치지는 않는지, 불편 민원이 들어오면 그 원인이 무엇인지 밤을 새워서라도 생각하고 공부해서 철저히 예방해 주기 바란다. 그동안 수십 년간 현장을 지켜왔다는 빈 깡통 같은 알량한 자부심은 가급적 빨리 쓰레기통에다 버려 주길 바란다.

그래서라도 해결되지 않으면 내게 연락해 달라. 내가 그동안의 현장 경험을 공유해서 해결해 주고자 한다. 그건 어려운 문제도, 힘이 드는 문제도 아니다. 오로지 그동안 여러분들의 관심과 열정이 나보다 부족했기 때문임을 인정하고 들어가면 쉽게 풀릴 문제다. 부디 우리는 대한민국 공직자와 기술자임을 한시도 망각하지 말고, 자기 맡은 분야에서 성실히 공부하며 역할을 다해 주기 바란다.

다음으로는 설계변경과 정산의 문제를 당부하지 않을 수 없다. 여러분도 머리가 있다면 왜 설계변경을 해달라고 하는지 그 이유에 대해 한번쯤 생각해 주기 바란다. 현장의 설계변경은 공사비 부패와 직결되어 있다. 멋모르고 연루되어 본의 아니게 피신고자 편에서 고생하는 일이 없길 바란다.

현장에서 설계변경을 하는 근본원인은 설계내용이 현장 실상과 크게 틀려서가 아니라, 10여 년 전에 확정된 공사내역서상의 단가를 지금 기준으로 현행화시켜 공사비를 올리는 데 그 목적이 있다고 판단된다. 그동안 공사비를 빼먹다 걸려 문제가 된 현장의 설계변경들이 그 사실을 증명한다.

세상에 계획대로 100% 완벽하게 시공되는 현장은 없다. 어디서 어떤 사연이라도 생겨 원하는 대로 시공되지 못하는 게 현장이다. 그 차이가 크다면 설계변경을 하고, 비교적 사소한 문제라면 최소한 실제 시공한 대로 자재 등의 수량 정산이라도 해 놓기 바란다. 더 이상 현장에서 자신도 모르게 점검의 표적이 되어 모든 것을 책임져야 할 위치에 서지 말기 바란다.

▌인접 구조물과 양생 중인 콘크리트에 대한 진동 충격 대비

수도권고속철도 수서-평택 구간을 점검할 때의 일이다. 출장에 앞서 발주처에 자료제출을 요구하자 용역회사에서 간부들이 먼저 달려왔다. 내미는 명함을 보니 내가 하나도 가져 보지 못한, 박사학위와 기술사 등 자격을 몇 개나 갖고 있다는 사람들이었다.

이야기를 들어 보니 그 공구의 1m 두께인 구조물의 중요 부위에 80m 가량의 금이 간 이유에 대해 이야기를 하는데, 내가 모르는 이상한 이론들만 잔뜩 찬 자료로 만들어 가져와 터널 구조물에 금이 간 이유를 설명했다. 단층 파쇄대가 어쩌니, 토압이 어쩌니 하면서 온갖 공식들과 잡다한 이론까지 총동원하여 무식한 나를 설득하려고 애를 썼다. 내가 들어 보니 이들은 정작 중요한 사실은 몰랐거나, 시공회사에서 제공하는 엉터리 자료만을 바탕으로 소설에 가까운 주장만 하고 있는 것으로 보였다.

이 공구의 구조물에 금이 간 이유를 추정해 보니, 가장 큰 원인은 발파진동으로 인한 것으로 보였다. 원래 발파가 아닌 무진동 암파쇄 공법으로 설계된 구간을 공기에 쫓기다 보니 발주처의 암묵적 동의하에 발파를 했던 것이었다.

그런데 그들이 간과한 게 하나 있었다. 발파에 따른 소음과 진동을 충분히 예측하지 못한 것이다. 물론 인근 화원에 계측기를 설치하여 계측한 것은 좋으나, 정작 인접한 1~3m 떨어진 신설 구조물에 대한 계측을 하지 않았던 것이었다. 이 발파가 계속되자 누적된 진동 충격으로 어느 시점부터 금이 가기 시작한 것으로 추정되었다. 발파계측을 하면서 멀리 있는 보안물건에는 신경을 썼지만, 막상 발파 시 엄청난 충격이 가해지는 바로 인접한 보안물건에는 아무도 신경을 안 써서 생긴 불상사였다. 이런 경우에는 공사 당시에는 균열이 생기지 않았더라도 머지않아 부실공사의 결과는 드러나게 된다.

구조물에 대한 발파 충격과 관련하여 여러분들에게 꼭 주지시켜 드리고자 하는 것이 한 가지가 있다.

전문 용어로는 양생 중인 콘크리트에 대한 발파진동 충격이라고 한다. 아직 이에 대한 국내 기준은 없는 게 맞지만, 미국 교통국에서 제안한 규제진동 수준 지침을 일부 수정하여 한국자원연구소에서 채택한 국내 사례는 있다. 다만 현장의 모두가 모르고 있었을 뿐이지만.

한국자원연구소에서 제안한 양생 콘크리트에 대한 발파진동 규제수준

타설 후 경과 시간	PPV(cm/s)
0~3시간	5.08
3~24시간	0.63
1~3일	2.54
3~7일	5.08
7~10일	12.7
10일 초과	25.4

관련 논문과 자료들을 보면, 타설 후 일정 시간 이내의 초기 진동은 콘크리트 양생 시 수화반응을 촉진시켜 다짐효과를 주기 때문에 오히려 강도 면에서 유리한 것으로 나오기도 한다. 그러나 공통적으로 어느 시간대 이후에는 이 진동이 오히려 응결되는 시멘트 입자 간에 새로운 균열의 발생 원인이 될 수 있기 때문에 현장에서는 극히 유의할 필요가 있는 것으로 보인다. 제일 조심해야 하는 이 시간대가 바로 위 표에서와 같이 3~24시간 이내이고, 그 다음이 1~3일 이내이다.

콘크리트 타설 현장 인근에서의 발파는 참으로 조심해야 한다. 공사가 끝날 때까지 제발 무너지지 말고 지탱해 달라고 기도하는 것도 중요하겠지만, 기술자라면 기본적으로 이론부터 알고 기초부터 철저히 챙기는 습관이 더 중요하다고 본다.

자기개발 없는 기술인이 지키는 현장의 암울한 미래

그동안 다수의 현장에서 거액의 공사비 편취가 적발되어 공사비가 삭감되고, 전체는 아니지만 이들 관련자 상당수가 형사처벌을 받은 이유는 각 현장 직원들은 물론 관리자들조차 관리의 기본 원칙을 망각하고 수십 년간의 타성에 젖은 관리를 해온 데 그 큰 원인이 있었다고 생각된다.

현장 밖은 하루하루가 무서운 속도로 변화하고 있었지만, 정작 이들 현장을 지키는 사람들은 이러한 시대적 변화에 무감각했거나 이불에 머리를 파묻고 애써 모른 척하고 있었던 것이다.

현장을 지키는 분들한테는 좀 부끄러운 이야기겠지만, 몇 가지 현장의 사례를 들어 보기로 한다.

많은 현장들이 점검에서 걸린 분야가 무진동 암파쇄 공법의 하나인 슈퍼웨지 공법 설계구간 또는 설계변경 구간을 실제로는 공사비가 1/5에 불과한 발파공법을 사용하여 시공하고도 설계대로 공사 기성금을 청구하다가 걸린 것이었다.

현장관계자를 조사하다 보면, 이들이 이 최신공법에 대해 백지상태였음에도 불구하고 검측서나 기타 보고서에는 직접 발로 뛰어 찍은 실제 작업 장면 대신 시공사나 하도급사에서 만들어 준 관련 사진으로 검측서의 사진대지를 만들었다.

또 다른 현장에서는 한 달에 한두 번씩 증거용 사진을 찍기 위해 기계를 준비하여 각도를 달리한 수십 장의 사진을 찍어 일정 기간 활용하기도 했지 않은가. 다른 어느 현장에서는 다른 현장에서 사진을 빌려와 현장의 검측서 사진대지에 버젓이 올렸다가 적발되기도 했다. 이 모두가 현장관리자들이 감리나 관리의 원칙을 망각하였기 때문으로 나는 확신한다.

어디 그뿐인가? 슈퍼웨지 공법이나 제어발파 같은 소음·진동이 문제가 된 설계 구간을 발파로 시공하면서도 조금만 신경을 쓴다면 원칙과 기준에 맞게 LoVEX 같은 저폭속의 폭약을 사용하여 주변 축사나 민가 등에 별다른 피해를 입히지 않고도 작업공정상 충분히 공기의 만회가 가능한 것으로 보였다. 그럼에도 불구하고 조금 더 드는 폭약구입 비용문제로 인해 다이너마이트와 같은 고폭속 폭약인 MegaMITE나 MegaMEX를 사용하여 '눈 가리고 아웅'하는 식의 발파를 해 왔지 않았던가?

▌ 지금은 자기반성과 현장 혁신이 필요한 때

오랜 기간 동안의 현장 경력을 가졌다고 자부하는 건설인들이 이 분야에 문외한 이자 비전공자인 나도 알고 있는 사실을 모르고 있을 리야 없다고 생각한다. 그렇지만 막상 현장에서 그와 관련해서 이것저것 물어봐도 아무도 명쾌하게 대답하지 못했던 것 역시 사실이 아니었던가? 내 재산이 소중하면 남의 재산도 소중한 법이고, 꼬리가 길면 필히 잡히는 법이니 부디 나쁜 버릇들은 빨리 버려 주기 바란다.

소음·진동 계측 분야는 어떤가? 내가 돌아다닌 130여 곳의 현장 중에서 '우리 현장은 제대로 계측했다.'라고 자신 있게 이야기할 수 있었던 현장이 어디 단 한 군데라도 있었던가? 발파와 계측을 업으로 한다는 시험발파업체에서 작성한 시험발파결과보고서도 보면 제대로 된 계측장면 사진이 어디 단 한 장이라도 있었던가? 그 많던 현장에서 검측서에 제대로 된 발파일지나 Event Report가 붙어 있던 현장이 몇 곳을 제외하고는 왜 대부분 첨부되어 있질 않았는지?

그리고 구조물 인접한 곳의 시험발파에서 그 목적이 인접한 축사와 민가로 소음과 진동을 저감하기 위하여 실시한다며 굴진장 축소, line drilling, 선대구경 천공 등 온갖 소음·진동 저감 공법을 다 사용하면서 폭약은 왜 MegaMITE나 MegaMEX를 사용하고 있는가? 그런 마당인데, 시공했다는 소음·진동 저감공법은 과연 믿어도 되는 것인가?

이 책을 읽고 나서는 더 이상 이런 모습들은 사라지길 희망한다.

이 분야에 비전문가인 내가 오죽했으면 이 책의 큰 부분을 할애하여 가장 기본적이고 초보적인 내용인 계측기 센서 설치 방법에 관한 논문이나 규정, 그것도 부족하여 주요 회사 제품의 사용자 매뉴얼을 구해 그걸 번역해서 싣고, 미국 단체에서 만든 소음·진동 계측 현장 실무 지침까지 어렵게 구해 힘들게 번역해서 실었는지를 좀 생각해 주기 바란다.

여러분의 회사가 수십 년간 토목업계에서 리드하는 위치에 있었다 하더라도 회사가 하루살이도 아닌 이상은 공사도 좋고 업무도 좋지만 직원들 기본교육이 우선적으로 되어야 회사의 미래도 있고, 나의 미래도 있다는 점을 염두에 두길 희망한다.

업계 3위 내에 드는 업체니 5위 업체니 하면서 자랑했지만, 점검에서 보면 현장의 기본을 알고 있었던 현장들이 그 속에 과연 몇 곳이나 있었는지를 여러분 스스로가 기억을 한번쯤 반추하여 생각해 보기 바란다. 현실은 시궁창인데 눈만 높고 이상만 높은 곳에 둔다고 되는 것이 아니지 않은가? 당신들의 회사가 귀중하고, 당신의 자리가 소중하면 살아남을 기술 공부 좀 부지런히 해 주길 바란다.

남북이 통일되는 역사적인 순간이 빨리 오지 않는 한 대한민국 건설업계는 고사된다고들 여러 현장에서 말하고 있다. 그러면 그 순간을 위해 여러분들은 지금 어떤 준비가 얼마나 되어 있는가? 국책사업이라는 미명하에 대한민국 산천에서 온갖 개발파를 통해 힘없는 사람들로부터 강제로 눈물이나 짜내던 여러분들한테 통일이 되면 어느 날 갑자기 초능력이라도 생긴다는 것인가? 항상 미래를 생각하고 준비하며 계획적으로 나아가길 바란다.

▌▌현장에 대한 모든 책임은 결국 현장 관리자의 몫

대한민국 터널 현장에 대한 점검이 2014년 1월의 경부고속도로 영동-옥천 확장 구간에서의 락볼트 대량 부족시공 사건에서 시작되었다는 것은 이미 앞부분에서 상세히 설명했다. 그 뒤로도 몇 개 현장이 락볼트를 비롯한 자재의 부족 시공으로 수사를 받거나 공사비를 강제로 삭감당했다. 이뿐만 아니라 저 유명한 수서-평택 고속철도의 이 공구의 경우도 발단이 된 것이 위조된 전자세금계산서였다.

이런 것들을 비교적 간단히 적발할 수 있었던 것은, 물론 내가 회계와 세무에 대한 충분한 기본지식이 있었기 때문에 가능한 것이기도 했다. 앞으로는 더 이상 '하도급업체들이 장난쳐서 그렇다.'라는 변명은 하지 말기 바란다. 시공사가 이미 시공을 포기한 지가 벌써 20년 이상 되지 않았던가? 하지도 못하고 할 능력도 없는 시공사들이라면 하도급업체를 감독할 능력이나 있어야 하지 않겠는가? 이 관리감독의 능력 중에 중요한 한 가지가 세무와 회계 부분이라고 생각한다. 그동안 내가 현장에서 보았던 많은 것들을 통해 알 수가 있지 않은가?

이제 현장을 감독하는 감리단에 대해 한마디 이야기하겠다.

현장을 다니면서 많은 감리단장들과 면담했는데, 그들이 하는 대부분의 이야기가 '감리단장에게 너무 권한이 없다.'라는 것이었다. 공사현장에 대해 내가 아는 게 없었기에 현장이 원래 그런 불합리한 시스템으로만 되어 있는 줄로만 알고 있었다.

지금 현재의 건설현장 상황을 간단하게 요약하면 아래와 같다.

발주처는 공사비만 댈 줄 알고 다른 건 전혀 모른다. 공사발주를 통해 건설의 미래나 향후를 어떻게 해서 앞장서 나아가야 하는지에 대하여는 물론, 현장이 어떻게 돌아가는지도 잘 모를 뿐 아니라 관심 자체가 없었다. 오죽했으면 책임감리제가 '발주처 공무원들 책임 안 지기 위한 제도'라는 말이 공공연히 통용되고 있겠는가.

원도급회사는 기술자나 관리자는 있지만 시공은 하도급업체에 맡겨서 처리할 뿐, 오랫동안 타성에 젖어 있다 보니 말만 시공사지 시공능력은 사실상 전무한 것으로 보였다. 게다가 공사기법도 이론상으로만 조금 알고 있을 뿐 그저 하도급업체에서 하는 공사의 공정관리 정도만 알고 있다.

하도급업체는 그저 하루하루 넘기기 힘드니 기술도 미래도 없이 그저 효율성, 경제성만 따져 일을 선택한다. 몇 푼이라도 남으면 일을 하고, 손해를 본다 싶으면 중도에 타절하고 미련 없이 떠난다.

그러면 현장을 지키는 감시자(watch dog)로 붙여 놓은 감리단이라도 제대로 해야 하는데, 내가 현장에서 만난 대부분의 책임감리원과 감리직원들은 정작 수십 년 전 대학에서 교재에 나오던 공법이나 들먹이면서 공정관리나 조금 알 뿐 최신 기법과 지식에 대해서는 아는 바도 없고 관심도 없었다.

이 모든 폐해의 원인은 발주자 측이 이러한 시스템이 제대로 살아서 돌아가도록 점검을 해야 하는데, 평소 점검을 제대로 하지도 못하고 할 줄도 모르기 때문으로 보인다. 점검이라고 연간 수십 차례나 현장에 나와 한다지만, 사실 점검이 뭔지를 알고 하는 발주자 측이 얼마 되지 않는다는 것 또한 현장의 공공연한 비밀 아니었던가? 점검을 하는 측이나 받는 측이나 피장파장인 것이다.

그런데 앞에서도 나오지만, 한 현장에서 정말 제대로 관리할 줄 아는 감리단장님을 만나 그동안의 현장에 대한 궁금증을 이야기하면서 고민을 털어놨더니, 돌아오는 대답은 그게 아니었다.

"감리들에게 현장을 관리할 권한이 없다는 이야기는 순전히 핑계에 불과합니다. 저는 그 말을 믿지도 않거니와, 제가 관리하는 현장은 제가 확실히 장악하여 제 책임 하에 일하도록 합니다. 다만, 큰일은 제가 직접 챙기고 비교적 소소한 일은 현장소장이나 우리 직원들에게 위임합니다. 제가 법적으로 위임받은 권한과 책임이 있는데 어찌 이를 소홀히 여기겠습니까? 그래야 직원들도 책임감을 가지고 일할 뿐만 아니라, 일을 제대로 배우고 좋은 습관을 가질 수 있습니다."

▌ 이제는 건설인들도 국민들을 위해 일하고 거기서 보람을 느껴야

정말 명언이 아닐 수 없다.

딱 네 군데의 현장에서 이와 유사한 대답을 들었는데, 이들이 지키는 현장마다 관리에 거의 빈틈이 없었다. 울산 근처의 철도 현장과 팔공산 인근의 지방도 현장, 진해 인근 현장 그리고 광양 인근의 국도 건설 현장들이다. 이들은 책임감리원인 자신의 역할을 명확하게 알고 있었고, 정말 모범적으로 현장을 관리하고 있었다. 그 이외에는 다들 그 사실을 모르거나 알려고 하는 노력이 부족했기에 자기 권한이 무엇인지는 물론 따르는 책임이 무엇인지도 모르고, 그저 주어진 현실 앞에 전전긍긍하고 있었을 뿐이다.

오죽했으면 내가 현장에서 '현장 인력 수준이 왜 이것밖에 안 되느냐?'라고 물었을 때 한 현장에서 "능력 있거나 쓸 만한 감리원들은 집에서 구들장 지고 놀 겁니다."라는 대답이 나왔겠는가? 전설 속에 묻혀 있던 유능한 감리 직원들을 안방에서 탈출시켜 현장을 지키게 하고, 관리 능력 없는 현장의 감리원들을 현장에서 퇴출시키는 작업을 해야 할 것이다.

　이제 곧 『건설기술진흥법』상의 건설사업관리의 업무범위와 업무내용 등도 개정되어 2019년 7월부터 시행된다. 이제부터라도 나의 권한과 책임이 무엇인지를 알고 정신 차려 현장을 지키도록 하자.

　마지막으로 당부하고자 한다.

　이제부터는 내가 다시 현장에 나타났을 때 여러분 모두가 내 앞에서 머뭇거림이 없이 자신 있게 그동안 했던 일을 설명할 수 있어야 하고, 또 그럴 수 있기를 바란다. 그리고 자신이 하는 일을 자랑스럽게 생각하는 신념이 있는 기술인이 되어 주길 진심으로 바란다. 이 책은 그러한 마음의 준비가 되어 있는 현장의 기술자들에게 다소나마 도움을 주고자 집필한 책이다. 부족한 시간을 쪼개어 1년이 넘는 기간 동안 열과 성을 다해 만든 책이 현장관리자들에게 조금이라도 도움이 되길 빈다.

　머지않아 다시 당당한 모습으로 현장에서 대면하게 되길 기대한다.

부록

발파진동 측정에 대한 고찰

아래 자료는 2000년 12월에 발행된 (사)대한화약발파공학회의 학회지 「화약 · 발파」 제18권 제4호에 게재된 선우춘 · 류창하 박사님의 논문 「발파진동 측정에 대한 고찰」에서 소음진동계측기의 진동 측정방법 중 센서의 설치에 관한 부분 (pp.13~14)을 발췌한 것이다.

---

5. 측정

5-1 측정방법

(2) 센서의 설치

발파 진동 측정에서 가장 중요한 관건 중의 하나가 지반에 어떻게 센서를 설치하는 가이다. 기본적으로는 센서와 지반 운동이 같이 거동 할 수 있도록 지반 위나, 구조물 상에 센서를 견고하게 고정시켜야한다. 단단한 지반에서는 땅을 10-15㎝ 정도를 파고 비닐 주머니에 센서를 넣고 묻거나 센서에 부착된 스파이크를 이용하여 지반에 견고하게 설치한다. 지반이 매우 굳거나 콘크리트 구조물과 같은 장소에서 센서를 설치할 경우에는 고정판을 이용하여 bolt나 anchor로 고정하거나(그림 9 참조) 또는 석고, 시멘트 몰타르, 양면 접착제, 에폭시 수지, 고무 찰흙, 진흙 덩어리 등(그림 10 참조)을 이용하여 지반에 접착을 시켜야 한다.

연약한 지반에서 부착용 철판을 사용하여 철판이 충분히 지반과 접착하도록 놓고 그 위에 센서를 설치하면 접지 면적이 커지기 때문에 안정하게 설치할 수 있다. 그러나 이 경우에는 부착용 철판의 효과에 대해 충분히 검토할 필요가 있다.

또한 센서의 스파이크가 지반에 삽입되지 않을 경우에는 12㎏ 정도의 모래주머니를 이용하여 센서를 완전히 고르게 덮어 주어 하중을 가해 줌으로써 지반과 같이 움직이도록 해준다. 그러나 이 방법은 진동 수준이 높지 않은 곳에서 사용하도록 제안되고 있다.

구조물의 측정에 있어서는 구조물의 진동응답을 대표할 수 있는 장소 혹은 진동 응답을 알 필요가 있는 장소에 부착용구, 접착제 등을 사용하여 센서를 고정시켜 측정한다. 특히 건물에 설치하는 경우에는 건물의 진동은 복잡하고 다른 진동응답을 나타내는 일이 있기 때문에 설치장소, 설치 방법 등에 대해서는 보고서의 첨부 건물 설계도에 명시해 둘 필요가 있다.

센서의 설치 방향은 센서에 표시된 방향표시와 발파원의 방향이 항상 일치하도록 설치하고, 발파원의 장소가 다른 여러 발파의 경우는 센서의 방향과 일치하지 않기 때문에 그 상황을 기록해 둔다.

폭풍압을 측정하는 센서는 지상에서 1m 이상의 높이로 설치하도록 하고, 비가 내리는 경우는 비에 의한 손상을 줄이기 위해 마이크 센서를 약간 아래로 숙인다. 그리고 바람의 영향을 줄이기 위해 wind screen을 끼우도록 한다.

도로공사 노천발파 설계 · 시공 지침

아래 자료는 2006년도에 국토해양부에서 발표한 「도로공사 노천발파 설계 · 시공 지침」의 'Ⅲ. 시험발파 및 시공'편 '4) 진동측정의 방법'(pp.17~18)에서 발췌한 것이다.

Ⅲ. 시험발파 및 시공

2. 시험발파

4) 진동측정 방법

① 측정 방법

측정은 원칙적으로 수직방향(V, vertical)과 상호간 직교하는 수평의 2방향 즉 진행방향(L, longitudinal)과 접선방향(T, transverse)에 대한 3성분을 동시에 측정한다.

거리에 따른 진동감쇠를 측정하고 싶은 경우에는 넓은 범위의 환산거리를 고려하여 최상의 감쇠 관계를 구하기 위해 적어도 5개 이상의 측정점에 대해 동시계측을 실시한다. 거리에 따른 감쇠 곡선은 대수 그래프에 작성하는 일이 많기 때문에 대수 그래프 상에서 등간격이 되는 위치에 측정점을 선택하면 편리하지만, 때로는 측정지형에 따라 적절하게 운용한다.

또한 최상의 감쇠 관계를 구하기 위해서는 지질상황이 일정한 지역에 측선을 설정하여 장비를 배치한다. 이상적으로는 토층의 두께가 일정한 지역에 측선을 설정하는 것이 바람직하며, 단층과 같은 큰 구조의 지질적 불연속면을 가로지르는 것을 피한다.

구조물의 진동을 측정할 경우에는 구조물과 동시에 지반 위의 진동을 측정해 두고, 지반에 대한 진동배율을 구할 수 있도록 하는 것이 바람직하다.

② 센서의 설치

센서와 지반운동이 같이 거동할 수 있도록 지반 위나 구조물상에 센서를 견고하게 고정시킨다. 단단한 지반에서는 센서에 부착된 스파이크(spike)를 이용하여 지반에 견고하게 설치한다.

또한 진동수준이 높지 않은 곳에서 센서의 스파이크가 지반에 삽입되지 않을 경우에는 모래주머니를 이용하여 센서를 완전히 고르게 덮어 주어 하중을 가해 줌으로써 지반과 같이 움직이도록 해 준다.

센서의 설치 방향은 센서에 표시된 방향표시와 발파원의 방향이 항상 일치하도록 설치하고, 발파원의 장소가 다른 여러 발파의 경우는 센서의 방향과 일치하지 않기 때문에 그 상황을 기록해 둔다.

발파진동 및 발파소음의 측정 및 자료 처리

아래 자료는 2015년 9월에 발행된 (사)대한화약발파공학회의 학회지 「화약·발파」제33권 제3호에 게재된 류창하·최병희 박사님의 논문 「발파진동 및 발파소음의 측정 및 자료처리」에서 '진동의 측정성분' 및 '변환기 센서의 부착문제'에 관한 부분(p.41)을 발췌한 것이다.

4. 발파 진동·소음 계측시의 유의사항

4.1 진동의 측정성분

발파에 의해 발생되는 파의 종류에는 크게 압축파, 전단파 및 표면파의 세 가지가 있으며, 파동을 완전하게 설명하기 위해서는 그림 8과 같이 매질입자의 운동에 대한 세 가지 직교성분을 측정해야 한다.

실무적으로 발파진동을 측정할 때에는 발파진동 측정용으로 시판되는 전용장비로서 발파진동과 함께 발파에 의해 발생되는 발파소음도 측정할 수 있는 계측장비들을 많이 사용한다. 이들 측정 장비들의 기본적인 구성은 그림 8에서와 같이 폭원에서부터 진행되어 오는 진동성분의 폭원방향에 대한 진행방향(longitudinal), 접선방향(transverse) 및 수직방향(vertical) 등 세 방향의 발파진동을 감지하는 삼축변환기(triaxial transducer)와 공기 중으로 전달되는 발파소음을 감지하는 소음계, 그리고 측정을 제어하고 기록하는 모니터로 구성되어 있다. 또한 이들 측정장비들은 통상 발생된 각각의 진동사건(vibration event)에 대하여 세 방향성분에 대한 최대입자속도, 최대입자변위, 최대입자가속도, 최대속도에서의 주파수, 최대벡터합속도 및 최대폭풍압(dB, Pa 또는 psi 단위) 등에 대한 정보도 출력할 수 있도록 되어 있다.

4.2 변환기 센서의 부착문제

현장에서 진동계측기의 변환기 센서를 설치할 때에 는 센서 위에 표시된 화살표가 항상 폭원 방향을 가리키도록 하고 수평으로 설치한다. 센서의 부착문제는 진동계측 과정에서 무엇보다 중요한 문제이다. 센서가 지반이나 구조물과 일체가 되어 움직이지 않으면 측정된 진동기록은 매질의 실제운동과 다른 것이 되어 사실상 신호(signal)가 아니라 노이즈(noise)가 된다. 일반적으로 견고한 지반이나 암반 등에서는 센서를 설치하는 데 별다른 문제가 없으나 설치 지점에서 이와 같은 좋은 지반이나 암반을 찾기 어려울 때에는 스파이크와 모래주머니를 이용함으로써 매질(암반)과 센서가 일체가 되어 움직일 수 있도록 조치를 취한다.

이와 같이 상태가 좋지 않은 곳에서 센서를 설치할 때에는 계측을 통해 얻은 파형을 잘 관찰하여 그림 9에서와 같은 쉬프트(shift) 현상이 발생하였는지 여부 등을 반드시 확인하여야 한다.

표준시방서(터널공사 편)

아래 자료는 2016년 국토교통부에서 정하여 발표한 「표준시방서」(터널공사 편)에서 '3.3.5. 발파로 인한 지반진동 측정'(pp.7~8) 항목을 발췌한 것이다.

3.3.5 발파로 인한 지반진동 측정

(1) 진동측정 계기는 발파 진동의 주파수 범위에 적합하고 3방향 직교축에 대한 입자 속도를 측정할 수 있는 것이어야 하며, 정밀 분석이 가능하도록 시간이력을 기록할 수 있는 것을 사용하여야 한다.
(2) 대상 시설물에 대한 지반진동은 발파원으로부터 가장 근접한 구조물 기초 부위에서 측정하고 여건상 이것이 불가능한 경우에는 이에 근접한 지표에서 측정할 수 있다.
(3) 시험발파 또는 발파패턴 변경시에는 목표의 발파효과와 진동관리치 도달시까지 매 발파마다 측정한다.
(4) 일상적 발파작업이 이루어질 경우에도 주1회 이상 주기적으로 측정하여 발파작업의 효과와 작업원에 대한 안전의식을 반복적으로 확인하도록 하여야 한다.
(5) 문화재 및 진동에 민감한 시설물에 대하여는 지반진동 영향권 전 구간을 통과 할 때까지 매 발파마다 측정하여야 한다.
(6) 측정 빈도는 현장의 작업 여건이나 입지 여건에 따라 조정할 수 있다.

3.3.6 발파진동기준 및 관리

(1) 발파지점 주변에 보호하여야 할 시설물이나 구조물이 있는 경우, 대상 시설물 위치에

서의 발파진동(지반진동) 허용치는 최대입자속도 측정치를 기준으로 표 3.3-1에 의하여 결정하되 공사발주 시방서작성 시 조정할 수 있다. 단, 지반진동치를 주파수대역별로 구분하여 관리할 필요가 있는 경우에는 외국의 법규나 공공기관의 기준치를 참조하여 별도로 정할 수 있다.

표 3.3-1 구조물의 손상기준 발파진동 허용치

구분	문화재 및 진동예민 구조물	조적식 (벽돌, 석재 등) 벽체와 목재로 된 천장을 가진 구조물	지하기초와 콘크리트 슬래브를 갖는 조적식 건물	철근콘크리트 골조 및 슬래브를 갖는 중소형 건축물	철근콘크리트 또는 철골골조 및 슬래브를 갖는 대형건물
최대입자속도 (㎝/sec)	0.2~0.3	1.0	2.0	3.0	5.0

(2) 발파지점 주변의 주거민에 대한 생활공해 방지를 위한 발파진동 허용치는 환경부 제정 진동과 소음에 관한 규정을 준용한다. 단, 가축사육 및 양식장 인접 공사의 경우에는 해당 전문가의 자문을 얻어 발파진동 허용치를 정하여야 한다.

(3) 현장에서 측정된 직교하는 3방향 측정치와 3축의 벡터합이 허용치를 초과할 경우에는 천공을 포함한 일체의 발파작업을 중단하고 저폭속의 폭약사용, 다단발파 적용, 장약량 제한, 심발 발파방법 조정, 발파방식 변경 및 진동 전파 방지 방법 등을 활용하여 지반진동치가 허용범위 이내가 되도록 조치하여야 한다.

NOMIS사의 NS5400 사용자 지침서

아래 자료는 미국산 소음진동계측기 회사인 NOMIS Seismographs사에서 1997년 4월 4일 배포한 「THE NS 5400 DIGITAL SEISMOGRAPH USER'S MANUAL」에서 '8. SPECIAL NOTES'의 '8.1. TRANSDUCER PLACEMENT PROCEDURE' 부분(pp.70~72)을 발췌한 것이다.

---

8. 특별 참고 사항

8.1 진동 센서(transducer) 설치 절차

진동을 측정할 때 센서블록[1]의 설치는 매우 중요하다. 진동 기록 값이 정확하기 위해서는, 센서블록이 표면에 항상 견고하게 접촉해 있어야 한다는 것을 이해하는 것이 중요하다. 진동 측정을 위해 표면에 간단하게 센서블록을 설치할 수 있는 경우는 거의 없다. 눈으로는 움직임을 볼 수 없지만, 진동이 일어나는 동안 센서가 표면에서 실제로 진동하거나 '걸어 다니는' 가능성도 존재한다. 이는 측정값이 실제 진동원의 진동 값이 아니라 표면과는 따로 움직이는 블록의 측정값이기 때문에 부정확한 값이 된다. 단순히 센서를 표면 위에 수평을 맞추어 설치하는 절차는 올바른 장비 설정의 사소한 부분이다. 센서를 표면에 견고하게 고정시키는 것이 매우 중요하다.

진동 작업의 기록을 위한 준비로서 센서를 장착하는 데 일반적으로 적용할 수 있는 4가지 방법이 있다. 이 4가지 방법은 다음과 같다.

---

1 본 매뉴얼에서 센서블록(transducer block)은 내부에 일축 또는 삼축용 진동 센서가 들어 있는 블록으로 다른 매뉴얼에서의 진동 센서와 동일한 의미의 용어다.

1. 토양 속에 센서를 매립하는 방법

2. 센서블록 중앙의 구멍을 통해 볼트로 고정하는 방법

3. 센서를 스파이크를 이용하여 땅에 고정하는 방법

4. 센서를 모래주머니로 덮는 방법

이 4가지 방법은 센서의 미끄러짐을 방지할 수 있는 가장 일반적인 방법이다. 위에서부터 아래로 가장 바람직한 방법 순으로 배열되어 있다.

센서블록(transducer block)을 매립하는 방법

센서블록의 매립은 가장 좋은 방법이며, 가장 신뢰할 수 있는 결과 값을 얻을 수 있다. 이 방법은 미국 광무국 Bulletin RI 8506-발파로 인한 지반 진동의 계측 및 진동계측기 검교정-을 이용하여 좀 더 심도 있게 검토할 수 있다. 대부분의 발파 작업(진동 기록 값이 1.0ips, 25.4㎜/s 미만)의 경우 센서블록의 상부가 지면과 일치하도록 센서블록을 토양에 묻을 수 있다. 센서블록에 스파이크를 부착하고 센서를 묻는 구멍 바닥에 스파이크를 밀어 넣어 고정하는 것이 바람직하다. 이렇게 하면 센서와 토양 간의 커플링이 더 좋아진다. 구멍에 흙을 채울 때 토양을 센서블록 주변에 단단히 다져야 한다. 약간의 힘이 가해졌을 때 센서블록이 조금이라도 움직인다면, 토양이 센서블록 주위에 충분히 견고하게 채워지지 않은 것이다. 더 큰 발파 진동을 기록(1.0ips, 25.4㎜/s 초과)하는 경우, 센서블록을 땅에 더 깊이 매립하는 것을 고려해야 한다. 적어도 6인치 깊이의 구멍에 센서블록을 놓고 상부를 토양으로 메우는 것이 바람직할 수 있다. 이는 미끄러짐이 발생하지 않도록 토양과의 매우 좋은 커플링효과를 줄 수 있다.

센서블록을 볼트로 고정하는 방법

토양이 아닌 경우 센서블록을 암석이나 콘크리트 표면에 볼트로 고정하는 것이 바람직할 수 있다. 이러한 방법을 위해서 가운데에 구멍이 있는 센서블록을 공급할 수 있다. 만일 구멍이 없는 센서블록이라면, 브라켓을 제작하여 사용할 수도 있다. 해당 지역에서 사용 가능한 앵커에 따라 콘크리트나 암석에 앵커를 설치하고 구멍을 통해 나사 볼트로 센서블록을 바닥에 고정시킬 수 있다. 이 방법은 미끄러짐을 막고, 정확한 진동 수준을 측정하게 한다.

스파이크를 이용하는 방법

대부분의 진동 수준이 0.25ips(6㎜/s) 미만일 경우 종종 스파이크를 이용한 센서블록의 설치가 적절하다. 좋은 커플링을 얻기 위해서는 스파이크를 토양 속으로 충분히 밀어 넣어

야 한다. 다른 경우와 마찬가지로 센서블록은 약간의 힘을 가해서도 움직여서는 않아야 한다. 아름답고 풍광이 좋은 잔디밭에서 진동 기록이 필요한 경우, 스파이크를 이용한 방법만이 유일한 대안이 될 수 있다. 센서블록을 묻기 위해 토양에 구멍을 파는 것이 항상 가능하거나 허용되는 것은 아니다. 진동 수준이 0.25ips(6mm/s)를 초과하면 작업자는 센서블록을 매립하는 방법을 고려해야 한다.

센서블록을 모래주머니로 덮는 방법

마지막 수단으로, 미끄러짐을 방지하기 위해 센서블록을 모래주머니로 덮는 방법이 필요할 수도 있다. 센서블록을 매립하거나, 볼트로 고정하거나 또는 스파이크를 이용하는 방법이 허용되지 않거나 적용가능하지 않을 경우 이 방법을 고려해야 한다. 모래주머니로 덮는 방법의 효율성은 측정 대상 진동의 수준과 센서블록을 덮는 모래의 무게에 따라 달라진다. 진동 수준이 높을수록 모래주머니가 무거워져야 한다는 점을 이해해야 한다. 진동 수준이 1.0ips(25.4mm/s) 미만인 경우, 15파운드(7kg)의 모래주머니가 적절하다. 모래주머니는 센서블록 상부에 위치시켜서, 블록 주위의 모래가 센서블록의 양호한 커플링을 가져오고 수평방향의 미끄러짐을 방지할 수 있는 모양이 되도록 해야 한다. 비상시에는 쓰레기통에 사용하는 플라스틱 봉지에 모래를 채워서 센서블록을 충분히 고정하는 역할을 제공할 수 있다.

이 매뉴얼은 적절한 센서 설치 방법에 대한 간략한 설명이다. 앞에서 설명했듯이, 센서를 표면에 놓고 수평유지 발을 사용하여 센서블록의 수평을 맞추는 정도의 단순한 설치 방법은 허용되지 않는다. 이런 이유로 NOMIS는 센서블록에 수평유지 발을 제공하는 것에 매우 회의적이다. 수평유지 발이 제공될 경우, 작업자는 이것이 적절한 센서블록 설치를 위한 가장 중요한 방법이라고 잘못된 생각을 가질 수 있다. NOMIS의 진동계측기에 사용되는 지오폰 소자들의 유형에 있어서, 센서블록의 수평조정은 크게 중요하지 않다. 지오폰 제조업체는 지오폰 소자들이 수평과 20도 각도 내에 있을 것을 요구한다. 이것은 일반적으로 눈으로도 감지할 수 있는 수준이다.

센서가 제대로 설치되지 않음으로 인한 가장 일반적인 결과는 비정상적으로 높은 기록 값이다. 이러한 이유로 센서블록이 적절히 설정되었는지 확인하는 것이 작업자에게 유리하다. 이 문제에 대해 질문이 있는 경우 NOMIS 진동계측기 엔지니어에게 문의해 주기 바란다.

White industrial seismology사의
MINI-SEIS Ⅲ 사용자 지침서

아래 자료는 미국산 소음진동계측기 회사인 white industrial seismology 사에서 2009년 5월 19일 배포한「MINI-SEIS III Operating Manual」의 'Chapter 3. Setup and Operation'에서 'Field Installation'의 'Transducer Installation'과 'Microphone Installation' 부분(p.16)을 발췌한 것이다.

제3장. 설정과 작동

현장 설치

센서(Transducer, 변환기)의 설치
과도하게 포화된 토양을 제외하고는 진동 센서블록의 매립이 권장된다. 센서를 매립하려면 먼저 스파이크를 연결한다. 그런 다음 약 6인치 깊이로 구멍을 판다. 구멍의 바닥은 비교적 평탄해야 한다. 센서 상단의 화살표를 폭원으로 향하게 하고 센서블록을 구멍 하부로 누른다. 센서 주변과 상부를 조심스럽게 토양으로 채운다. 모니터링 후 토양을 제거할 때는 센서에 연결된 선이 절단되지 않도록 주의해야 한다.

토양 조건이 좋은 경우에 지면에 스파이크를 이용하여 설치할 때, 먼저 스파이크를 연결한다. 센서 상단의 화살표를 폭원으로 향하게 하고 센서블록을 단단히 눌러 지면에 박는다. 모래주머니로 덮을 수도 있다.

콘크리트에 장착할 필요가 있을 경우, 볼트나 접착제를 이용하여 센서블록을 설치하는 방법이 권장된다. 적정한 커플링을 주지 않고 단순히 콘크리트 위에 센서를 놓아서는 안 된다.

〈참고〉 센서의 커플링은 지반 가속도가 0.2g에 가깝거나 초과할 경우 매우 중요한 문제가 된다. 30㎐의 주파수에서 0.40ips의 입자 속도는 0.2g의 가속도에 해당한다. 적절한 커플링 방법과 관련하여 ISEE의 발파진동 사용자 지침을 준수할 것을 권고한다. 이 지침은 www.isee.org.에서 확인할 수 있다.

마이크로폰의 설치

마이크로폰은 함께 제공된 마이크로폰 스탠드에 설치한다. 또 다른 방법은 마이크로폰을 테이프를 사용하여 지면에 박은 막대에 고정하는 것이다. 마이크로폰과 함께 제공된 윈드 스크린(wind screen)은 음향 측정값이 바람에 의해 영향을 받지 않도록 항상 사용되어야 한다. 또한 비로부터 마이크로폰을 보호하기 위해 제공된 레인 실드 패키지(rain shield package)를 사용한다. 레인 실드 패키지를 사용하려면 마이크로폰 상부에 놓고 고무 밴드나 유사한 것을 이용하여 바닥 부분을 느슨하게 묶어 둔다.

〈참고〉 테이프나 마이크로폰 소자에 직접 방해가 되는 재료는 절대 사용하지 말아야 한다. 선형 가중(청감보정을 하지 않은) 마이크로폰은 음압의 변화를 기록하는 데 사용된다. 측정값들은 소자 주위의 압력이 주어진 환경에서의 압력 변화에 따라 균일하게 변화하는 한 유효하다.

Instantel사의 Micromate 사용자 지침서

　아래 자료는 미국의 소음진동계측기 회사인 Instantel사에서 2016년 6월 24일 배포한 「Micromate Operator Manual」에서 '14. INSTALLING THE GEOPHONE AND MICROPHONE'의 '14.2. Installing The Geophone' 부분(pp.113~116)을 발췌한 것이다.

---

14. 지오폰 및 마이크로폰의 설치

14.2. 지오폰의 설치

지오폰 설치 절차는 ISEE의 「발파진동 계측 현장 실무 지침」(2009년 판)에 기초한다. 이 섹션은 Instantel에서 권장하는 설치 절차를 설명한다. 사용자의 특정 모니터링 작업에는 다음 절차 중 하나 또는 조합된 방법을 채택할 수 있다. 신뢰할 수 있는 모니터링 결과를 보장하기 위해서는 지오폰을 모니터링 할 표면에 견고하게 부착하는 것이 중요하다. 지오폰 상부의 화살표가 모니터링 할 진동 발생원의 방향을 가리켜야만 지오폰 내부에 장착된 3개의 직교하는 지오폰 센서들이 적절한 방향에 위치된 것이다. 지오폰은 설치된 후에 수평이 되어야 한다. 지오폰 설치를 돕기 위해 버블 레벨이 있는 수준 측량판을 옵션으로 사용할 수 있다. 신뢰할 수 있는 모니터링 결과를 확보하기 위해 충분히 표면을 검사하고 지오폰을 설치하는 것은 사용자에게 달려있다.

14.2.1. 부드러운 지면에 설치

토양과 같은 부드러운 매질에서는 스파이크를 부착한 지오폰을 센서 높이의 최소 3배인 15㎝(6인치) 이상 깊이로 교란되지 않은 땅속에 매립하여야 최적의 모니터링 결과를 얻을 수 있다. 파낸 토양은 지면과 충분히 커플링 될 수 있도록 지오폰의 상부와 주변에 단단히 채워 넣어야 한다. 제대로 커플링이 되지 않으면, 지오폰이 주변 물질과 유리되어 움직임으로써 실제보다 더 높은 측정값과 같은 왜곡된 모니터링 결과를 가져온다.

a. 지오폰에 스파이크를 부착하고 매립

1. 지반용 스파이크 세 개를 지오폰 바닥에 나사로 고정한다. 지오폰 케이스가 손상될 수 있으므로 스파이크를 과도하게 조이지 말아야 한다.
2. 최소 15㎝(6인치) 깊이로 구멍을 파서 바닥에 수평을 맞추어 설치한다.
3. 지오폰 상단에 있는 화살표를 폭원 방향으로 맞춘다.
4. 지오폰의 윗부분을 단단히 눌러 스파이크를 완전히 땅속으로 밀어 넣는다. 지오폰이 제자리에 위치했는지와 수평이 맞는지를 확인한다.
5. 지반은 지오폰과 주위 지반 사이에 느슨한 물질이 없는 굳고 치밀한 지반이어야 한다.
6. 지오폰 주위의 지반은 파낸 흙 등의 물질로 채워서 단단히 다진다.
7. 지오폰 케이블이 Micromate에 확실히 부착되어 있는지 확인한다.
8. Micromate의 [센서 체크] 키를 눌러 센서가 올바로 부착되어 있는지, 레벨 및 모든 센서가 정상적으로 작동하는지 확인한다.

14.2.2. 단단한 표면에 설치하는 방법

지오폰이 암반이나 콘크리트 또는 얼음덩어리와 같은 단단한 표면에 설치될 때, 선호되는 설치 방법은 지오폰을 표면에 직접 볼트로 고정하는 것이다. 이 방법은 가장 좋은 커플링을 제공한다. 만약, 지오폰을 표면에 볼트로 고정하는 것이 현실적으로 어렵거나, 예상 진동 수준이 낮을 경우, 모래주머니를 덮는 방법을 사용할 수 있다.(ISEE의 「발파진동 계측 현장 실무지침」 참조)

a. 지오폰을 직접 표면에 볼트로 고정하는 방법

단단한 표면에의 설치를 위해 선호되는 방법은 지오폰의 가운데에 뚫려 있는 구멍을 사용하여 지오폰을 표면에 직접 부착하는 것이다. 볼트 하나로 지오폰이 수준을 유지할 수 없는 경우에는 옵션으로 수준판을 사용할 수 있다. 수직으로 서 있는 벽면에 대해서는 옵션으로 벽 부착용 키트를 사용할 수 있다.

1) 모니터링 할 표면에 구멍을 뚫는다. 6.4㎜(1/4인치) 볼트 또는 나사산 막대를 삽입한다. 자세한 사항은 19.6항의 토크 사양 및 지침을 참조하기 바란다.
2) 볼트나 나사산 막대는 지오폰을 고정하기 위해 표면 위로 65㎜(2.5인치) 이상 연장되어야 한다.
3) 화살표가 폭원을 가리키도록 볼트 위에 지오폰을 놓는다.
4) 볼트 위에 와셔, 너트를 놓고 조심스럽게 고정한다. 볼트를 과도하게 조이지 않는다.

〈참고〉 지오폰을 천장에 장착할 경우, 지오폰 내부의 수직 센서가 올바른 방향으로 위치할 수 있도록 지오폰 상단의 방향 화살표가 천장 표면에 닿도록 장착해야 한다.

5) 지오폰 케이블이 Micromate에 단단히 부착되어 있는지 확인한다.
6) Micromate의 [센서 체크] 키를 눌러 센서가 올바로 부착되어 있는지, 레벨 및 모든 센서가 정상적으로 작동하는지 확인한다.

b. 지오폰을 모래주머니로 덮는 방법 – 낮은 진동 수준에서만 사용할 것

이 설치 방법은 진동 속도 수준이 매우 낮고, 직접 볼트로 고정하는 작업이 실제로 어려운 경우에만 사용하여야 한다. 모래주머니는 지오폰을 완전히 덮을 수 있을 정도로 커야 하며, 모래나 이와 유사한 재료가 최소 4.5㎏(10파운드) 이상 들어 있어야 한다.

1. 화살표가 폭원을 가리키도록 하여 원하는 위치에 지오폰을 놓는다.
2. 지오폰이 가능한 한 모래주머니 중심에 가깝도록 하여 모래주머니를 지오폰 위에 올려 놓는다.
3. 지오폰 케이블이 Micromate에 단단히 부착되어 있는지 확인한다.
4. Micromate의 [센서 체크] 키를 눌러 센서가 올바로 부착되어 있는지, 레벨 및 모든 센서가 정상적으로 작동하는지 확인한다.

국제발파기술자협회(ISEE)의
「발파진동 계측 현장 실무지침」

아래 자료는 미국의 국제발파기술자협회(ISEE)에서 정한 「발파진동계측 현장 실무지침(2015년 판)」(ISEE – Field Practice Guidelines For Blasting Seismographs 2015)의 전문을 번역한 것이다.

서문

발파 진동계측기는 연방, 주 및 지방 법규의 준수 여부와 발파 성과를 평가하는 데 사용된다. 법률과 제 규정들은 재산 손실과 인명 피해를 예방하기 위해 제정되었다. 규정의 처분은 지반 진동 및 음압(발파풍압, 소음) 자료의 정확도에 크게 좌우된다. 발파 성과 측면에서도 마찬가지이다. ISEE 표준위원회(Standards Committee)의 한 가지 목표는 모든 발파 진동 기록 간의 지반 진동과 음압의 일관된 기록을 보장하는 것이다.

ISEE 현장 실무 지침(발파진동 계측기 용)
2015년 판

Part I 일반 지침

발파 진동계측기는 발파로 인한 지반 진동 및 음압의 수준을 기록하기 위해 현장에 설치된다. 기록 자료의 정확도는 필수적이다. 본 지침은 발파 진동 계측기를 현장에 설치할 때 사용자의 책임을 정의하며, 발파 진동계측기가 ISEE의 "발파 진동계측기 성능 사양"을 만족하고 있다고 가정한다.

1. 사용 설명서를 정독하고 장비 작동법에 익숙할 것
모든 진동계측기에는 사용 설명서가 있다. 사용자는 발파를 모니터링하기 전에 해당 항목을 읽고 올바른 장비 작동법을 이해해야 할 책임이 있다.

2. 진동 센서의 검교정(calibration)
매년 진동 센서의 검교정이 권장된다.

3. 적절한 발파 진동 기록을 유지할 것
사용자의 기록에는 사용자의 이름, 날짜, 시간, 장소 및 그 밖에 관련 자료가 기록되어야 한다.

4. 진동계측기의 위치를 기록할 것
여기에는 구조물의 이름과 계측기가 그 구조물의 어느 장소에 설치되었는지가 포함된다. 향후 누구든 정확한 모니터링 위치를 식별하고, 그 위치에 계측기를 설치할 수 있어야 한다.

5. 발파 지점과의 거리를 파악하고 기록할 것
진동계측기에서 발파 지점까지의 수평 거리는 적어도 유효 숫자 두 자리까지 파악해야 한다. 예를 들어 1000m 이내에서의 발파는 수십 미터 단위까지 측정하고, 10,000m 내에서의 발파는 수백 미터 단위까지 측정한다. 발파지점과 계측기 위치에 대한 수평거리:수직거리의 비가 2.5:1을 넘는 고도의 차이가 있을 경우에는 경사 거리나 실제로 측정된 이격거리를 사용해야 한다.

6. 발파의 기록
진동계측기를 현장에 설치할 때, 발파 이벤트의 기록을 위해 장비를 설치하는 데 소요되는 시간은 당연히 필요하다. 각각의 발파를 기록할 수 있도록 트리거 레벨을 충분히 낮게 설정한다.

7. 전체 시간에 걸친 파형을 기록할 것
많은 진동계측기에 설정되어 있는 요약 기록 옵션이나 최댓값만을 기록하는 옵션은 발파

진동을 모니터링하는 데 사용해서는 안 된다. 어느 특정 시간 구간에 대해 최대 속도 값만을 기록하도록 하는 작동 방법은 발파로 인한 진동을 기록하는 경우에는 권장되지 않는다.

8. 샘플링 속도의 설정
진동 계측기는 진동 파형을 정확하게 재현할 수 있도록 전체 발파 이벤트를 충분히 자세하게 기록하게 설정해야 한다. 일반적으로 샘플링 속도는 초당 최소 1000 샘플 이상이어야 한다.

9. 진동계측기의 자료 처리 시간을 파악할 것.
일부 장비는 자료 처리와 출력에 최대 5분이 걸린다. 이 시간 내에 또 다른 발파를 하게 되면 두 번째 발파 기록을 놓칠 수 있다.

10. 계측기의 기록
용량이나 메모리 용량을 파악할 것. 발파 이벤트를 저장할 충분한 메모리가 있어야 한다. 전체 파형은 나중에 참조할 수 있도록 디지털 또는 아날로그 형식으로 저장해야 한다.

11. 요구되는 보고서의 성격을 파악할 것
예를 들어, 현장에서 출력물을 제공해야 할 수도 있고, 영구적인 기록을 위해 디지털 자료로 보관하거나 또는 둘 다 요구될 수도 있다. 현장에서 발파 이벤트를 출력하려면 용지가 들어 있는 프린터가 필요하다.

12. 진동계측기의 적절한 설정을 위해서 충분한 시간을 확보할 것
진동계측기를 급히 설정하게 되면 많은 오류가 발생한다. 계측기 설정을 위해서는 일반적으로 사용자가 계측 장소에 도착한 시간부터 발파할 때까지 15분 이상이 필요하다.

13. 기온을 파악할 것
진동계측기는 다양한 제조업체에 따라 적정한 작동을 위해 명기된 온도가 있다.

14. 케이블을 고정할 것
계측기에 연결된 케이블을 매달아 놓거나 고정하지 않으면 바람이나 기타 외부원인으로 인해 마이크로폰에 음을 유발하여 트리거가 잘못 발생할 수 있다.

Part II 지반 진동 모니터링

진동 센서의 설치와 커플링(coupling)은 정확한 지반 진동 기록을 확보하기 위한 매우 중요한 두 가지 요소다.

A. 센서 설치

센서는 폭원 방향으로 구조물 옆의 지면이나 지중에 설치해야 한다. 구조물은 가옥, 파이프라인, 전신주 등이 될 수 있다. 가능하면 진입로, 통로 및 슬라브에서의 계측은 피해야 한다.

1. 구조물과 관련된 센서 위치
센서는 지반으로 전달되어 구조물이 받는 진동의 수준을 충분히 대표할 수 있는 자료를 얻을 수 있도록 설치해야 한다. 센서와 구조물과의 거리는 3.05m(10피트) 이내 또는 폭원과의 거리의 10% 미만 중 적은 값을 취하여 설치해야 한다.

2. 토양 밀도의 평가
토양은 원상토이거나 단단하게 채워진 것이어야 한다. 느슨하게 채워진 물질, 다져지지 않은 토양, 피복된 화단이나 또는 기타 특이한 매질은 기록의 정확도에 악영향을 미칠 수 있다.

3. 센서의 수평을 유지할 것.

4. 통상적으로는 종 방향(longitudinal)/반경 방향(radial) 채널이 폭원을 향하게 설치한다. 그러나 다음과 같은 경우 다른 방향으로 설치할 수 있다.
   a. 발파와 발파가 인접하여 이루어질 때 센서 배치의 경우, 종 방향/반경 방향 채널은 가장 가까운 발파공을 향하도록 설치해야 한다. 이러한 조건이 발생하면 기록에 표시해야 한다.
   b. 다중 발파를 위한 센서 배치의 경우, 종 방향/반경 방향 채널의 진북에 대한 방위각(0-360도, +/-5도)을 기록해야 한다.

5. 구조물이나 사유 재산에 대한 접근이 불가능한 경우, 폭원에 가능한 한 더 가까운 교란되지 않은 토양에 센서를 설치해야 한다.

B. 센서의 커플링

진동 가속도가 1.96m/s²(0.2g)를 초과하면 센서의 디커플링(非同調化)이 발생할 수 있다. 예상되는 진동 가속도 수준에 따라 스파이크를 이용해 지오폰을 설치하거나, 매립하거나 또는 모래주머니를 올려놓는 것이 적절할 수 있다.

1. 예측되는 진동 가속도가 다음과 같을 경우:

    a. 1.96m/s²(0.2g)보다 작은 경우, 매립이나 부착이 필요하지 않다.

    b. 1.96m/s²(0.2g)와 9.81m/s²(1g) 사이인 경우, 매립 또는 부착이 좋다. 스파이크를 이용할 수 있다.

    c. 9.81m/s²(1.0g)보다 큰 경우, 매립 또는 견고한 부착이 필요하다.

[참고] 가속도가 0.2g와 1.0g인 경우 주파수에 따른 진동속도 값 예시

단위: mm/s(in/s)

주파수, Hz	4	10	15	20	25	30	40	50	100	200
가속도가 1.96m/s² (0.2g)일 때 입자속도	78.0 (3.07)	31.2 (1.23)	20.8 (0.82)	15.6 (0.61)	12.5 (0.49)	10.4 (0.41)	7.8 (0.31)	6.2 (0.25)	3.1 (0.12)	1.6 (0.06)
가속도가 9.81m/s² (1.0g)일 때 입자속도	390 (15.4)	156 (6.14)	104 (4.10)	78.0 (3.07)	62.4 (2.46)	52.0 (2.05)	39.0 (1.54)	31.2 (1.23)	15.6 (0.61)	7.8 (0.31)

2. 매립 또는 부착하는 방법

    a. 바람직한 매립 방법은 센서 높이의 3배 이상 깊이로 구멍을 파고, 스파이크를 달아 구멍 바닥에 센서를 설치하고, 센서 주위와 상부에 흙을 단단하게 채워 넣는 것이다.

    b. 기반암에 부착하는 방법은 센서를 암석 표면에 볼트로 고정하거나 클램프로 조이거나 또는 접착제를 사용하여 부착한다.

    c. 센서는 구조물 기초가 지면의 +/- 0.305m(1피트) 내에 위치하는 경우, 구조물의

기초에 부착할 수 있다. 이 방법은 매립이나, 스파이크 또는 모래주머니를 사용하는 것이 실제로 어려울 경우에만 사용해야 한다.

3. 기타 센서 설치 방법
   a. 위의 2a에서 설명한 것보다 깊지 않은 것은 모두 얕은 매립(shallow burial) 방법이다.
   b. 스파이크를 이용하는 방법은 토양을 최소한으로 교란시키면서 잔디를 제거해야 하고, 센서와 부착된 스파이크를 땅 속으로 견고하게 밀어 넣어 설치해야 한다.
   c. 모래주머니를 덮는 방법 역시 토양을 최소한으로 교란시키면서 잔디를 제거해야 하며, 제거된 지면 위에 센서를 놓고 그 위에 모래주머니를 올려놓아야 한다. 모래주머니는 큰 크기여야 하고, 모래 약 4.55㎏(10파운드)을 느슨하게 채워야 한다. 모래주머니는 센서 위에 놓을 때, 가능한 높이를 낮고 옆으로 넓게 하여 센서가 지면에 최대한 견고하게 접촉하도록 한다.
   d. 스파이크와 모래주머니를 함께 사용하면 훨씬 더 확실하게 커플링이 되게 할 수 있다.

C. 계측기의 변수 설정 시 고려 사항

현장 조건에 따라 진동계측기의 특정 변수들을 설정한다.

1. 지반 진동 트리거 레벨
트리거 레벨은 발파 진동에 의해 장치가 트리거 될 수 있도록 충분히 낮으면서도, 잘못된 이벤트 발생을 최소화 할 수 있도록 충분히 높게 설정해야 한다. 그 수준은 예상되는 배경 진동(암 진동)보다 약간 높아야 한다. 처음 시작 수준은 1.3㎜/s(0.05in/s) 정도가 좋다.

2. 작동 범위(계측할 진동의 최대 크기) 및 해상도
진동측정기에 자동 범위 설정 기능이 없는 경우, 사용자는 예상되는 진동 수준을 추정하여 적절한 범위를 설정해야 한다. 인쇄된 파형의 해상도를 통해 이벤트가 발파인지 아닌지의 여부를 확인할 수 있어야 한다.

3. 기록 지속 시간

기록 시간은 발파 지속 시간보다 2초 더 길게 하고, 발파 지점으로부터 매 335m(1,100ft) 당 1초를 더 추가하여 설정할 것.

Part III. 발파풍압 모니터링

구조물에 대해 마이크로폰을 어떻게 설치하느냐가 가장 중요한 요소이다.

A. 마이크로폰 설치
마이크는 구조물의 측면을 따라 발파원의 가장 가까운 곳에 설치해야 한다.

1. 마이크로폰은 제조사에서 제공된 wind screen이 부착된 상태로 진동센서 가까이 설치해야 한다.

2. 마이크로폰은 지면 위 어떤 높이에도 위치시킬 수 있다.

3. 근처의 건물, 차량 또는 다른 큰 장벽에 의해 마이크로폰이 발파원으로부터 차폐되어서는 안 된다. 어쩔 수 없이 피할 수없는 경우에는 마이크로폰과 차폐물 사이의 수평 거리가 마이크 위의 차폐물 높이보다 커야 한다.

4. 구조물에 너무 가깝게 설치하면 음압이 집 표면에서 반사되어 더 높은 진폭 값이 기록될 수 있다. 구조물의 반응에 의한 잡음(noise)이 기록될 수도 있다. 마이크로폰을 구조물의 모퉁이 가까이 두면 반사 영향을 최소화할 수 있다.

5. 마이크로폰의 설치 방향은 1,000㎐ 이하의 주파수를 갖는 음압에 대해서는 중요하지 않다.

6. 검교정 상태를 적절히 유지하고 부식 가능성을 최소화하기 위해 마이크로폰 소자는 건조한 상태로 두어야 한다. 일반적으로 제조사가 제공하는 wind screen을 마이크로폰 위에 놓고 얇은 플라스틱 봉지 또는 "비막이(rain shield)"로 느슨하게 덮어 놓는다. 마이크를 습기로부터 보호하기 위해 다른 방법을 사용할 수 있다. 그러나 마이크

로폰 센서 소자 주위의 압력은 발파풍압에 의해 야기되는 압력 변화에 연동하여 변화될 수 있어야 한다.

- a. 플라스틱 봉지를 비막이로 사용할 경우, 봉지는 마이크로폰 주위로 느슨하게 묶어서, 치폐된 내부와 외부 간에 공기가 통하도록 해야 한다. 비막이를 완전히 밀봉하면 다음과 같은 결과가 발생할 수 있다.
  - i. 결로 - 밀봉된 비막이 내부에 물이 축적된다. 비막이 바닥에 작은 구멍을 뚫어 놓으면 문제를 완화하는 데 도움이 된다.
  - ii. 정적 압력 - 시간이 지남에 따라 압력이 비막이 안에 형성될 수 있다.
  - iii. rain 트리거 - 단단히 밀봉된 비막이에 빗방울이 떨어지면 진동센서가 트리거될 수 있는 압력 펄스가 발생할 수도 있다.
- b. 엔클로저의 압력 변화가 주위 환경에서 보호 덮개 외부의 압력 변화를 반영하기만 한다면, 보안 상자 또는 기타 보호 덮개 내부에 마이크로폰을 계속 놓아 둘 수 있다.

B. 계측기 설정 고려 사항

현장 조건에 따라 음압 기록을 위한 진동계측기의 특정 변수들을 설정한다.

1. 트리거 레벨 - 음압 측정만 필요한 경우, 트리거 레벨은 음압에 의해 장치가 트리거될 수 있도록 충분히 낮으면서도, 잘못된 이벤트 발생을 최소화 할 수 있도록 충분히 높게 설정해야 한다. 그 수준은 예상되는 배경 소음(암 소음)보다 약간 높아야 한다. 처음 시작 수준은 20㎩(0.20밀리바 또는 120㏈) 정도가 좋다.

2. 기록 시간 - 음압만을 기록할 때, 발파 지속 시간보다 적어도 2초 이상의 기록 시간을 설정할 것. 지반 진동과 음압 측정이 동일한 기록에서 필요할 때는 지반 진동에 대한 설정 지침을 따른다(Part II C.3).

참고 문헌

1. American National Standards Institute, Vibration of Buildings - Guidelines for the Measurement of Vibrations and Evaluation of Their Effects on Buildings. ANSI S2.47-1990, R1997.

2. Eltschlager, K. K., White, R. M. Microphone Height Effects on Blast-Induced Air Overpressure Measurements, 31st Annual Conference on Explosives and Blasting Technique, International Society of Explosives Engineers, 2005.

3. International Society of Explosives Engineers. ISEE Performance Specifications for Blasting Seismographs, 2011.

4. Siskind, D. E., Stagg, M. S., Kopp, J. W., Dowding, C. H. Structure Response and Damage by Ground Vibration From Mine Blasting. US Bureau of Mines Report of Investigations 8507, 1980.

5. Siskind, D. E., Stagg, M. S. Blast Vibration Measurements Near and On Structure Foundations, US Bureau of Mines Report of Investigations 8969, 1985.

6. Stachura, V. J., Siskind, D. E., Engler, A. J., Airblast Instrumentation and Measurement for Surface Mine Blasting, US Bureau of Mines Report of Investigations 8508, 1981.

7. Stagg, M. S., Engler, A. J., Measurement of Blast -Induced Ground Vibrations and Seismograph Calibration, US Bureau of Mines Report of Investigations 8506, 1980.

발로 쓴 터널 이야기

초판 1쇄 인쇄 2020년 4월 06일
초판 1쇄 발행 2020년 4월 10일

지은이 하홍순
디자인 정종덕
펴낸이 김형성
제작 정민문화사
펴낸곳 (주)시아컨텐츠그룹

주소 서울시 마포구 성산로2길 63 (성산동), 태남빌딩 2F
전화 02) 3141-9671
팩스 02) 3141-9673
이메일 siaabook9671@naver.com
등록일 2014년 5월 7일
등록번호 제 406-2510020114000093호

ISBN 979-11-88519-19-4 (03530)
값 30,000원